1章
ゼブラフィッシュ卵への顕微注入

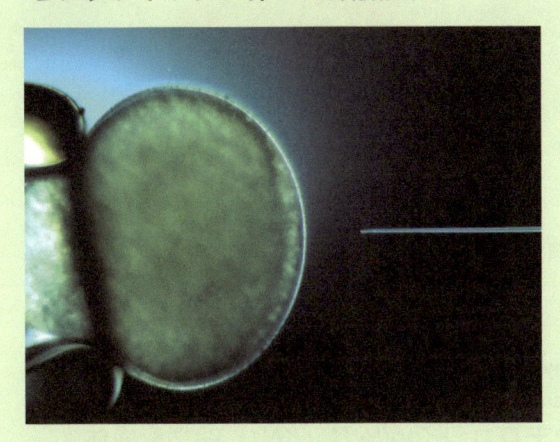

細いガラス針で卵に直接DNAを注入する．

2章
コムギ小穂原基で発現する*WFL*遺伝子の *in situ* ハイブリダイゼーション

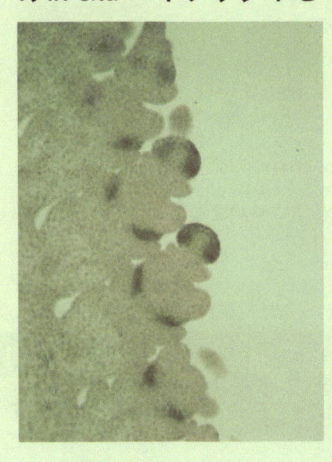

目的の遺伝子が発現している部位が染まって見える．

6章　ゼブラフィッシュの初期発生

卵割期，胞胚期，体節期を経て，主要な器官が見えるまでの様子．

6章
マウスの初期発生

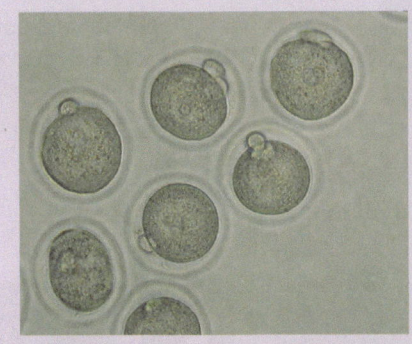

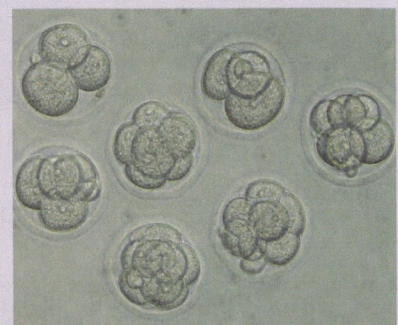

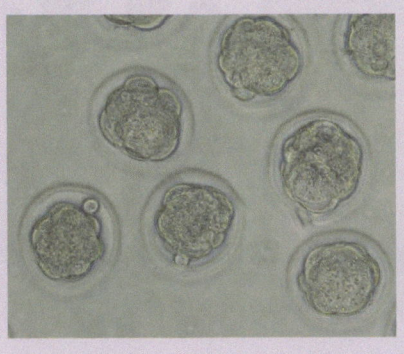

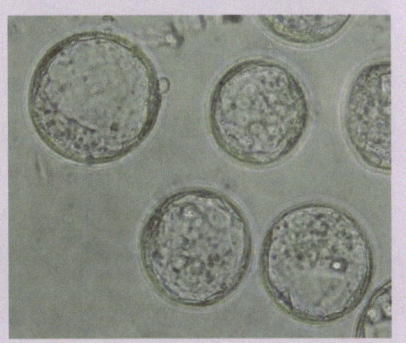

左上：1細胞期
右上：3〜8細胞期（卵割）
左下：桑実期
　　　（コンパクション）
右下：胚盤胞期

9章
胸部に複眼ができたショウジョウバエ

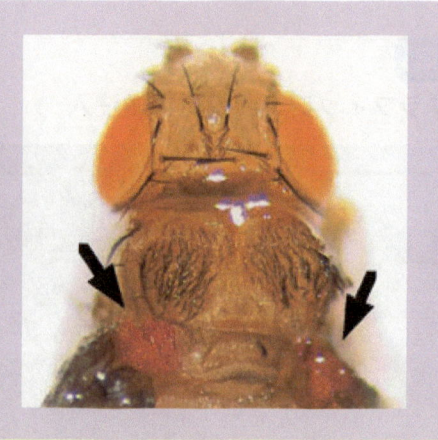

eyeless 遺伝子の強制発現によって矢印の部分に複眼が形成されている．

12章
トウモロコシ*Knotted1*（*KN1*）突然変異体

葉に瘤を形成し，葉脈が不規則にゆがんだ形態を示している．（"Mutants of Maize", Cold Spring Harbor Laboratory Pressより許可を得て転載）

14章　雄ずいが雌ずい化したコムギの花器官

両写真とも左側が正常な花器官．右側は雄ずいが雌ずい化している．

1章, 2章, 6章, 9章, 14章の口絵写真提供は著者．

基礎生物学テキストシリーズ 5

発生生物学

DEVELOPMENTAL BIOLOGY

村井 耕二 編著

化学同人

◆ 「基礎生物学テキストシリーズ」刊行にあたって ◆

　21世紀は「知の世紀」といわれます．「知」とは，知識(knowledge)，知恵(wisdom)，智力(intelligence)を総称した概念ですが，こうした「知」を創造・継承し，広く世に普及する使命を担うのは教育です．教育に携わる私たち教員は，「知」を伝達する教材としての「教科書」がもつ意義を認識します．

　近年，生物学はすさまじい勢いで発展を遂げつつあります．従来，解析が困難であったさまざまな問題に，分子レベルで解答を見いだすための新たな研究手法が次々と開発され，生物学が対象とする領域が広がっています．生物学はまさに躍動する生きた学問であり，私たちの生活と社会に大きな影響を与えています．生物学に関する正しい知識と理解なしに，私たちが豊かで安心・安全な生活を営み，持続可能な社会を実現することは難しいでしょう．

　ところで，生物学の進展につれて，学生諸君が学ぶべき事柄は増える一方です．理解しやすく，教えやすい，大学のカリキュラムに即したよい「生物学の教科書」をつくれないか．欧米の翻訳書が主流で日本の著者による教科書が少ない現状を私たちの力で打開できないか．こうした思いから，私たちは既存の類書にはない新しいタイプの教科書「基礎生物学テキストシリーズ」をつくり上げようと決意しました．シリーズの構成内容は，「遺伝学」，「分子生物学」，「生化学」，「微生物学」，「発生生物学」，「動物生理学」，「植物生理学」の7科目です．生物学の基礎科目をほぼ網羅しました．

　「基礎生物学テキストシリーズ」が目指す目標は，『わかりやすい教科書』に尽きます．具体的には次の3点を念頭に置きました．①多くの大学が提供する生物学の基礎講義科目をそろえる，②理学部および工学部の生物系，農学部，医・薬学部などの1，2年生を対象とする，③各大学のシラバスや既刊類書を参考に共通性の高い目次・内容とする．基本的には15時間2単位用として作成しましたが，30時間4単位用としても利用が可能です．

　教科書には，当該科目に対する執筆者の考え方や思いが反映されます．その意味で，シリーズを構成する七つの教科書はそれぞれ個性的です．一方で，シリーズとしての共通コンセプトも全体を貫いています．厳選された基本法則や概念の理解はもちろん，それらを生みだした歴史的背景や実験的事実の理解を容易にし，さらにそれらが現在と未来の私たちの生活にもたらす意味を考える素材となる「教科書」，科学が優れて人間的な営みの所産であること，そして何よりも，生物学が面白いことを学生諸君に知ってもらえるような「教科書」を目指しました．

　本シリーズが，学生諸君の勉学の助けになることを希望します．

シリーズ編集委員　　中村　千春
　　　　　　　　　　奥野　哲郎
　　　　　　　　　　岡田　清孝

基礎生物学テキストシリーズ 編集委員

中村　千春　神戸大学名誉教授, 龍谷大学農学部教授　Ph.D.
奥野　哲郎　京都大学大学院農学研究科教授　農学博士
岡田　清孝　龍谷大学農学部教授, 自然科学研究機構理事　理学博士

「発生生物学」執筆者

安達　卓　　学習院大学理学部教授　理学博士　　　　　　　4章, 6.2節, 7章, 9.1-2節

酒井　則良　国立遺伝学研究所系統生物研究センター准教授　学術博士
　　　　　　　　　　　　　　　　　　1章, 6.1節, 6.3-4節, 8章, 9.3-4節, 11.1節, 14.1節, 14.3節

宅見　薫雄　神戸大学大学院農学研究科准教授　博士(農学)　　5章, 12章, 14.3節

◇村井　耕二　福井県立大学生物資源学部教授　博士(農学)　　2章, 3章, 13章, 14.1節, 14.4-5節

山田　雅保　京都大学大学院農学研究科准教授　医学博士　　6.5節, 10章, 11.2-4節, 14.2節

(五十音順, ◇は編著者)

はじめに

　いま，君の手を見てみよう．両手を広げて手のひらを腹側に向けたとき，いちばん外側の親指から順に，人差し指，中指……と5本の指が精巧に形づくられている．しかも，両手は左右対称形である．精巧で複雑なこの造形も，もとをたどれば君がまだ胚とよばれる時期につくりだした肢芽というこぶのようなものにたどり着く．この肢芽は少数の細胞集団で構成され，あたりまえだが，そこにすでに小さな手ができ上がっているわけではない．骨や筋肉などの組織もまだない．肢芽からどのようにして精巧な手の構造がつくられるのか．さらに，肢芽のある胚が1個の受精卵からどのようにつくられるのか．受精卵から複雑な多細胞生物が形成される一連の過程すなわち「発生」のしくみを理解しようとする学問が，「発生生物学」である．

　細胞レベルで見ると，発生過程では，細胞数の増加と質的な変化，すなわち「分化」が起こる．分化とは，細胞が構造的および機能的に特殊化する過程をいう．たとえば，肢芽では比較的未分化な細胞集団から骨細胞や筋細胞，神経細胞などが分化してくる．動物の赤血球や肝細胞など，植物の表皮細胞や葉肉柔細胞などの特殊化した細胞はすべて，もともと受精卵から細胞分裂によって増えた細胞が分化したものである．さらに細胞集団レベルでは，一定の規則で細胞集団が配置される「パターン形成」が起こる．たとえば，四肢の複雑な構造は，前後(頭尾)軸，背腹軸，近位-遠位方向に対するパターン化により，個々の細胞が適切な場所で適切に分化を遂げることで形成される．ほかにも，体の基本設計である「体制」や，特定の機能をもつ細胞集団の「組織」，さらに複雑な「器官」の形成においてもパターン化が認められ，その構造の基礎となっている．そして，全体としては統合の取れた「形態形成」とよばれる過程により，その生物に固有の形態が生じる．

　このような，発生過程で起こる細胞レベルや細胞集団レベルのさまざまな現象を分子の言葉で解き明かすことが発生生物学の目標である．分化した細胞では構造的，機能的に特殊化するために，その細胞に特徴的な遺伝子が働き，タンパク質がつくられ，機能する必要がある．したがって，その細胞がどのように特徴的な遺伝子群を発現させるのか，その遺伝子産物はどのように細胞の特徴を決めているのか，を理解しなくてはならない．最終的な目標は，こうした分子のしくみを細胞集団レベルまで拡張し，そこから生物種を超えた共通の発生原理と，それぞれの生物種が固有の形づくりを実現している多様性の機構を理解することとなる．共通の発生原理は，種を超えても不可欠で変えることができなかった遺伝的枠組みであり，一方，生物種固有の形態的特徴は，進化の過程で環境などに適応して変化することができた遺伝子によることを意味する．

　なお本書は，動物の発生だけでなく，最近進展の著しい植物の発生研究から得られた知見についても解説した．動物と植物の分岐はすでに単細胞生物の段階で起こり，両系統の多細胞発生様式は独立に進化したため，基本的な体制が異なる．しかし，両者とも共通の

先祖から受け継いだ遺伝子をもとに形づくりを実現したはずで，その相違点と共通点は生物の形づくりへの総合的理解に欠かすことができないと考える．

　また本書では，数多くの生物種の多様な発生過程を網羅的に解説することよりも，多くの生物に共通し遺伝子レベルでの研究が進んでいる重要な現象を選んで解説した．これにより，発生生物学を学ぶうえで大きなハードルとなるなじみのない固有名詞をできるだけ回避した．本書で取り上げた現象からだけでも，発生生物学特有の実験的アプローチや考え方，そこにひそむ遺伝子レベルのしくみのみごとさを十分に伝えられると判断した．ただし，取り上げる現象の選択は，著者らが研究者として日ごろ取り組んでいる分野に多少偏っている．したがって，重要であっても述べられていない現象（個別器官の形成過程や生体防御機構など）もあるが，自らの専門に近い現象のほうが，生きた学問として，より活き活きと伝えられると考えた．もし，本書ではもの足りず，さらに詳細に知りたいことがでてきたら，巻末の参考図書を読み進めてほしい．

　こうした背景を見すえて，1章では発生生物学の歴史を振り返り，発生生物学という学問の本質が理解できるように配慮した．2章では現代の発生生物学の理解に必須の遺伝子の基礎について解説した．3章では細胞が分裂し分化するしくみについて，動物細胞と植物細胞を比較することに重点をおいた．4章では細胞間の相互作用について，とくに発生過程できわめて重要なアポトーシスについて平易に解説した．5章では動物と植物の生活環について理解し，有性生殖の根源である配偶子形成のための減数分裂を理解できるよう配慮した．6章～8章は動物の初期発生として，ショウジョウバエ，ゼブラフィッシュ，アフリカツメガエル，マウスの形態的特徴を見た（6章）．さらに，初期発生過程における遺伝子の階層的調節機構について（7章），脊椎動物の重要な初期発生機構である「誘導」について（8章）解説した．9章～10章は動物の器官形成として，ショウジョウバエのマスター調節遺伝子による成虫原基と眼の形成，および脊椎動物の誘導による中枢神経系と眼の形成について（9章），さらに，哺乳類の肢形成と生殖腺形成について（10章）解説した．11章では動物の配偶子形成と受精について，とくにマウスを取り上げた．12章～13章では動物と異なる植物の発生過程として，初期発生と栄養成長（12章），および生殖成長と配偶子形成について（13章）まとめた．そして最後の14章では，動物と植物の発生原理の共通性と特殊性についてのクローズアップを試みた．

　以上のように，本書は発生生物学の入門書として，基礎的事項を理解しようとする諸君のために書かれている．4年生大学，短期大学，高等専門学校等において，初めて発生生物学に接する学生諸君の教科書または参考書として使用されることが望ましい．

　本書を出版するにあたり，化学同人編集部にはたいへんお世話になった．ここに深く感謝の意を表したい．

2008年3月

著者を代表して
村井耕二，酒井則良

目　次

1章　発生生物学とは

1.1　これまでの発生生物学 ... 1
 1.1.1　実験発生学　*1*
 1.1.2　発生遺伝学の発展　*6*
 1.1.3　分子生物学との合流　*8*
 Column　割球の調節能力　*5*

1.2　現代の発生生物学 ... 10
●練習問題　*12*

2章　発生と遺伝子

2.1　DNA-遺伝子-染色体-ゲノム ... 13
 2.1.1　DNA　*13*
 2.1.2　遺伝子　*14*
 2.1.3　染色体　*15*
 2.1.4　ゲノム　*16*

2.2　遺伝子の発現―転写と翻訳 ... 16
 2.2.1　転　写　*17*
 2.2.2　翻　訳　*18*

2.3　遺伝子の発現制御 ... 18
 2.3.1　転写調節　*19*
 2.3.2　形態形成と遺伝子発現　*19*

2.4　突然変異 ... 20
 2.4.1　DNAレベルで見た突然変異　*20*
 2.4.2　遺伝子レベルで見た突然変異　*20*
 2.4.3　発生と突然変異　*21*

2.5　発生研究における分子生物学的手法 ... 21
 2.5.1　遺伝子ライブラリーのスクリーニング　*22*
 2.5.2　PCR（ポリメラーゼ連鎖反応）　*24*
 2.5.3　*in silico* クローニング　*24*
 2.5.4　ポジショナル・クローニング　*24*
 2.5.5　トランスポゾン・タギング　*25*
 Column　*in situ* ハイブリダイゼーション法　*23*

●練習問題　*26*

3章　細胞の分裂と分化

3.1　細　胞 ... 27
 3.1.1　細胞の基本構造　*27*
 3.1.2　動物細胞の特徴　*28*
 3.1.3　植物細胞の特徴　*29*

3.2　体細胞分裂 ... 30
3.3　細胞周期 ... 31

3.4 細胞の分化 ··· 32
    3.4.1 動物細胞の分化 *32*
    3.4.2 植物細胞の分化 *33*
    3.4.3 幹細胞 *33*
    3.4.4 癌細胞 *34*
    Column ヒトクローン胚由来 ES 細胞の作成 *35*
● 練習問題 *36*

4章 細胞の相互作用と細胞死

4.1 細胞間相互作用 ··· 37
    4.1.1 細胞接着 *37*
    4.1.2 細胞間シグナル伝達系 *38*
    4.1.3 細胞間相互作用による発生現象―誘導 *38*

4.2 細胞死 ··· 39
4.3 アポトーシス ··· 40
    4.3.1 発生におけるアポトーシス *40*
    4.3.2 細胞競争 *41*
    4.3.3 形態形成異常を修復する非自律的細胞死 *42*
    4.3.4 失われた細胞を補充する補正的増殖 *43*
    4.3.5 外因性アポトーシスと内因性アポトーシス *43*
    Column 線虫による細胞死メカニズムの研究 *42*
● 練習問題 *45*

5章 細胞の連続性

5.1 生活環 ··· 47
    5.1.1 有性生殖と無性生殖 *47*
    5.1.2 動物の生活環 *48*
    5.1.3 植物の生活環 *50*

5.2 減数分裂 ··· 52
    5.2.1 配偶子と接合子 *52*
    5.2.2 配偶子形成をもたらす減数分裂 *54*
    5.2.3 減数分裂の各段階 *54*
    Column アポミクシス *53*

5.3 遺伝的組換え ··· 56
● 練習問題 *57*

6章 動物の初期発生Ⅰ その形態的特徴

6.1 初期発生の概略 ··· 59

6.1.1　卵割様式　60
　　　6.1.2　胞胚期　60
　　　6.1.3　原腸胚期　61
6.2　ショウジョウバエの初期発生 ……………………………………………………………… 61
　　　6.2.1　ショウジョウバエの卵割　61
　　　6.2.2　ショウジョウバエの原腸形成　62
6.3　ゼブラフィッシュの初期発生 ……………………………………………………………… 63
　　　6.3.1　ゼブラフィッシュの卵割　64
　　　6.3.2　ゼブラフィッシュの原腸形成　64
6.4　アフリカツメガエルの初期発生 …………………………………………………………… 66
　　　6.4.1　アフリカツメガエルの卵割　66
　　　6.4.2　アフリカツメガエルの原腸形成　68
6.5　マウスの初期発生 …………………………………………………………………………… 69
　　　6.5.1　着床前発生　69
　　　6.5.2　着床後発生　71
　　　6.5.3　原腸形成　71
　　　Column　単為発生（雌核発生，雄核発生）　70
●練習問題　72

7章　動物の初期発生 Ⅱ　形態形成遺伝子のヒエラルキー

7.1　母性効果遺伝子の作用 ……………………………………………………………………… 73
7.2　ショウジョウバエにおける形態形成遺伝子のヒエラルキー …………………………… 74
　　　7.2.1　前後軸形成遺伝子　75
　　　7.2.2　分節遺伝子　77
　　　7.2.3　ホメオティック遺伝子　79
　　　7.2.4　背腹軸の成立　81
●練習問題　81

8章　動物の初期発生 Ⅲ　中胚葉誘導と神経誘導

8.1　脊椎動物における中胚葉誘導 ……………………………………………………………… 83
　　　8.1.1　植物極組織によるアニマルキャップの中胚葉への分化　85
　　　8.1.2　中胚葉の背側腹側のパターン形成　86
　　　8.1.3　中胚葉誘導因子　87
　　　8.1.4　背側化決定から中胚葉誘導のモデル　88
8.2　脊椎動物における神経誘導 ………………………………………………………………… 90
　　　8.2.1　シュペーマンオーガナイザー　90
　　　8.2.2　神経誘導因子とその拮抗因子　92
　　　8.2.3　デフォルトモデル　93
8.3　シュペーマンオーガナイザーの領域特異的な誘導能 …………………………………… 94
　　　Column　脊椎動物は仰向けのエビ？　95
●練習問題　96

9章　動物の器官形成Ⅰ　眼の形成にみる昆虫と脊椎動物の違い

9.1 ショウジョウバエにおける器官アイデンティティー ……… 97
- 9.1.1 ホメオドメインをもつ転写調節因子の役割　*98*
- 9.1.2 複眼のマスター調節遺伝子　*98*
- 9.1.3 器官アイデンティティーの決定　*99*

9.2 ショウジョウバエにおける複眼形成 ……… 100
- 9.2.1 複眼の形態形成　*101*
- 9.2.2 複眼形成における細胞間相互作用　*102*

9.3 脊椎動物における中枢神経系の形成 ……… 103
- 9.3.1 中枢神経の前後軸のパターン化　*104*
- 9.3.2 中枢神経の背腹軸のパターン化　*105*

9.4 脊椎動物における眼の形成 ……… 106
●練習問題　*107*

10章　動物の器官形成Ⅱ　四肢と生殖腺の形成

10.1 肢形成 ……… 109
- 10.1.1 四肢の発生　*109*
- 10.1.2 肢の近位-遠位軸にそったパターン形成　*110*
- 10.1.3 進行帯による肢の遠位方向への成長　*112*
- 10.1.4 肢の前後軸にそったパターン形成　*112*
- 10.1.5 肢の背腹軸にそったパターン形成　*113*
- 10.1.6 肢の成長　*114*
- Column　四肢の形態形成と細胞死　*114*

10.2 生殖腺の形成 ……… 114
- 10.2.1 未分化生殖腺の発生　*115*
- 10.2.2 雄性生殖腺　*116*
- 10.2.3 雌性生殖腺　*116*

10.3 哺乳類の性決定 ……… 117
●練習問題　*119*

11章　動物の配偶子形成と受精

11.1 始原生殖細胞 ……… 121
- 11.1.1 ショウジョウバエの始原生殖細胞　*121*
- 11.1.2 魚類およびカエルの始原生殖細胞　*123*
- 11.1.3 マウスの始原生殖細胞　*124*

11.2 マウスの精子形成 ……… 125
- 11.2.1 精子発生　*125*
- 11.2.2 精子完成　*126*

11.3 マウスの卵形成と成熟 ……… 127

- 11.3.1 卵形成　127
- 11.3.2 卵母細胞の成長　128
- 11.3.3 卵胞形成　128
- 11.3.4 卵成熟と減数分裂の完了　129
- Column 卵成熟促進因子(Maturation Promoting Factor)とMPF　129

11.4 マウスの受精 ……………………………………130
- 11.4.1 受精能獲得　130
- 11.4.2 先体反応　131
- 11.4.3 精子進入による卵細胞内の変化　132
- 11.4.4 前核形成　133

● 練習問題　133

12章　植物の初期発生と栄養成長

12.1 植物のシュート ……………………………………135
12.2 植物の胚発生と種子形成 ……………………………136
12.3 茎頂分裂組織 ……………………………………139
12.4 器官形成 ……………………………………141
- 12.4.1 原基からの葉の形成　141
- 12.4.2 葉の構造と形態形成　141
- 12.4.3 茎の構造と維管束の分化　143
- 12.4.4 根の構造と形態形成　144

12.5 植物の成長と植物ホルモン ……………………145
- Column ジベレリン感受性と「緑の革命」　145

● 練習問題　146

13章　植物の生殖成長と配偶子形成

13.1 花成 ……………………………………147
- 13.1.1 茎頂分裂組織の転換　147
- 13.1.2 花成遺伝子ネットワーク　148
- 13.1.3 日長反応性経路　149
- 13.1.4 春化経路　150

13.2 花序と花器官形成 ……………………………151
- 13.2.1 花序の形成　151
- 13.2.2 花器官形成　152

13.3 配偶子形成と受精 ……………………………154
- 13.3.1 雌性配偶子形成　154
- 13.3.2 雄性配偶子形成　155
- 13.3.3 受精　157
- Column 被子植物と裸子植物　157

● 練習問題　158

14章　動物と植物　発生原理の共通性と特殊性

14.1　エピジェネティック制御 160
　　14.1.1　ゲノムインプリンティング　160
　　14.1.2　X染色体の不活性化　163
　　Column　極核活性化説　163
14.2　全能性とクローン生物 164
14.3　non-coding RNA 166
14.4　プログラム細胞死 168
14.5　ホメオティック遺伝子 169

■参考図書 173
■索　引 175

練習問題の解答は，化学同人ホームページ上に掲載されています．
http://www.kagakudojin.co.jp/library/ISBN978-4-7598-1105-6.htm

1章 発生生物学とは

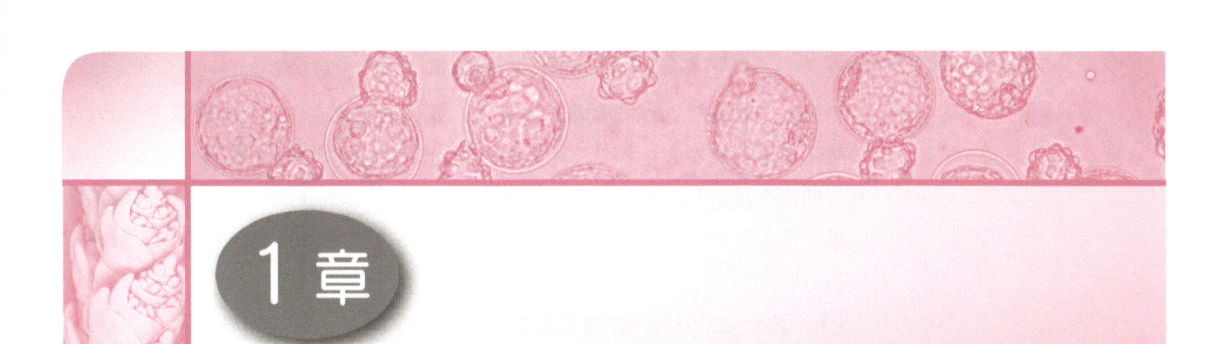

　自然科学は観察や実験に基づく証拠から論理的な体系を構築する学問である．発生生物学は実験科学として発展し，もっぱら実験によって証拠を求め，現象の裏にひそむ原理や機構を暴きだす方法をとってきた．自然に対してのアプローチのしかたはその学問分野の属性を示し，その可能性と限界を規定する．では，発生生物学はどのような実験手法をとり，どのような成果をあげてきたのだろうか．

　この章では，発生生物学の歴史を振り返り，この分野の学問的な特徴を見ていく．原典にそって実験手法や業績を解説しているため，初学者には難しい語句等があるかもしれないが，気にせずに読み進めてほしい．そして，この教科書を最後まで読み終えたあと，もう一度読み返すことをお勧めする．

1.1 これまでの発生生物学

　発生生物学は，胚手術によりその発生を解析した実験発生学に，発生に必要な遺伝子の同定を可能にした発生遺伝学，そして，その遺伝子の操作技術をもたらした分子生物学が加わることによって，大きな発展を遂げた．これらの学問領域からもたらされた実験的特徴や発生生物学上の重要な概念は，現在の発生生物学を理解するうえで欠かすことができないものとなっている．

1.1.1 実験発生学

　生物の発生過程で起こる因果関係を人為的な実験で調べるようになったのは，1900年にメンデル(G. J. Mendel, 1822〜1884)の遺伝の法則が再発見されたのとほぼ同じころで，今から100年ほど前である．胚を実験対象とした当時の発生研究は，現在の発生生物学と区別して**実験発生学**(experimental embryology)とよばれている．実験材料にはウニ，カエル，イモリなどが使われた．これらは，容易に受精卵を得ることができ，海水中あるいは淡水中

で発生させることができる．さらに，胚は透明で柔らかな卵膜におおわれ，胚手術が可能な大きさで，胚発生の研究にはうってつけの材料であった．ある問題を設定し，それを調べることができる胚操作実験を考案し，実験の結果を観察することでその解答を得る，という研究戦略が立てられる対象であった．

(1) ルーとドリーシュの胚操作実験

実験の目的は，卵もしくは精子にはすでに頭や手足など発生後の構造が隠されているという前成説と，受精卵に含まれる物質がただ胚を構成するのに使われる材料にすぎないとする後成説を検証するためだったといわれている．

ルー（W. Roux, 1850〜1924）はカエル卵を使って，第1回の卵割[*1]（6.1.1項参照）でできる2つの割球のうちの1つを熱した針で焼き，残った片方の割球からどんな構造ができるかを調べた．もし前成説が正しいとすれば，片方の割球は卵の構造の半分だけを含み，体の半分を欠いた胚に発生するはずである．結果は，片方の割球から神経胚の構造の半分をもつ胚ができ（図1.1），前成説が支持されたかに見えた．しかしすぐに，まったく逆の結果が別の実験によって示されることになる．ドリーシュ（H. Driesch, 1867〜1941）は，ウニ卵をカルシウムとマグネシウムを除いた人工海水に入れると割球が離れ

[*1] 多細胞生物の受精卵において起こる体細胞分裂．細胞周期の間期を伴わないため，分裂が早いことが特徴である．卵割によって生ずる細胞を割球とよぶ．

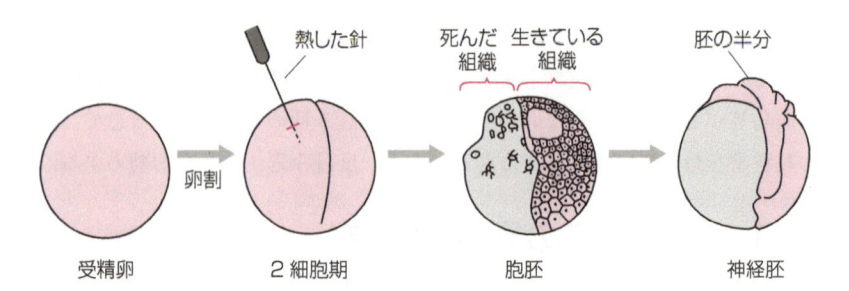

図1.1 片方の割球から半分の体ができることを示したルーの実験

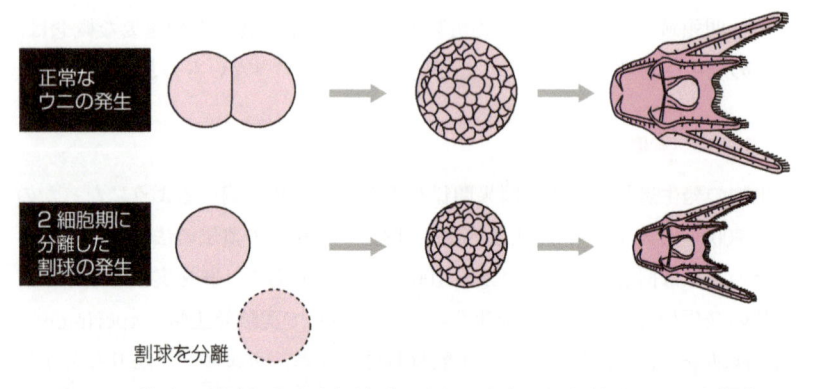

図1.2 片方の割球から完全な体ができることを示したドリーシュの実験

ることを見つけ，別々に育てたところ，それぞれから完全な胚を得たのである（図 1.2）．もちろん，この違いは生物種の違いによるものではなく，カエルでも割球を分離したときには完全な胚に発生することが後の実験で確かめられている．ルーの実験では，壊された割球の除去が不完全で，その影響で生き残った割球の胚発生が不完全になったのである．

現代の私たちから見れば，受精卵において目に見えない体の構造が存在しているという当時の前成説はもちろん正しくない．では，ドリーシュは正しい解釈に至ったかというと，そうはならなかった．彼はこの実験結果を，発生中の生物の一部には常に全体をつくり上げようという「努力」があり，まったく物質の性質に帰属できるものではないと解釈した．いわゆる生気論である．生物がもつ修復性（調節能力）[*2]に目を向けるにはもう少し時間が必要だったのかもしれない．とはいえ，正常発生とは異なる条件を与えることで，隠れているその生物の体づくりのしくみを暴きだすという，これから綿々と続く発生研究の端緒となる研究であったことにまちがいはない．

(2) シュペーマンとマンゴルドによるオーガナイザーの発見

ルーとドリーシュの実験の約20年後，同様に胚操作して正常発生とは異なる条件をひき起こすことで，重要な発生原理のひとつがみごとに暴きだされた．シュペーマン（H. Spemann, 1869〜1941）とマンゴルド（H. Mangold, 1898〜1924）による**形成体**（**オーガナイザー**，organizer）の発見である．

イモリの胚では，原腸胚[*3]初期でどの領域が将来どのような組織や器官になるかおおよそ決まっている．これを模式図にしたものを**原基分布図**（fate map）といい，たとえば，将来表皮になる領域は予定表皮域，神経になる領域は予定神経域とよばれる．フォークト（W. Vogt, 1888〜1941）は胚を局所

[*2] 一つの発生系において，その素材の一部が欠失したり増加したりした場合でも，正常と同様な最終状態に到達できる能力．

[*3] 卵割，胞胚の次の発生段階で，この段階で原腸形成が起こる．囊胚ともよぶが，この本では原腸胚の名称を用いる（6.1.3項参照）．

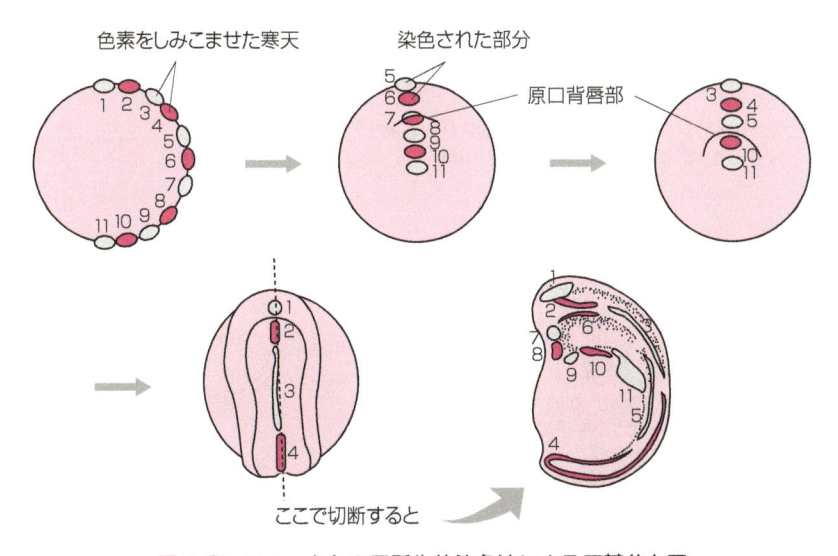

図 1.3　フォークトの局所生体染色法による原基分布図

1章 発生生物学とは

的に生体染色することによって特定の領域を追跡し，この分布図を描くことに成功した(図1.3)．しかしもう一歩踏みこんで，予定表皮域が将来表皮になることをすでに決定されているのか，あるいは，まだ何になるかは決まっておらず，その領域の何らかの情報により表皮としての運命づけを受けるのかを知るためには，正常発生を観察するだけでは不可能であった．

　この問題に対して，シュペーマンとマンゴルドは，黒い色素をもつイモリと色素をもたないイモリを使って，一方の初期原腸胚の一部分を切り取り他方の胚へ移植するという方法をとった．こうすれば，予定表皮域や予定神経域を本来とは異なる領域に置くことができ，移植片は色素の違いで追跡できる．結果は，移植片は移植された領域の運命にしたがうというものだった．初期原腸胚の予定表皮域の細胞でも予定神経域に移植されたときは神経組織へと分化し，予定神経域の細胞も予定表皮域では表皮に分化した．表皮や神経の運命決定が，それら自体に内在する要因から起こるものではないことが示されたのである(図1.4)．

　さらに，この実験手法における最もめざましい成果が，**原口背唇部**(dorsal lip)*4 を移植したときにもたらされた(図1.5)．この部分は，卵の球形の構造から成体のドーナツ型構造をつくりだすために陥入していくくぼみの，将来

*4 原腸形成において，内胚葉や中胚葉が胚内部へ陥入する部分を原口とよぶ．その背側の折れ曲がりの部分のこと．

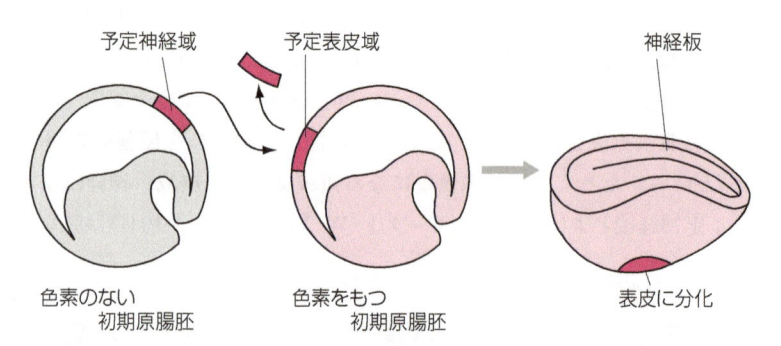

図1.4 シュペーマンとマンゴルドによる移植実験
予定表皮域に移植された予定神経域の移植片は，表皮へとその運命を変える．

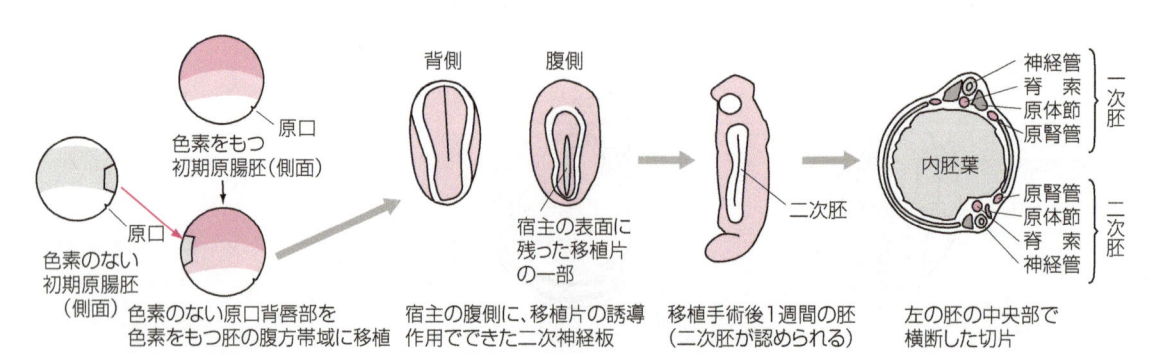

図1.5 原口背唇部の移植による二次胚誘導

の背側方向に位置する部分である．原口背唇部をほかの胚の腹側部位に移植したとき，移植片は腹側構造にならず，その部分から背側構造が作られ，本来は腹になるべき場所にもうひとつの胚（二次胚）が形成されたのである．注意深く観察すると，二次胚背側構造のうち**脊索**(notochord)[*5]は移植した原口背唇部からつくられていたが，他の大部分は宿主胚の細胞からつくられていた．これらの結果から，原口背唇部はすでに背側になるべき運命決定を受けていること，さらにその移植片は周りの細胞に働きかけをしてその運命を腹側構造から背側構造へと変えていることが明らかとなった．この現象はオーガナイザーによる**誘導**[*6]とよばれ，特定の組織が近接する組織の運命を決定する現象の最初の発見である．この後，さまざまな誘導現象が明らかにされ，卵割後の細胞が複雑な形づくりを行うために不可欠のメカニズムとして理解されている．

誘導作用の発見は実験発生学が確立した研究手法のみごとな結実である．その手法は，人為的な胚操作によって正常発生過程を乱して現れる現象から正常な発生機構を探るという，いわば異常から正常を知るものである．この実験以降，さまざまな胚操作手法によって，誘導作用以外にも，位置情報（位置価）[*7]や勾配[*8]といった発生を考えるうえで重要な概念が生みだされてくる．しかし，誘導，位置情報，勾配といった概念にともなう分子的実体に対して，このマクロすぎる実験手法では限界があった．実験発生学を源流として，遺伝学と分子生物学の流れを取りこむことで，発生を分子の言葉で語る

[*5] 脊椎動物において，胚発生期に正中背側に認められる棒状の支持器官で，神経管を誘導する．

[*6] 胚のある領域の分化・発生方向がその領域に近接した別の領域の影響により決定されること（8章参照）．

[*7] 多細胞生物のパターン形成において，個々の細胞にその位置を指定する，何らかの物質の濃度勾配が想定される．この物質をモルフォゲンとよぶ（7.2.1項参照）．

[*8] ウニ卵では64細胞期で，動物極-植物極の軸に対して割球の特性が異なる．これは植物極からの植物極化因子の勾配により規定されるからだと考えられている（6.1.2項参照）．

Column

割球の調節能力

ウニでは，最初の卵割によって生じた2つの割球が完全な1個体をつくりだす能力をもつ．イモリでも灰色新月環をもつ割球ならば1個体をつくりだす能力がある（6.4.1項参照）．哺乳類の割球は，このような個体をつくりだす能力がさらに高く，8細胞期の割球を分離してもそれぞれから正常な8匹のマウスができる．一方，ホヤや線虫は最初の2つの割球が将来体のどの部分になるか決まっており，1個体をつくりだす能力をもたない．ウニやイモリ，哺乳類のように，割球の発生運命がしばらくの間決定されておらず，周りの状況により発生運命を調節しうるタイプを調節的発生とよび，最初の卵割からそれぞれの発生運命を決めてしまい，発生運命を変更しないホヤや線虫のようなタイプをモザイク的発生とよんでいる．このような違いは，おそらく受精卵細胞質に蓄積された細胞運命の決定因子の違いや，割球への分配様式の違いに起因するものと推測される．ブレンナー（S. Brenner, 1927〜）はこの2つのタイプをアメリカ型とヨーロッパ型にたとえている．調節的発生はアメリカ型で，細胞がどこで生まれたのかは問題ではなく，先祖が何であったかを気にしない．細胞にとって重要なことは周りの環境，すなわち近接細胞との相互作用である．一方，モザイク的発生はヨーロッパ型で，家系が重要でいったんある場所で生まれるとそこにとどまり，厳格な規則にしたがって発生をする．もし何らかの理由で細胞が死んだ場合でもほかの細胞が取って代わることはない．なかなかいい得て妙である．

ことを主題とする発生生物学が形成されることになる．次に，遺伝学，とくに発生生物学に直接つながる発生遺伝学を見ていく．

1.1.2　発生遺伝学の発展

　遺伝学の発展は，実験発生学のそれとほぼ時代を同じくしている．ドリーシュの実験はメンデルの法則の再発見のほんの少し前であり，シュペーマンとマンゴルドの実験はモルガン(T. H. Morgan, 1866 ～ 1945)による染色体地図[*9]の作製(1910 年頃)の 10 年ほど後である．遺伝学は特定の形質がどのように子孫に伝わるのかを調べることによって，それを司る遺伝子の実体を解き明かすことを目的としてきた学問である．それゆえ，研究対象は子孫が早く容易に得られるアカパンカビや大腸菌へと移っていった．同じ時期に起こりながら 1960 年代に至るまで，遺伝学が解き明かそうとする生命現象と，イモリやウニを対象とする実験発生学が追究する生命現象とを，共通の言葉で理解できると考える者は少なかった．しかし，イモリやウニでも親から受け継いだ遺伝情報をもとに体づくりを実現していることは明白である．やがて多細胞生物における遺伝子の機能が明らかになるにつれて発生現象を遺伝子のレベルから理解していこうという動きが生まれ，**発生遺伝学**(developmental genetics)が花開いた．ここでは，その契機となったショウジョウバエのホメオティック変異体に焦点を当てる．

(1) ルイスによるホメオティック変異体の解析

　ショウジョウバエは，受精卵が発生した 9 日後にはその個体が次の卵を産む．小さなビンの中で 1 組の雄雌から親子関係の明確な子どもを大量に取ることができる，といった特徴をもつ．そのため，小さな研究室でも，1 ヵ月もあれば複数の突然変異体を単離することが可能である．モルガンが最初に発見した突然変異体は，野生型のハエに見られる鮮やかな赤色の目が白色に変わる白眼変異であったといわれている．モルガンらは，目や翅などの外部形態に異常をもつ突然変異体を多数単離して，それらの変異遺伝子の染色体地図を作製することに成功した．

　こうした突然変異体のなかに，生き物の発生を理解するうえで欠かすことができない変異体が見つかった．それは体の一部が欠損したり別の構造に変わってしまう突然変異体で，ショウジョウバエ以外にも，ハチの一種で触角が肢に換わったものや，蛾の一種で肢が後翅に置き換わったもの，エビの一種では眼が触角様の構造に換わったものなどが見つかっている．ベーツソン(W. Bateson, 1861 ～ 1926)は，この「あるものがそれに類似した別の何かに転換すること」を**ホメオーシス**(homoeosis)，そのような変異のある個体をホメオティック変異体とよんだ．

　ショウジョウバエでは，後胸部が中胸部に転換して胸部が重複して見える

[*9] 染色体上の遺伝子の位置を図示したもの．遺伝地図，連鎖地図ともいう(2.5.4 項，5.3 節参照)．

1.1 これまでの発生生物学

双胸(バイソラックス)変異(図1.6)や,触角の一対が中肢へと変換するアンテナペディア変異(図1.7)が代表的ホメオティック変異体である.ルイス(E. B. Lewis, 1918〜2004)は双胸変異体に対して広範囲な遺伝学解析を行い,この変異をひき起こす染色体領域が密接に連鎖する少数の遺伝子群から構成されていることを明らかにした.さらに,この領域すべてが欠失すると腹部の体節が中胸節に転換することを見つけ,中胸節以降の体節は腹部も含め中胸節が原型であり,ごく限られた遺伝子がそれぞれの体節の特徴を決めると結論づけた.

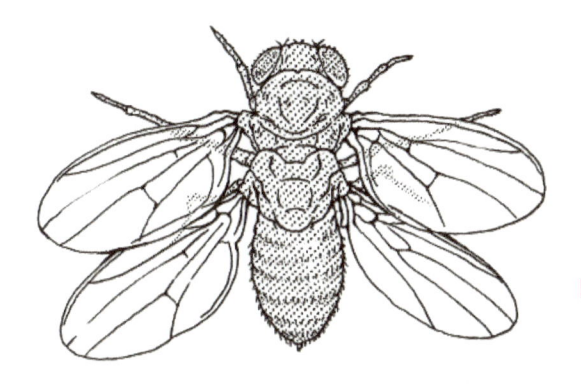

図1.6 ショウジョウバエの双胸(バイソラックス)変異体
Lewis の写真をもとに作図.

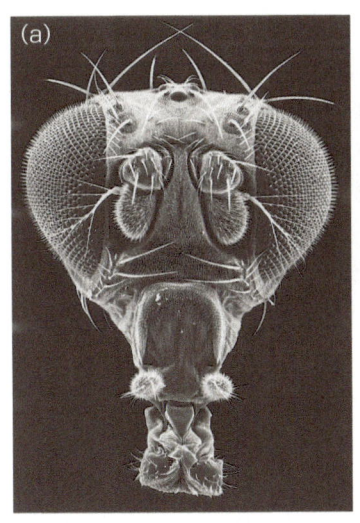

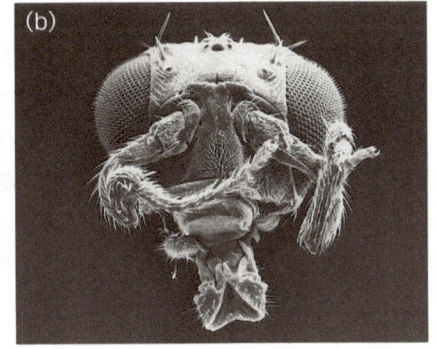

図1.7 ショウジョウバエ野生型の頭部(a)とアンテナペディア変異体の頭部(b)
写真は F. Rudolf Turner 博士の好意による.

それまで,突然変異体を用いた研究は,アカパンカビや大腸菌を用いて代謝酵素やDNAの複製を対象とする研究が主であったため,少数の遺伝子が体節という巨視的な構造を規定しているとするこの報告は,多くの発生研究者に衝撃を与えることとなった.ルイスがこの報告をしたときは,ショウジョウバエで初めてホメオティック変異体が見つかってからすでに60年が過ぎており,分子生物学がもたらしたDNAクローニング技術の時代に入ってい

た．すぐに染色体の位置をもとにして**ホメオティック遺伝子**(homeotic gene)群がクローン化され，胸部から腹部にかけてそれぞれの遺伝子が欠失した場合に構造変化が起こる場所で，対応する遺伝子が発現することが明らかになった．

実験発生学では，胚操作によって正常発生過程を乱すことで生じる異常な結果から，正常発生の機構を探った．一方，発生遺伝学は，突然変異体という特定の遺伝子が欠損して発生プログラムが異常になったものを，正常個体と比較して，正常発生の機構を探ることができることを示した．世代交代期間[*10]が短く遺伝学解析が容易な生物ならば，突然変異遺伝子の染色体位置を同定できるため，分子生物学の技術を使ってその遺伝子の単離が可能である．単離された遺伝子を用いて，それが発現している時期と場所という，発生生物学では欠かすことができない情報を得ることができる．発生遺伝学は急速な勢いで発展した分子生物学と合流し，いよいよ生物の発生を分子レベルで語ることが可能となった．

1.1.3　分子生物学との合流

分子生物学(molecular biology)は，生命現象の本質である遺伝について，分子レベルから理解することを目的として発展した．1953年のワトソン(J. D. Watson, 1928〜)とクリック(F. Crick, 1916〜2004)によるDNA二重らせんモデルの提唱後，そのモデルから予測される半保存的複製や，塩基配列情報がどのようにタンパク質のアミノ酸配列へ翻訳されるかについて，分子レベルから理解する研究が進められた．このメカニズムは当然あらゆる生物に共通なはずで，これらを解析するための最もシンプルな生物としてバクテリオファージや大腸菌が選ばれ，DNA複製，転写，翻訳の一連の分子メカニズムが次々と明らかとなった．

1970年代初頭までにDNA複製，転写，翻訳に関していちおうの解決を見た後，多くの研究者の興味はより高次の生命現象へと移った．それは，多細胞生物が複雑な形づくりをなし遂げる発生現象や，非自己の多様な分子を認識する免疫現象などであった．しかし，これらを研究するためには，大腸菌で用いられていた研究手法では限界があった．これを可能にしたのがDNAクローニング技術(遺伝子組換え技術)である．DNAクローニング技術そのものについては2章で述べることとし，ここでは多くの研究者の眼をマウスなどの複雑な多細胞生物へ向かわせる契機になった2つの研究について述べる．ひとつはホメオティック遺伝子の解析で，もうひとつはマウスへの遺伝子導入技術である．

(1) ホメオティック遺伝子のクローニング

ショウジョウバエのバイソラックス遺伝子座やアンテナペディア遺伝子座

[*10] ライフサイクルともいう．受精卵から発生の過程を経て成体となり，次代の受精卵ができるまでの期間．世代交代期間が短く，飼育しやすい生物をモデル生物とよぶ．よく用いられている生物として線虫(世代交代期間，50時間)，ショウジョウバエ(9日)，ゼブラフィッシュ(90日)，メダカ(90日)，マウス(50日)，シロイヌナズナ(6週間)などがある．

は，染色体上の位置が突き止められていた．そのため，**染色体歩行**（chromosome walking）とよばれる方法により，これらの遺伝子がクローン化された．この方法では，まずショウジョウバエのゲノムDNAライブラリー*11を作成する．次に，そのライブラリーからランダムにDNAクローンを選びだし，染色体とハイブリダイゼーション*12して，目的遺伝子の近くに結合するDNAクローンを単離する．そのクローンの塩基配列を決定し，その末端配列のDNAを用いてハイブリダイゼーションを行ない，別のクローンを単離する．さらに，その末端の塩基配列を決定し，それを使って新たなクローンを単離する，ということを繰り返し，徐々に目的領域のDNAクローンにたどり着く方法である（図1.8）．

*11 ある生物の全DNAを断片化し，それらをプラスミドかバクテリオファージに組み入れることで大量に複製させることができる．この増幅したひとつひとつのDNA断片をDNAクローンとよび，各クローンを1冊の本にたとえてクローンの集合体をライブラリーとよぶ．

*12 DNAやRNAの塩基の相補性を利用して，一本鎖DNAどうし，一本鎖DNAとRNA，あるいはRNAどうしで，相同な領域を結合させること．既知の配列と未知の配列とで相補結合をさせることにより，相同な塩基配列をもつ核酸分子を見つけることができる．

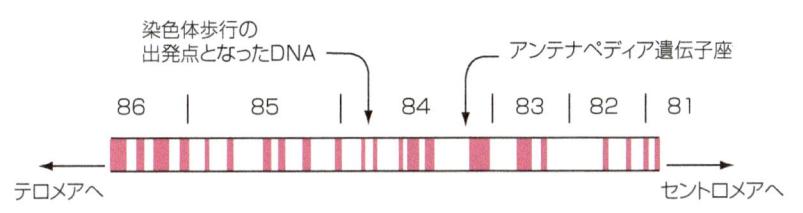

図1.8 アンテナペディア遺伝子座の染色体歩行
200万塩基対以上離れた部位から染色体歩行が行われた．

ひとたび遺伝子のクローン化ができれば，塩基配列を決定してそのタンパク質の性質を類推したり，ほかの生物のDNAとハイブリッドを形成させて相同な遺伝子を見つけることができる．いくつかのホメオティック遺伝子の塩基配列を比較したところ，DNAで180塩基，アミノ酸配列で60残基の非常によく保存された配列が見つかった．この配列はDNAに結合能をもつタンパク質の機能領域をコードする配列であり，**ホメオボックス**（homeobox）と名づけられた．つまり，ホメオティック遺伝子は，特定のDNA配列に結合してほかの遺伝子の転写を制御する転写調節因子をコードする遺伝子だったのである．

さらに，生体で発現したRNAを，生体組織の構造を保ったまま可視化する *in situ* ハイブリダイゼーションとよばれる手法も開発された．この手法により，ホメオティック遺伝子は胚の特定領域で転写されており，その領域はその遺伝子が突然変異により機能しなくなったときに異常となる体節の領域と一致することが示された．マウスからも同様の遺伝子発現パターンが得られ，節足動物と脊椎動物では系統的に大きな隔たりがあるにもかかわらず，基本的には同じようなしくみで体節構造の特徴を決めていることが明らかとなった．

(2) マウスへの遺伝子導入技術

in vitro*13 で遺伝子操作が可能になると，次にはその遺伝子をマウス個体

*13 「ガラス容器（*vitrum*）の中で」という意味のラテン語．「試験管など生体外で」ということを表し，*in vivo*（生体内で）とともによく使われる．

へ導入する技術が開発された．導入遺伝子が内在遺伝子と同様に細胞内で働くことは，肺炎連鎖(双球)菌や大腸菌の形質転換[*14]で実証されていたが，マウス個体へとなると，いつどのように導入するかが問題となる．はじめは目的の遺伝子をレトロウイルス[*15]に組み込み，それを感染させる方法がとられたが，その後，受精卵に細いガラス針で直接DNAを注入する方法が開発された(図1.9)．外来遺伝子が染色体DNAに組み込まれ，生殖細胞を介して次世代に伝わることも確認された．このような外来遺伝子を導入したマウスを**トランスジェニックマウス**(transgenic mouse)または形質転換マウスとよぶ．この成功は，高等動物でも外来遺伝子で形質転換が起こることを示したばかりでなく，個体レベルで特定のDNA配列がどのような機能をもつかを解析できることを意味した．今では，さまざまな動植物で同様の遺伝子導入法が開発され，多くの遺伝子の機能が明らかにされてきている．

> *14　外来遺伝子によって形質が変化すること．エイヴリー(O. T. Avery, 1877～1955)らによって，肺炎双球菌の病原性形質が外来DNAにより転換することが証明された．
>
> *15　RNA腫瘍ウイルスともよばれる．遺伝情報をRNA鎖としてもっており，感染後，相補DNAが合成され，それがプロウイルスとして染色体に組みこまれる(2.5.5項参照)．

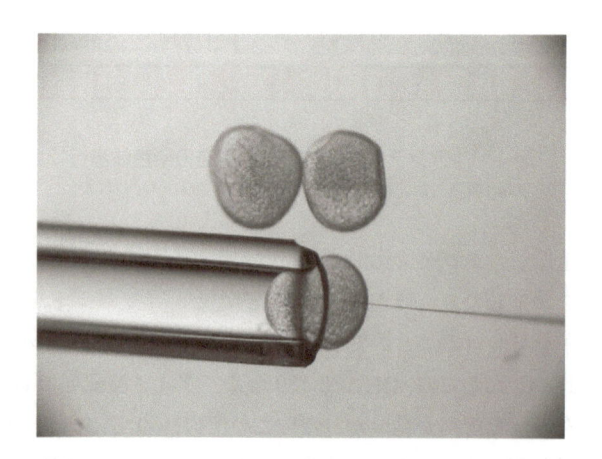

図1.9　ゼブラフィッシュ卵への顕微注入の様子

　DNAクローニング技術の登場によって，発生研究はついに適正なる道具を手にした，といわれた．ハイブリダイゼーション技術は同じ生物から似たような遺伝子を，ほかの生物から相同な遺伝子を単離することを容易にした．また，それらの塩基配列を比較することで，特定の機能をもつ配列を同定することを可能にした．これまでに多種多様な生物から数多くの遺伝子が単離され，多くの遺伝子が種を超えて保存されていることがわかってきている．そして，一見すると多様な形づくりをしているように見える生物が，遺伝子レベルでは共通したしくみを利用している，ということがしだいに明らかとなってきた．

1.2　現代の発生生物学

　現在では，分子生物学の手法なしに発生生物学を語ることはできない．さ

まざまな遺伝子の塩基配列データベースが構築されており，コンピューター上で検索するだけで多くの似たような遺伝子を見つけだし，その機能を類推することが可能になっている．さらに，あらかじめ遺伝情報のすべてを決めてしまおうとするゲノムプロジェクトもいろいろな生物で進み，ヒトをはじめ，マウス，フグ，ショウジョウバエ，線虫，イネ，シロイヌナズナなどで完了している．ハイブリダイゼーション技術もいろいろな応用法が開発され，特定の組織や細胞集団で特異的に転写されているRNA集団を単離したり，解析したりすることも可能になっている（2.5節参照）．

シュペーマンのオーガナイザー因子——この実験発生学の時代に提起された問題に対しても，分子生物学の手法は威力を発揮し，オーガナイザーに特異的な遺伝子や誘導因子と考えられる遺伝子が単離されている．誘導という，脊椎動物の体づくりの主要な機構に対しても，分子レベルでの解明が着実に進んでいる（8章参照）．

しかし，遺伝子のクローン化が容易になり，ゲノムの全塩基配列がわかっても，それらの遺伝子が発生過程でどのように機能し形づくりを実現するかは，いまだ不明な点が多い．発生生物学は，受精卵から始まる形づくりを最終的には多細胞体レベルで理解できなくてはいけない．当然，単離された遺伝子の機能も多細胞体レベルで理解されなければならない．そのためには，これまで見てきたように，特定の組織あるいは細胞の機能を解析できる実験系や，何も操作を加えなければ淡々と進む発生現象に対して正常ではない状態をつくりだす技術が不可欠である．こうした点についても現代の発生生物学は有効な道具を得つつある．たとえばマウスでは胚性幹細胞（ES細胞）[*16]を用いて任意の遺伝子を改変させる技術が確立された．まだ生物種は限られるが，体細胞核移植技術[*17]により，同様の遺伝子改変技術も確立された．*in vitro* で細胞や組織を培養する技術も格段に進歩を遂げている．さらに，オワンクラゲの緑色蛍光タンパク質遺伝子などを用いて対象の生物を生かしたまま特定のタンパク質や細胞を可視化する技術や，生物の発生パターンを数理モデルを立てて理解する研究分野も生まれてきている．いよいよ発生生物学は成熟期に入ったといえる．

物理法則が数学的論理によって裏打ちされて精密な科学となったように，発生生物学も分子レベルでのメカニズムに裏打ちされて，より厳密な科学へと発展してきている．その潮流の真っただ中にわれわれはいる．

*16 マウスの胚盤胞細胞から樹立した幹細胞は，胚盤胞へ移植した場合，生殖細胞まで分化する能力（全能性）をもつ．このため，相同遺伝子組換えによる遺伝子改変技術に用いられている（3.4.3項参照）．

*17 培養した体細胞の核を除核卵に移植すると，核の遺伝情報にしたがって個体発生する．このことから体細胞の核でも全能性をもつことが証明されている．この核で，胚性幹細胞と同様に相同遺伝子組換えを起こして遺伝子改変をすることができる（14.2節参照）．

練習問題

1. 原口背唇部を移植して二次胚を誘導する実験において，コントロール（対照区）となる実験を想定しなさい．さらに，そのコントロールを用いた場合，どのような結論が導きだせるのか考察しなさい．
2. 別々の親から白眼変異をもつショウジョウバエが産まれてきたとき，それら2匹で，同じ遺伝子に変異があるのか，違う遺伝子に変異があるのか確認する方法を述べなさい．
3. 1.1.2項において，突然変異体から未知の遺伝子が見つけられることを述べた．この実験手法における限界を考察しなさい．
4. すでにある生物でクローン化された遺伝子を，他種の生物から遺伝子クローニングする際の実験の進め方を考えなさい．

2章 発生と遺伝子

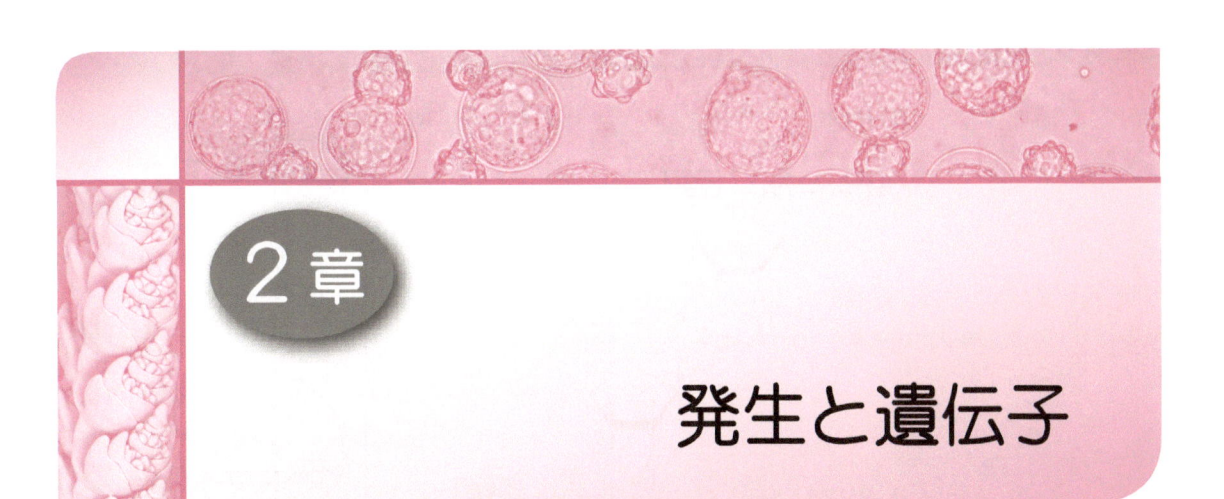

　発生，つまり，単一の受精卵から複雑な多細胞個体が生じる過程は，細胞の増加，分化，組織の形成，器官の形成を伴い，多くの遺伝子が関与している．ここでは，発生現象を理解するための遺伝子の基礎について学ぶ．

2.1　DNA-遺伝子-染色体-ゲノム

　生物の体をつくるさまざまなタンパク質には，細胞内における各種の化学反応を触媒する酵素，細胞や組織の機械的な支持体となる構造タンパク質，ホルモン[*1]や成長因子[*2]といったシグナルタンパク質など，さまざまな種類がある．そして，どのようなタンパク質をつくるかという情報が書き込まれた設計図が**遺伝子**（gene）[*3]である．遺伝子は生物種によって異なるため，発生の各過程でどのようなタンパク質を作るかはそれぞれの種で異なり，その結果，それぞれ異なる体制[*4]を構築する．

2.1.1　DNA

　遺伝子の化学的実体は **DNA**（deoxyribonucleic acid, デオキシリボ核酸）とよばれる核酸である．DNAは，糖，リン酸，塩基からなるヌクレオチドが，リン酸ジエステル結合によって連なったポリマーである〔図2.1(a)〕．核酸にはDNAのほかに**RNA**（リボ核酸：ribonucleic acid）がある．DNAの構成単位であるデオキシリボヌクレオチドに含まれる糖はデオキシリボースであるのに対し，RNAの構成単位であるリボヌクレオチドに含まれる糖はリボースである．DNAのデオキシリボヌクレオチドを構成する塩基はプリン塩基のアデニン（A）とグアニン（G），ピリミジン塩基のチミン（T）とシトシン（C）の4種類である．RNAのリボヌクレオチドでは，Tの代わりにウラシル（U）が使われる．DNAは2本の方向性を異にするヌクレオチド鎖の塩基どうしが相補的に水素結合した二重らせん構造をとる〔図2.1(b)〕．その際，AがT

[*1] 特定の器官，組織，細胞で特定の生理作用を誘発する化学物質．脊椎動物のホルモンはペプチド系，アミノ誘導体系，ステロイド系に分けられる．植物ホルモンは，オーキシン，ジベレリン，サイトカイニンなどが知られているが，動物ホルモンのように，生産部位と作用部位が特定の器官，組織，細胞に限定されていない．

[*2] 増殖因子ともいう．ある細胞で生産され，その細胞あるいは周辺の細胞の成長，分化などの作用を誘発する化学物質．多くがポリペプチドである．

[*3] 厳密にはRNAに転写されるDNA領域を遺伝子とよぶ．タンパク質に翻訳されないリボソームRNA遺伝子やトランスファーRNA遺伝子などもある．

[*4] 基本的な体の設計．体制を確立するためには主要な体軸によって方向性が決定されることが重要である．動物の主要な体軸は，前後，背腹，左右の軸であり，植物の主要な体軸は，上下，向背軸である．

2章 発生と遺伝子

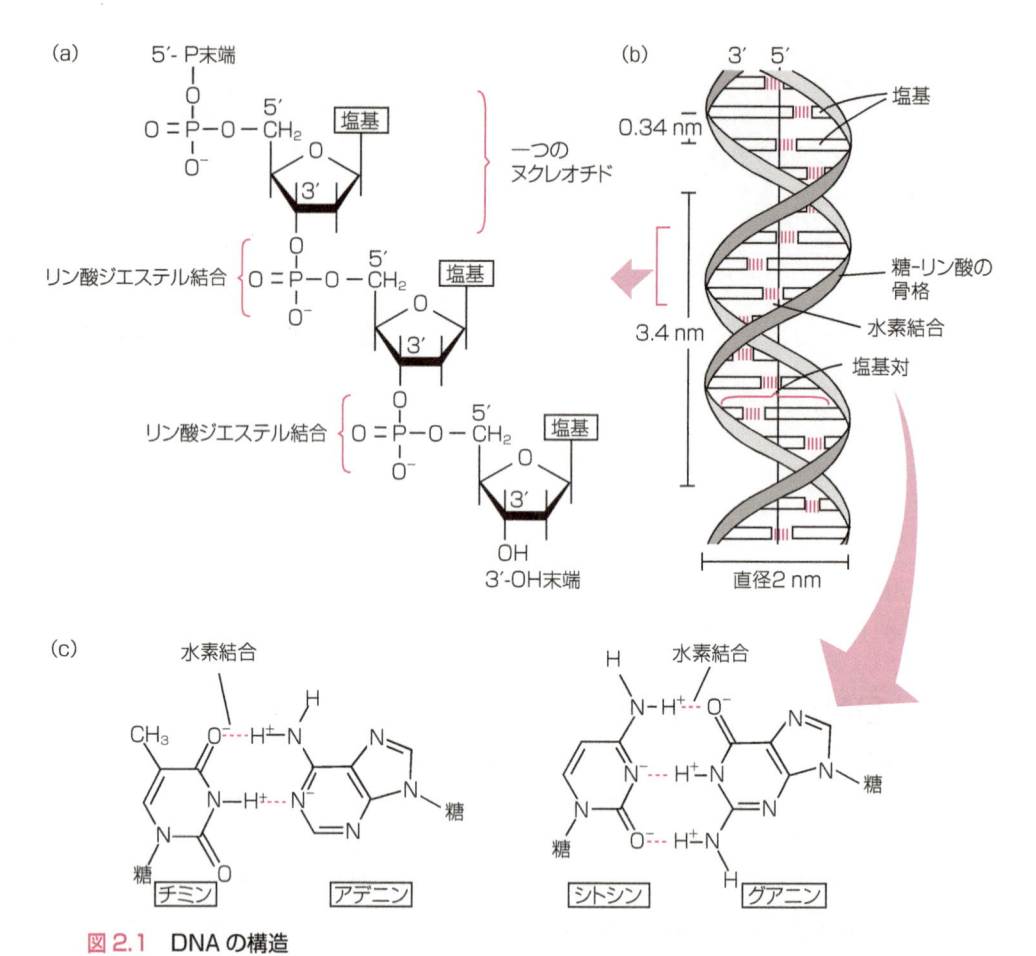

図2.1 DNAの構造
(a) DNAの構成単位ヌクレオチド, (b) DNAの二重らせん構造, (c) 水素結合による塩基間の相補的対合.

と二つの水素結合で, GとCが三つの水素結合で結合する〔図2.1(c)〕. DNAの二重らせんは, 直径が2 nmで, 3.4 nmごとに1回転した右巻き(時計回り)構造で, 1回転(1ピッチ)に10塩基が含まれる. 細胞が分裂し増殖する際, 細胞分裂に先立って細胞内の全DNAは正確に複製され娘細胞へと分配される. DNAの複製では, 複製開始点を起点に, 二重らせんがほどかれ, それぞれのヌクレオチド鎖に相補的な塩基をもつヌクレオチドが付加してポリマーを形成することにより, まったく同一の2組の二重らせんが形成される. DNAの複製には, DNAポリメラーゼを含む多くのタンパク質が関与する.

2.1.2 遺伝子

遺伝子の遺伝情報, つまりどのようなタンパク質を生産するかという情報は, DNAの4種類の塩基の配列順序として組みこまれている. 4種類の塩基

A, T, G, C のうち 3 つの組み合わせ（コドン）で特定のアミノ酸を指定する．タンパク質としての遺伝情報は，DNA のポリヌクレオチド 5′ 側[*5]より，ATG（開始コドン）で始まり，TAG, TGA, TAA（終止コドン）で終了する．

　遺伝子の本体は DNA であるが，細胞内のすべての DNA がタンパク質の遺伝情報をもつわけではない．開始コドンで始まり終止コドンで終わるタンパク質情報をコード[*6]した領域（オープンリーディング, open reading frame：ORF）と遺伝子の発現制御に関する領域（プロモーター）を合わせたものが遺伝子である．遺伝子は通常，DNA ポリヌクレオチド上に散在して存在する．たとえば，ヒトの DNA は全長で約 30 億塩基対あり，そこに約 2 万 2 千個の遺伝子が存在するので，平均して約 14 万塩基に 1 個の遺伝子が含まれることになる．遺伝子と遺伝子の間は，タンパク質情報をコードしない遺伝子間 DNA である．

[*5] 核酸（DNA, RNA）ポリヌクレオチド鎖で，ヌクレオチドを構成するリボースの 5′ 位の炭素の方向．ポリヌクレオチド鎖には，5′–3′ の方向性がある．

[*6] 遺伝情報をもつという意味．とくにタンパク質の遺伝情報の場合に用いられる．

2.1.3 染色体

　DNA は細胞の核内でヒストンタンパク質と結合してクロマチン繊維を構成している（図 2.2）．クロマチン繊維の構成単位はヒストン八量体とそれにまきついた DNA 分子からなるヌクレオソームである．クロマチン繊維は分裂期には高度に凝縮し，光学顕微鏡で観察できる構造体となる．分裂終期には，凝縮したクロマチンは脱凝縮し，弛緩したクロマチン繊維に戻る．一般に，この分裂期の凝縮したクロマチンを**染色体**（chromosome）とよんでいる

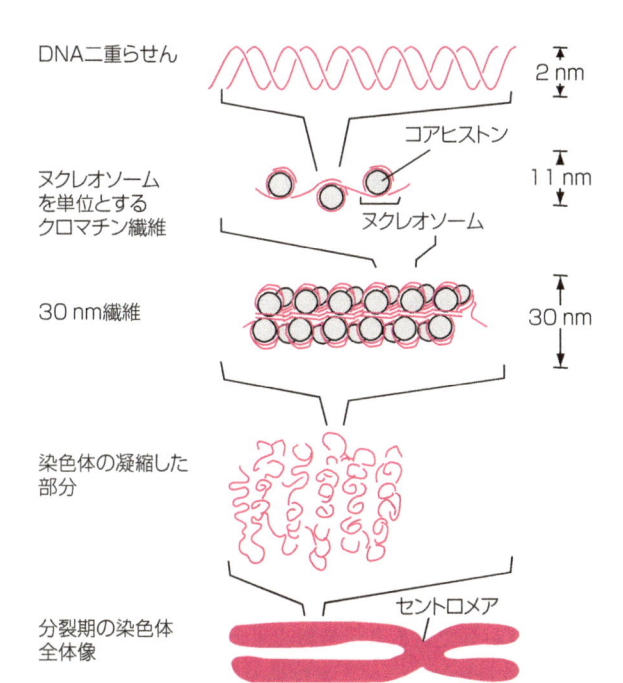

図 2.2　染色体の構造
DNA はヒストンタンパクと結合してクロマチン繊維を形成する．クロマチンが何段階にもわたって凝集し，染色体が形成される．

が，分裂間期の弛緩したクロマチンをも含めて染色体とよぶこともある．分裂間期にDNAは複製され，1本のクロマチン繊維からまったく同一の2本のクロマチン繊維が合成される．分裂期には，その2本のクロマチン繊維が凝縮して染色体として観察されるので，1つの染色体はしばしば2本の染色体が合わさり，動原体(セントロメア)の部分でくっついたように見える．これらは，分裂に先立って複製されたクロマチンからなる染色体の片方であり，そのそれぞれを染色分体とよぶ．

クロマチンは核内でひと続きとして存在するのではなく，いくつかに分断されており，それぞれが染色体を形成する．高等動物のヒトでは46本，イヌでは78本，高等植物のイネでは24本と，染色体の数は生物種によってさまざまである．染色体は対になって存在し，片方が父親由来で，もう片方が母親由来である．つまり，受精の際，片方は雄性配偶子から供給された染色体で，もう片方は雌性配偶子から供給された染色体である．対になった染色体は，再び配偶子形成の際に，それぞれ異なる配偶子に伝達される．これはメンデルの遺伝の「分離の法則」の細胞学的基礎である．

2.1.4 ゲノム

生物のもつ遺伝情報の総体，つまり，全DNAを**ゲノム**(genome)とよぶ．ヒトの場合，約30億塩基対のDNAが核ゲノムである．ヒトの染色体数は46本($2n^{*7} = 46$)で，DNAは22対の常染色体と2種類の性染色体(X染色体とY染色体)に分かれて存在している．ヒトゲノムという場合，この22種類の常染色体とX染色体，Y染色体を合わせたものを指す．つまり，ヒトという生物がもつひとそろいの遺伝子がヒトゲノムに含まれている．

高等動植物の細胞内には，核ゲノムのほかにオルガネラゲノムが存在する．オルガネラゲノムは細胞小器官であるミトコンドリアに存在するDNAで，ヒトの場合16,569個のヌクレオチドが環状につながっている．高等植物のミトコンドリアゲノムのサイズは種によって大きく異なり，約200〜2000 kbまで存在し，複雑な分子内組換えにより，さまざまな大きさの環状分子が共存していると考えられている．また，高等植物の場合は，さらに葉緑体に独自のゲノムをもつ．葉緑体ゲノムは，種間で非常に保存的で，120〜150 kbの大きさの環状DNAである．

2.2　遺伝子の発現—転写と翻訳

遺伝子は染色体上にあって複製されて存在するだけでは役に立たない．遺伝子はそれが発現して初めて細胞内で機能を発揮する．遺伝子が発現するとは，DNAの4種類の塩基で書かれている遺伝情報をもとにタンパク質が合成されることである．発生の各段階において，遺伝子が発現することにより

---

*7　核内の染色体は，相同染色体として対になって存在する．相同染色体の一方は母方由来でもう一方は父方由来である．染色体の種類の数をnとすると，全染色体数は2nで表される．これを複相とよぶ．一方，配偶子では，相同染色体の片方のみが含まれるため単相(n)とよぶ．

タンパク質がつくられ，発生の過程が進行する．

2.2.1 転　写

遺伝子のもつ DNA 塩基配列情報を写し取って RNA 分子を合成することを**転写**(transcription)という〔図 2.3(a)〕．転写の過程では，DNA の 2 重らせんがほどけ，一方のポリヌクレオチド鎖(鋳型鎖)が鋳型の役目をして，**メッセンジャーRNA**(**mRNA**: messenger RNA)が合成される．その際，DNA の A，T，G，C には RNA の U，A，C，G がそれぞれ対応し，鋳型の DNA 塩基配列と相補的になるようにリボヌクレオチドが結合して mRNA が合成される．その結果，mRNA の塩基配列はコード鎖の遺伝情報である DNA 配列を写し取ったものになる．この反応は RNA ポリメラーゼを中心としたタンパク質複合体によって行われる．RNA ポリメラーゼは，遺伝子の上流(5′側)に存在するプロモーター[*8]の部分から，転写を開始する．

遺伝子のタンパク質情報が存在する部分(ORF)はしばしば，タンパク質情報のない介在配列によって分断されている．これらの介在配列をイントロンとよび，イントロンによって途切れ途切れになって存在するタンパク質情報のある部分をエキソンとよぶ．遺伝子は最初，イントロン部分も含めて転写されるが，mRNA の成熟の過程で，イントロン部分は取り除かれ，エキソン部分のみとなる．この mRNA の加工をスプライシングとよぶ．

[*8] 狭義には，RNA ポリメラーゼ結合部位である TATA ボックスを指す．広義には，転写の活性に影響を与える転写調節因子が結合する DNA 領域も合わせて，プロモーター領域という．

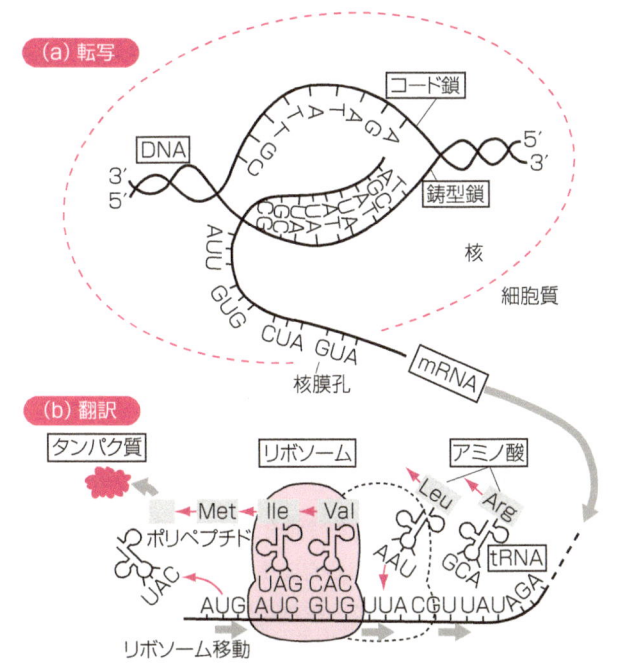

図 2.3　転写(a)と翻訳(b)のしくみ
(a)鋳型鎖 DNA 塩基配列と相補的な配列をもつ mRNA が合成される．(b)mRNA のコドンに対応したアミノ酸が tRNA によって運ばれてくる．アミノ酸が連結されポリペプチド鎖となりリボソームから離れる．

2.2.2 翻 訳

タンパク質情報は，4種類の塩基 A, T, G, C のうち3つの組み合わせ（コドン）で生物体を構成する20種類のアミノ酸を指定する．どのコドンがどのアミノ酸に対応するかを遺伝暗号（表2.1）とよぶ．DNA の遺伝情報（塩基配列）を転写した mRNA は，核から細胞質へ移行し，リボソームと結合する．リボソームは**リボソーム RNA**（rRNA: ribosomal RNA）とタンパク質からなる細胞器官で，**翻訳**（translation）の場となりタンパク質が合成される〔図2.3(b)〕．mRNA のコドンに合わせてタンパク質が合成されるのは，各コドンに対応した**トランスファーRNA**（tRNA: transfer RNA）が遺伝暗号に応じた特定のアミノ酸と結合して，リボソームへ誘導されるからである．tRNA は，いずれも約80ヌクレオチドからなる小さい RNA で，分子の一部に mRNA の対応するコドンと相補的な3塩基からなるアンチコドンをもっている．mRNA のコドンと tRNA のアンチコドンが結合することにより，遺伝情報どおりのアミノ酸が供給される．tRNA によって供給されたアミノ酸は，連結されてポリペプチドとなり，さらに高次構造をとってタンパク質となる．

表2.1 遺伝暗号（mRNA とアミノ酸の対応）

UUU	Phe フェニルアラニン	UCU	Ser セリン	UAU	Tyr チロシン	UGU	Cys システイン
UUC		UCC		UAC		UGC	
UUA	Leu ロイシン	UCA		UAA	終止	UGA	終止
UUG		UCG		UAG		UGG	Trp トリプトファン
CUU	Leu ロイシン	CCU	Pro プロリン	CAU	His ヒスチジン	CGU	Arg アルギニン
CUC		CCC		CAC		CGC	
CUA		CCA		CAA	Gln グルタミン	CGA	
CUG		CCG		CAG		CGG	
AUU	Ile イソロイシン	ACU	Thr トレオニン	AAU	Asn アスパラギン	AGU	Ser セリン
AUC		ACC		AAC		AGC	
AUA		ACA		AAA	Lys リシン	AGA	Arg アルギニン
AUG*	Met メチオニン	ACG		AAG		AGG	
GUU	Val バリン	GCU	Ala アラニン	GAU	Asp アスパラギン酸	GGU	Gly グリシン
GUC		GCC		GAC		GGC	
GUA		GCA		GAA	Glu グルタミン酸	GGA	
GUG		GCG		GAG		GGG	

* AUG は開始コドンとしても機能する．

2.3 遺伝子の発現制御

発生の過程において，遺伝子は適切な場所と時間を選んで発現する．もし，遺伝子の発現がランダムであったら，秩序だった発生を行い，複雑な多細胞個体を形成することは不可能である．さらに，生物は外界からさまざまな情報を得て，それに対応した遺伝子発現を行っている．

2.3 遺伝子の発現制御

2.3.1 転写調節

遺伝子の転写の直接的な制御は，基本転写因子と転写調節因子とよばれるタンパク質によって行われている．基本転写因子はRNAポリメラーゼと複合体を形成し基本転写装置を構成する．たとえば，基本転写因子のひとつTFⅡDはプロモーター配列であるTATAボックス[*9]との結合を担う．基本転写装置の形成は，転写のために最小限必要であり，これだけでは，通常，転写は起こらない．基本転写装置と相互作用することにより，転写のON/OFF，さらには転写量の調節をしているのが，転写調節因子である．転写調節因子はコアプロモーター（TATAボックス）より上流にある上流調節配列やエンハンサー，サイレンサーなどのDNA配列に結合し，基本転写装置と相互作用することにより，転写開始の効率を調節している（図2.4）．

[*9] 核遺伝子の転写開始位置より25塩基ほど上流にある5'-TATAAAT-3'配列で，RNAポリメラーゼの結合部位となる．

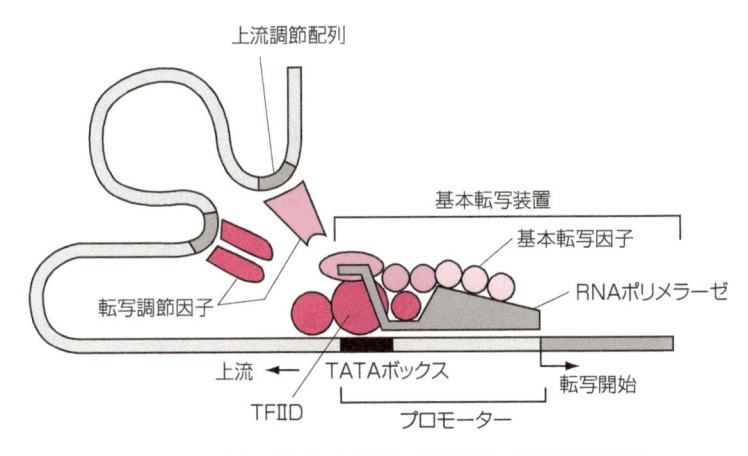

図2.4 転写を調節する基本転写因子と転写調節因子

2.3.2 形態形成と遺伝子発現

動物においても植物においても，発生の初期の過程で最も重要なことは，胚の体軸の決定である．たとえば，ショウジョウバエでは胚の体軸は，卵形成のときに母親体内から送り込まれた母性mRNAの卵細胞内における分布によって決定される．このような遺伝子を母性効果遺伝子とよぶ．ショウジョウバエ *bicoid* 遺伝子（*bcd*）は，未受精卵の一方の極に局在しており，そこが体の前端となる．*bicoid* 遺伝子産物BICOID[*10]は転写調節因子として働き，体節構造をつくりだす分節遺伝子の発現を促す．分節遺伝子の翻訳産物も転写調節因子であり，各体節に特徴的なホメオティック遺伝子発現を誘発し，最終的に各体節をどのような形態にするかが決定される．ホメオティック遺伝子もまた，転写調節因子をコードしており，細胞分裂と細胞伸長に関する多数の遺伝子発現を調節していると考えられている（図7.1参照）．

[*10] 突然変異体の解析から特定された遺伝子名は一般に *bicoid* などと小文字斜体で表すのに対し，その正常遺伝子翻訳産物であるタンパク質はBICOIDなどと大文字非斜体で表す．BICOIDは489個のアミノ酸からなるタンパク質である．ただし，ショウジョウバエでは慣例的に，タンパク質を表すときにBicoidなどと最初の文字のみを大文字にすることが多い．7章ではこの慣例に従ってタンパク質表記を行っている．

2.4 突然変異

"カエルの子はカエル"といわれるように，ある生物は同じ種の生物をつくりだす．これは，設計図である遺伝子が親から子へと正確に伝達されるためである．しかし，生物が生命の起源から現在まで多様に進化してきたということは，遺伝子が少しずつ変化していることを示す．遺伝子の変化，つまり，DNAの変化を**突然変異**(mutation)とよぶ．突然変異によって遺伝子が変化し，発生過程や体制が変化することによって，生物は進化してきた．一方，X線などで人為的に生物に突然変異を誘発できることが知られている．このようにしてつくられた突然変異体は，発生の研究において非常に有用な材料となる．

2.4.1　DNAレベルで見た突然変異

突然変異は，化学的あるいは物理的な刺激を与える**突然変異原**(mutagen)によってひき起こされる．ある種の化学物質はDNA二重らせんのなかに入り込み，複製のまちがいを誘発する．また，紫外線などの物理的刺激はDNA配列上でのチミン二量体形成を起こさせ，結果として，ヌクレオチド配列の変化が誘発される．人為的に化学的刺激あるいは物理的刺激を与えることにより，突然変異率を高めることが可能で，このような突然変異体を人為突然変異体とよぶ．

DNA塩基配列レベルで見た場合，突然変異は，点突然変異，挿入または欠失，逆位に大別される．点突然変異は1個のヌクレオチドが他のヌクレオチドで置換することである．挿入または欠失変異では，1塩基対から場合によっては数 kbp，あるいはそれ以上の領域の DNA 断片が付加または除去される．逆位はDNAの一部が切りだされ，再び元の位置に逆向きに挿入されることである．

2.4.2　遺伝子レベルで見た突然変異

突然変異が遺伝子間領域に起こった場合，たいてい静的変異で生物の形質に変化は現れない．しかし，突然変異が遺伝子内に起こった場合，翻訳されるタンパク質が変化し，しばしば形質の変化を伴う．**表現型**(phenotype)[11]が突然変異によって変化しているものを**突然変異体**(mutant)とよび，それに対し，正常な表現型を示すものを**野生型**(wild type)[12]とよぶ．

DNAの突然変異がタンパク質をコードする遺伝子内で起こった場合を遺伝子レベルで見ると，静的変異，ミスセンス変異，ナンセンス変異，フレームシフト変異に類別できる．静的変異とは，点突然変異がコドンの3番目の塩基に起こり，対応するアミノ酸が変化しない場合などに起こる．静的変異は翻訳産物のタンパク質のアミノ酸に何の変化もおよぼさないので，表現型

[11] 対立遺伝子の組み合わせを示す遺伝子型に対し，形質として現れる型を表現型という．

[12] 突然変異体に対して正常な表現型を示す正常型(normal type)．本来は，野生集団中で最も高頻度に観察される表現型のことをいう．

は変化しない．ミスセンス変異は，点突然変異がコドンの1番目や2番目に起こり，対応するアミノ酸が変化する場合である．これはタンパク質の変化を伴うので，多くの場合，表現型の変化を伴う．ナンセンス変異は，コード領域内でアミノ酸を指定しているコドンに点突然変異が起こり，終止コドンができる変異である．その結果，野生型より短いポリペプチドをコードすることになり，正常なタンパク質は翻訳されない．そのため，多くの場合，表現型が変化する．フレームシフト変異は，3の倍数でない数の塩基の挿入や欠失が生じた結果，読み枠のズレによりコードするアミノ酸が変化する場合である．翻訳産物のタンパク質のアミノ酸配列が大きく変わるため，多くの場合，表現型が変化する．

2.4.3 発生と突然変異

発生の結果できる成体を構成する細胞は，すべて同一の遺伝子組成をもっているはずであるが，組織によって細胞の形や大きさ，機能が異なる．これは前述したように，細胞によって活性化される遺伝子が異なるからである．つまり，発生の過程で，それぞれの組織になる細胞では，異なる遺伝子のスイッチがONになる．遺伝子発現のON/OFFを調節する転写調節因子に突然変異が生じれば，組織形成に変化が生じ，形態が変化する．このように，発生過程に混乱をきたし，形態が変化した突然変異体は，発生過程の機構を研究するうえで，優れた材料となる．

シロイヌナズナ *pistillata* 突然変異体は花の器官形成において，雄ずいが生じる部位に雌ずいが生じるホメオティック変異を示す（口絵，図14.7参照）．これは，*PISTILLATA* 遺伝子には雄ずいを形成するために必要な遺伝子をONにするように指令をだす働きがあるからである（13.2.2項参照）．*PISTILLATA* 遺伝子の塩基配列が決定され，この遺伝子がMADSボックス遺伝子*13 とよばれる一群の転写調節因子をコードする遺伝子のひとつであることが明らかとなっている．ショウジョウバエアンテナペディア突然変異体（*antennapedia*）は，触角が脚の構造にホメオティックに変化する．これはホメオティック遺伝子である *Antennapedia* 遺伝子の調節領域に変異が起こり，頭部でも発現するようになったためである．

2.5 発生研究における分子生物学的手法

現代生物学の研究においては，現象を理解するために，分子生物学的手法を用いて遺伝子を解析することは不可欠である．発生のある過程における突然変異体が得られたならば，その原因遺伝子が何であるかを知ることは，その発生過程の機構を理解するための重要なステップとなる．遺伝子を同定・単離することを，「遺伝子を**クローニング**（cloning）する」という．以下に，発

*13 保存性の高い57アミノ酸残基からなるMADSボックスドメインをもつ転写因子をコードする遺伝子．植物において多様に分化し，植物のボディープラン形成に重要な働きを担う．最初に同定された酵母のMCM1，シロイヌナズナのAGAMOUS，キンギョソウのDEFICIENCE，ヒトのSRFに共通して存在するドメインであることから，これらの遺伝子の頭文字をとって，MADSボックスとよばれるようになった．

生に関与する遺伝子のクローニングの際，よく用いられる方法について解説する．

2.5.1　遺伝子ライブラリーのスクリーニング

　ファージ DNA のなかにゲノム DNA 断片や cDNA を組みこんだファージ粒子のセットを**遺伝子ライブラリー**（gene library）とよぶ．遺伝子ライブラリーには，ゲノム DNA の断片のストックであるゲノム DNA ライブラリーと mRNA から逆転写反応[*14]で合成した **cDNA**（complementary DNA）のストックである cDNA ライブラリーがある．

　他の生物種ですでにクローニングされている遺伝子と相同な遺伝子を目的の生物種からクローニングするなど，クローニングする遺伝子の候補がある程度しぼられている場合，目的の生物種の遺伝子ライブラリーから塩基配列の相同性を利用して遺伝子を選びだすこと（**スクリーニング**, screening）ができる．たとえば，シロイヌナズナの *PISTILLATA* 遺伝子と相同な遺伝子をイネでクローニングしたい場合などがこれにあたる．

　遺伝子ライブラリーは大腸菌（*Escherichia. coli*）とそれに感染するバクテリオファージのシステムを利用して作成される．バクテリオファージは大腸菌に感染するウィルスで，感染の際に自身の DNA を細菌内に注入する．ファージの遺伝子は細菌内で細菌の転写/翻訳装置を利用して発現し，大量の同一遺伝子型のファージ粒子が生産される．ファージ粒子はやがて大腸菌の膜を溶かして菌体外へ流出する（溶菌）．

　培地上の大腸菌に遺伝子ライブラリーのファージ粒子を感染させると，各ファージが細菌内で増殖し，溶菌して，ファージの集合体であるプラークが形成される．どのプラークのファージに目的の遺伝子が存在するかを，DNA−DNA ハイブリダイゼーション[*15]により同定し，そのプラークのファージ DNA を回収することにより，目的の遺伝子がクローニングできる．先の，シロイヌナズナの *PISTILLATA* 遺伝子と相同な遺伝子をイネでクローニングする例では，*PISTILLATA* DNA をプローブ[*16]に用いてイネの遺伝子ライブラリー由来のどのファージ DNA とハイブリダイズするかを調べることにより，*PISTILLATA* 遺伝子と相同なイネ遺伝子を特定できる．このスクリーニング方法をプラーク・ハイブリダイゼーションとよんでいる．

　ゲノム DNA ライブラリーと cDNA ライブラリーの違いは，ゲノム DNA ライブラリーがイントロンや遺伝子間 DNA も含むのに対し，cDNA ライブラリーは mRNA へ転写される遺伝子のタンパク質コード領域のみを含むことである．さらに，ゲノム DNA ライブラリーは全遺伝子を含んでいるが，cDNA ライブラリーは mRNA を単離した組織で発現している遺伝子のみを含んでいる．したがって，スクリーニングする際，イントロンやプロモーター

[*14] 逆転写酵素（reverse transcriptase）による RNA を鋳型にした相補的 DNA の合成．逆転写酵素は白血病ウィルスやニワトリ肉腫ウィルスなど，RNA をゲノムとしてもつレトロウィルスで発見された．

[*15] 一本鎖の DNA どうしが，相補的塩基対形成によって二本鎖 DNA を形成すること．二本鎖形成を検出することにより，相補的な塩基配列をもつ DNA 分子の同定ができる．一本鎖 DNA は相補的な RNA と相補的塩基対形成することもできる（1.1.3 項参照）．

[*16] 探り針という意味．プラークハイブリダイゼーションなどの核酸ハイブリダイゼーション実験で目的領域を検出するために用いる．目的領域と相補的に結合する DNA 断片あるいは RNA 断片をプローブとよぶ．

などの遺伝子制御領域もクローニングしたい場合はゲノム DNA ライブラリーを用いる．それに対して，タンパク質コード領域のみをクローニングしたい場合で，その遺伝子の発現組織がわかっている場合は，その組織由来の cDNA ライブラリーをスクリーニングするほうが効率的である．

Column

in situ ハイブリダイゼーション法

発生過程において，ある遺伝子がどのような機能を担うかを知るためには，遺伝子の発現パターンを調べる必要がある．遺伝子の発現パターンを解析する手法には大きく 2 種類の方法がある．各組織から RNA あるいはタンパク質を抽出し，目的の遺伝子の mRNA やタンパク質がどの程度存在するかを定量する生化学的方法と，組織切片上で目的の遺伝子の mRNA やタンパク質の局在を調べる組織学的染色法である．生化学的方法は各組織における遺伝子の発現量を定量的に比較することが可能であるが，微細な組織では困難であり，また，組織のどの部位で遺伝子が発現しているかなどの解剖学的情報は得られない．一方，組織学的染色法では，解剖学的な情報は得られるが定量性に欠ける．つまり，両方法は目的によってうまく使い分ける必要がある．生化学的に各組織における mRNA 発現量を調べるためには，ノーザンブロット法（Northern blotting）や real-time PCR 法が用いられる．また，タンパク質発現量を調べるためにはウエスタンブロット法（western blotting）が用いられる．一方，組織学的に mRNA の局在を調べる方法が *in situ* ハイブリダイゼーション法で，タンパク質の局在を調べる方法が免疫染色法である．*in situ* ハイブリダイゼーション法では，組織切片を mRNA を保持した状態でスライドグラスに固定し，目的の遺伝子の mRNA に相補的に結合する RNA 断片をプローブに用い，RNA-RNA ハイブリダイゼーションを行う．プローブは化学的に発色するよう標識してあり，組織のどの部位に目的の遺伝子の mRNA が存在す

るかを可視化できる．図はコムギの穂の原基におけるある転写調節因子をコードする遺伝子の mRNA の局在を調べた例である．染まって見える部位は，花の原基と内穎とよばれる花を包む苞葉であり，これらの組織でこの遺伝子が発現していることがわかる．

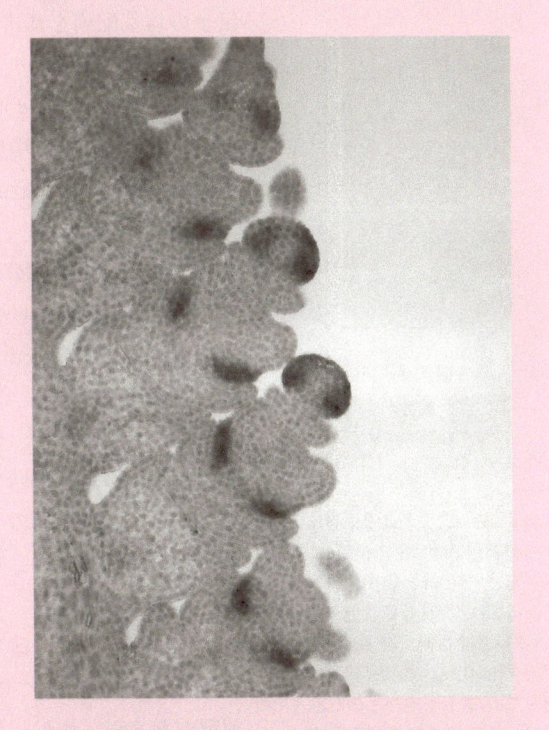

コムギ小穂原基で発現する *WFL* 遺伝子の *in situ* ハイブリダイゼーションパターン
口絵にカラー写真あり．

2.5.2　PCR（ポリメラーゼ連鎖反応）

　PCR とは polymerase chain reaction の略で，鋳型 DNA をもとに特定の DNA 配列を試験管内で増幅する反応である．目的の DNA 配列の両端の配列に相補的に塩基対形成（アニーリング）[*17] するそれぞれ 20 塩基程度のオリゴヌクレオチドをプライマー[*18] に用い，

① 鋳型 DNA の熱変性
② 一本鎖鋳型 DNA とプライマーのアニーリング
③ DNA ポリメラーゼによる二本鎖 DNA 合成（伸長反応）

の 3 種類の反応を繰り返し行うことで，2 つのプライマーではさまれた目的 DNA 配列を特異的に増幅する反応である．通常，熱変性は 94℃，アニーリングは 50～60℃，伸長反応は 72℃ で行う．温度反応を繰り返しコントロールできる PCR 装置の開発と耐熱性 DNA ポリメラーゼ[*19] の発見により，1990 年代以降急激に発展した手法で，さまざまな分子生物学的目的に利用できる．PCR を利用すると，遺伝子ライブラリーのスクリーニングをすることなく，目的遺伝子をクローニングできる．たとえば，*PISTILLATA* 遺伝子の塩基配列を基にプライマーを合成し，イネのゲノム DNA を鋳型に PCR を行うことにより，イネの *PISTILLATA* 遺伝子をクローニングできる．ただし，イネとシロイヌナズナでプライマーに用いた領域の塩基配列に大きな違い（変異）がある場合，PCR反応がうまくいかないこともある．プライマーの配列をどのように設計するかがクローニング成功の鍵となる．

2.5.3　*in silico* クローニング

　さまざまな組織から単離した mRNA から逆転写反応で合成した cDNA の塩基配列を **EST**（expressed sequence tag）とよぶ．現在，DDBJ（DNA database of Japan）[*20] など公的なゲノム情報データベースに多くのEST データが登録されており，相同性検索により，コンピューター上（*in silico*）で目的の遺伝子の塩基配列を得ることが可能となってきた．イネの EST データで，シロイヌナズナの *PISTILLATA* 遺伝子の塩基配列を用いて相同性検索することにより，イネ *PISTILLATA* 遺伝子配列を得ることができる．

2.5.4　ポジショナル・クローニング

　これまで述べた 3 つのクローニング手法は，いずれも，目的遺伝子の塩基配列がある程度わかっている場合に適応できる方法であり，まったく未知の遺伝子をクローニングする場合には適応できない．たとえば，ある発生過程における突然変異体が得られて，その原因遺伝子を特定したいが原因遺伝子の候補がまったくない場合などは，異なる手法が必要となる．

[*17]　変性して一本鎖になった DNA が，DNA-DNA ハイブリダイゼーションによって他の一本鎖 DNA と相補的塩基対を形成すること．

[*18]　DNA ポリメラーゼ反応は鋳型となる一本鎖 DNA だけでは反応が進まず，足掛かりとなる鋳型 DNA に相補的に結合した短いオリゴヌクレオチドが必要となる．これをプライマーとよぶ．

[*19]　*Taq* ポリメラーゼ．耐熱性菌 *Thermus aquaticus* のもつ DNA ポリメラーゼ．

[*20]　国立遺伝学研究所にある公的データベース．URL は http://www.ddbj.nig.ac.jp/.

[*21]　同一の染色体上にある 2 つの遺伝子は，その位置（遺伝子座）が近いほど組換え頻度は低くなり，その位置が遠いほど組換え頻度は高くなる．この現象を利用して，組換え頻度から 2 つの遺伝子座がどの程度近接しているかを推定する方法．複数の遺伝子の組合わせを分析することにより，染色体上での遺伝子座間の位置関係が明らかとなる．

ポジショナル・クローニング(positional cloning)法は，マップ・ベースド・クローニング(map-based cloning)法ともよばれ，遺伝子の染色体地図を基にしたクローニング方法である．まず，突然変異体と野生型の交雑後代を用いた連鎖分析[21]により，突然変異体の原因遺伝子の染色体上の位置を決定する．次に，連鎖地図上で原因遺伝子と緊密に連鎖するDNAマーカー[22]を出発点にDNA塩基配列を決定していき，原因遺伝子へと到達する．この方法は，連鎖地図の作成と原因遺伝子に緊密に連鎖したDNAマーカーの開発に時間と労力がかかるが，確実に突然変異体の原因遺伝子をクローニングできる．

2.5.5 トランスポゾン・タギング

この方法は，**トランスポゾン**(transposon)[23]を指標にして遺伝子を見つける方法である．トランスポゾンが転位した位置に発生に関与する遺伝子があれば，その遺伝子機能が破壊され，発生過程が変化した表現型として現れるだろう．多数のトランスポゾン保有系統を調査し，目的の形質について変異した突然変異体が得られたならば，トランスポゾンの塩基配列を基に，トランスポゾンが挿入され破壊された原因遺伝子の塩基配列を知ることができる．トランスポゾンという荷札(タグ)をつけて，その荷札を基に遺伝子をクローニングする方法である．RNA型トランスポゾンである**レトロトランスポゾン**(retrotransposon)[24]を用いた同様の方法も開発されている．また，高等植物の遺伝子のクローニングの場合，土壌細菌アグロバクテリウム(*Agrobacterium tumefaciens*)のもつ**Tiプラスミド**(tumor-inducing plasmid)が植物ゲノムへ転移する性質(図2.5)を利用した同様の方法(T-DNAタギング法)も開発されている．

[22] 表現型の多型の原因となる遺伝子を形質マーカーというのに対し，電気泳動などで多型が判明するDNAの塩基置換，挿入/欠失，転座などが存在するDNA領域をDNAマーカーとよぶ．形質マーカーである遺伝子と同様に，DNAマーカーも連鎖分析することにより染色体上の位置関係を明らかにできる．

[23] DNA上のある位置から他の位置へ転移するDNAの総称．B. McClintokにより1953年にトウモロコシでその存在が初めて提唱された．原核生物から真核生物まで広く存在する．

[24] 真核生物のゲノム上に散在し，逆転写反応を介して転移する因子．レトロウイルスのRNAゲノムが逆転写され，真核生物のゲノムに入ったものに由来すると考えられる．レトロトランスポゾンにはウイルスの外被タンパク質をつくる遺伝子が欠落し，ウイルス粒子をつくることはない．

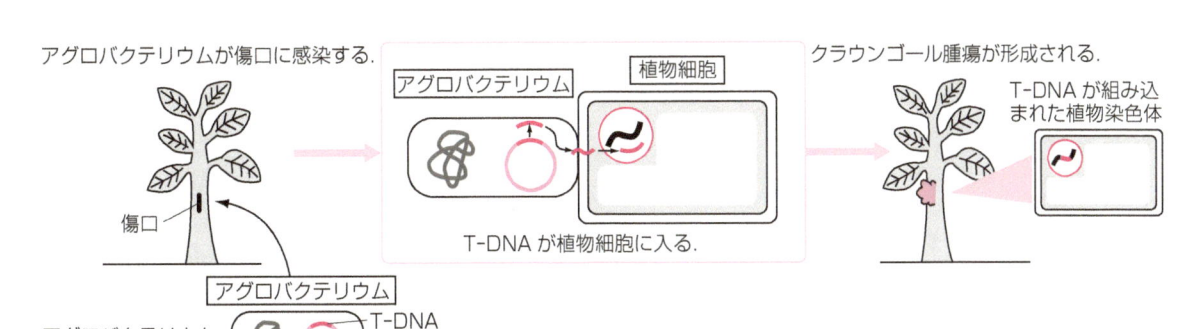

図2.5 アグロバクテリウムによる植物のクラウンゴール腫瘍形成
土壌細菌 *Agrobacterium tumefaciens* がもつ約150kbの二本鎖環状DNAであるTiプラスミドが植物に感染すると，特定の領域(T-DNA)を植物ゲノムに転移させ，腫瘍(クラウンゴール)の誘導と自身の栄養源の確保を行う(3.4.4項参照)．

2章　発生と遺伝子

練習問題

1. 遺伝子とタンパク質との関係を説明しなさい．
2. 遺伝子の発現制御が正常な発生にいかに重要であるか説明しなさい．
3. 発生研究において突然変異体がいかに重要であるか説明しなさい．
4. ある発生現象における突然変異体を得た．原因遺伝子をクローニングする方法について説明しなさい．

3章 細胞の分裂と分化

発生生物学が対象とする動植物は多細胞生物である．この章では，多細胞生物の構成単位である細胞について，動物と植物の共通点と相違点，およびその分化について学ぶ．

3.1 細 胞

多細胞生物の体を構成する基本単位は**細胞**(cell)である(図3.1)．発生の過程において，一個の受精卵は細胞分裂を繰り返し，胚を経て，多数の細胞からなる成体となる．発生過程では，単に細胞の数が増えるだけでなく，細胞が特殊化して，組織を形成し，器官が形づくられていく．

3.1.1 細胞の基本構造

一般的に細胞の大きさは数μmから数十μmで，周りを細胞膜でおおわ

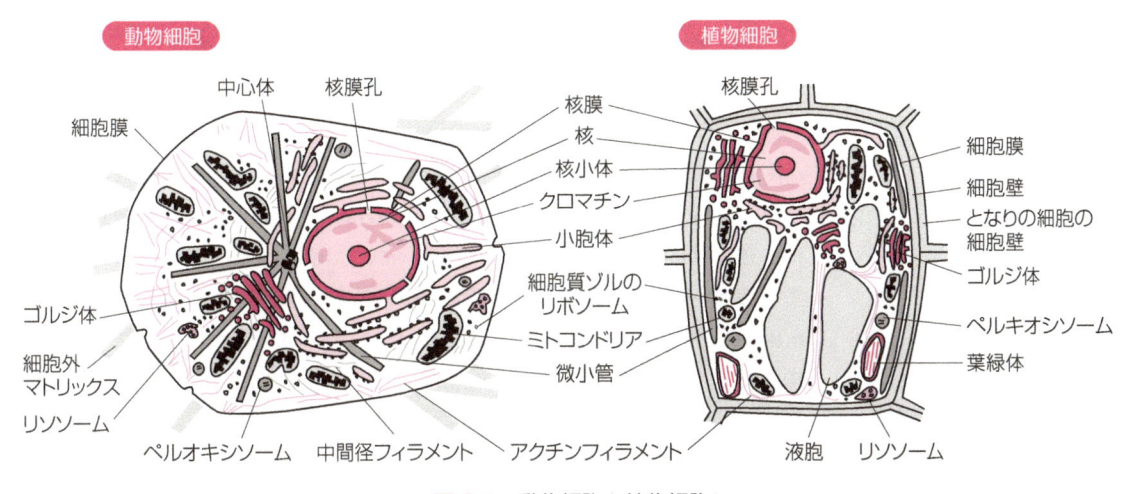

図3.1 動物細胞と植物細胞

れている．細胞膜はリン脂質の二重層で，ところどころにタンパク質分子がモザイク状にはめこまれている．細胞膜の機能のほとんどはこの膜タンパク質が担っており，代謝産物，イオンなどの輸送，ホルモンなど細胞周辺のシグナル分子の受容と細胞内への伝達，特定の反応の触媒を行っている．

細胞膜に囲まれた細胞の内部には，**細胞骨格**(cytoskeleton)とよばれる細胞の形を維持する働きのある繊維状タンパク質が存在する．細胞骨格は，チューブリン[*1]でできた外径約25 nmの中空の微小管，直径約7 nmのアクチンフィラメント[*2]，および両者の中間の中間径フィラメント[*3]の3種のタンパク質性繊維で構成される．細胞骨格はいわゆる骨とは異なり，きわめて動的な構造体であり，発生過程における細胞の形の変化，細胞分裂，細胞の環境応答に応じて，たえず再編成されている．

多細胞生物はすべて真核生物であり，細胞内に核膜でおおわれた核をもつ．核膜は細胞膜と同様，脂質二重層の膜で，内膜と外膜からなる．核膜には，ところどころに核膜孔があり，核に出入りするRNAやタンパク質などすべての分子のゲートの役割を担う．核内には遺伝情報の本体であるDNAがヒストンなどのタンパク質と結合したクロマチンとして存在している．

真核細胞から，核を除いた部分を細胞質という．細胞質はさらに，細胞内小器官と細胞質ゾルに分けられる．細胞内小器官は細胞内に存在する膜構造で，ミトコンドリア，葉緑体，小胞体，ゴルジ体，ペルオキシソーム，リソソーム，液胞などがある．細胞質ゾルは，細胞骨格を形成するタンパク質性繊維が存在する水溶性の領域で，タンパク質合成やエネルギー代謝が行われる．細胞内小器官のうち，ミトコンドリアと葉緑体は2層の膜でおおわれた構造をとり，独自のゲノムDNAをもつ．細胞内共生説によると，ミトコンドリアは比較的大きな嫌気性真核生物に取りこまれた好気性原核生物が起源だと考えられる．さらに，光合成原核生物が取りこまれて，葉緑体の起源となったと考えられる．ミトコンドリアと葉緑体が二重の膜構造である理由や，独自のゲノムDNAをもつ理由は，この説で説明できる．

遺伝子が発現する際，DNAの遺伝情報はmRNAに写し取られるが，mRNAは核膜孔を通って，核から細胞質へでていく．一方，細胞質でつくられたヒストンなどいくつかのタンパク質は，核膜孔を通って細胞質から核内へ運ばれる．核膜孔を通って細胞質へでたmRNAは，細胞質内に存在するリボソームと結合する．リボソームはタンパク質とrRNAからなり，mRNAに写し取られた遺伝情報に基づいてタンパク質が合成される翻訳の場となる．

3.1.2 動物細胞の特徴

動物の細胞には細胞壁がなく細胞が分泌した細胞間質[*4]によって互いにつ

[*1] 微小管を構成する球状のポリペプチド．よく似たα-チューブリンとβ-チューブリンが非共有結合によってかたく結合した二量体で存在する．微小管は直径が25 nm．

[*2] 1個の球状ポリペプチドであるアクチンが連なった繊維．5〜9 nmの柔軟な構造をもつ．

[*3] 直径約10 nmの繊維．成分の中間径フィラメントタンパク質が寄り合った構造をもつ．

[*4] 細胞外マトリックスともいう．動物組織中の細胞内で合成され細胞外へ分泌・蓄積される，細胞と細胞の間に存在する物質．コラーゲン，プロテオグリカン，糖タンパク質などがある．このなかで糖タンパク質には細胞接着活性をもつものが多い．

ながれている．動物細胞の細胞質には，ミトコンドリアのほか，小胞体，ゴルジ体，リソソーム，ペルオキシソームなどの細胞小器官が存在し，全体積の約半分を占める．動物のミトコンドリアゲノムは植物のミトコンドリアゲノムに比べて小さく，たとえばヒトの場合約16 kbの環状DNAである．ミトコンドリアゲノムには，酸化的リン酸化[*5]を担う呼吸酵素複合体サブユニットの遺伝子などが存在する．

動物細胞では，細胞分裂の際に，中心体[*6]が二分して細胞の両極に移動し，紡錘体[*7]を形成する（5.2.3項参照）．そして，核分裂に引き続いて細胞質分裂が起こる．細胞質分裂のしくみは，動物と植物ではまったく異なっており，動物細胞では収縮環[*8]により外側から細胞質が分割される．

3.1.3　植物細胞の特徴

植物細胞は細胞膜の外側が細胞壁でおおわれ，植物体組織の機能分化に重要な役割を演じている．高等植物の成長中の細胞は，セルロース[*9]などからなる一次細胞壁をもち，成長を停止した細胞では，一次細胞壁の内側に一次細胞壁成分に加えてリグニン[*10]などを含む二次細胞壁を形成する．

植物細胞にも呼吸の場としてミトコンドリアが存在するが，植物のミトコンドリアゲノムはナタネの約200 kbからマスクメロンの約2000 kbと，動物と比べて格段に大きく，また，種間で大きさの違いがはなはだしい．さらに，植物のミトコンドリアゲノムでは，ゲノム内部の短い繰り返し配列によって分子内組換えが起こり，ゲノム自体が，いくつかの環状の部分配列が混在した状態（マルチパータイト構造）になっていると考えられる．分子内組換えの結果，新たなORFが多数つくられており，それらのいくつかは，実際にタンパク質まで翻訳され，細胞質雄性不稔[*11]の原因のひとつとなることが明らかになっている．

植物に特徴的な細胞小器官に液胞と葉緑体がある．液胞は，成熟した植物細胞では，全体積の8〜9割を占める．液胞内には，一般に，炭水化物，有機酸，無機イオンなどが含まれる．さらに，液胞内には各種の加水分解酵素が存在し，動物細胞におけるリソソームと同様，細胞内分解系を担う．また，植物細胞において液胞は，このように代謝産物の貯蔵や分解を行うだけでなく，膨圧[*12]を維持する作用ももつ．

葉緑体は，光合成[*13]を行う細胞小器官で，植物と藻類，シアノバクテリアなどの光合成細菌の細胞に存在する．葉緑体は，細胞あたり数十個存在する．葉緑体は，外膜，内膜の二層の包膜に囲まれており，内膜の内側の空間をストロマとよぶ．ストロマにはさらに平たい円盤状の袋が並んだ構造のチラコイド膜が存在し，ところどころで層状に重なり合ってグラナを形成している．チラコイド膜には，光捕捉系および光合成電子伝達系（明反応）に関与

[*5] 電子伝達系の酸化還元反応によってつくりだされたH^+の電気化学ポテンシャル（勾配）によってATPを生産する反応．

[*6] 微小管からなる筒状構造体の中心粒が対になり，それを外周物質が取り囲んだ細胞小器官．細胞周期のS期に自己複製する．中心粒の対は，分裂前期になると両極へ配置し，紡錘体微小管形成中心となる．

[*7] 細胞分裂の際，染色体分配の役目を担う微小管．中心体から放射状に伸びた星状体微小管，動原体微小管などからなる．

[*8] M期の細胞の赤道面内側に形成されるアクチンフィラメントからなる細胞骨格構造．細胞分裂の進行に伴って，筋収縮と同様の機構で収縮して細胞を2分割する．

[*9] 植物の細胞壁の主成分で，$(C_6H_{10}O_5)_n$の組成をもつ多糖．

[*10] セルロースやその他の炭水化物と結合して存在するフェニルプロパン単位（C_6-C_3）の重合物．維管束組織に大量に存在し，木材中の量は20〜30%になる．

[*11] ミトコンドリア遺伝子の影響で，雄性生殖器官（葯や花粉など）の形成が阻害される現象．

3章 細胞の分裂と分化

*12 浸透現象によって水が細胞内に侵入し，細胞を膨張させるように働く圧力．植物細胞では，液胞の働きによって細胞の吸水が調節され，また，膨圧に対抗しうる強固な細胞壁をもつため，膨圧は大きくなる．気孔の開閉など植物の運動は膨圧の変化によって起こる．一方，動物細胞は一般に，体液とほぼ等しい浸透圧をもつため，膨圧は小さい．

*13 植物などが光のエネルギーを用いて，二酸化炭素と水から炭水化物を合成する過程．光エネルギーはクロロフィルなどの色素分子の励起エネルギーに変換され，酸化還元エネルギーとなり，電子伝達系でATPが合成される．この過程で精製したNADPHとATPを用いて，炭水化物が合成される．

*14 分裂後期の中ごろ，赤道面に出現する微小管を主成分にする構造体．隔膜形成体の成長に伴い，小胞が集合し，細胞板がつくられる．細胞板はβ-1,3グルカンなどを成分とし，もとの細胞の細胞壁を融合する．

*15 分裂期の細胞において，紡錘体を中央で分ける平面．分裂中期で染色体はこの平面に配列され，赤道面を形成する．

するタンパク質複合体が，ストロマには，炭酸固定（暗反応）に必要な酵素が存在する．

前述したように，細胞質分裂のしくみは，動物と植物ではまったく異なっている．動物細胞では収縮環により外側から細胞質分裂が起こるのに対し，植物細胞では隔膜形成体*14 により内側から細胞質が分割される．

3.2 体細胞分裂

多細胞生物の体を構成する細胞は，もとをたどればたった1個の受精卵が細胞分裂を繰り返し，発生過程を経て生じたものである．細胞は分裂を繰り返し，数を増やし，機能や構造を分化させて，複雑な多細胞生物の体を構成する体細胞となる．このように体細胞をつくる分裂を**体細胞分裂**（mitosis）という．

体細胞分裂は，もとの細胞と同一染色体構成の2つの娘細胞に分かれる均等分裂の過程である（図3.2）．体細胞分裂は**前期**（prophase），**中期**（metaphase），**後期**（anaphase），**終期**（telophase）からなる．分裂の結果生じる2つの娘細胞がもとの細胞とまったく同じ染色体構成になるよう，分裂に先立ってDNAの複製が行われ，染色体は倍加している．前期は細胞分裂が開始する時期で，核膜が消失し，クロマチンの凝集により光学顕微鏡で観察可能な染色体が形成される．中期は染色体が赤道面*15 に並ぶ時期である．

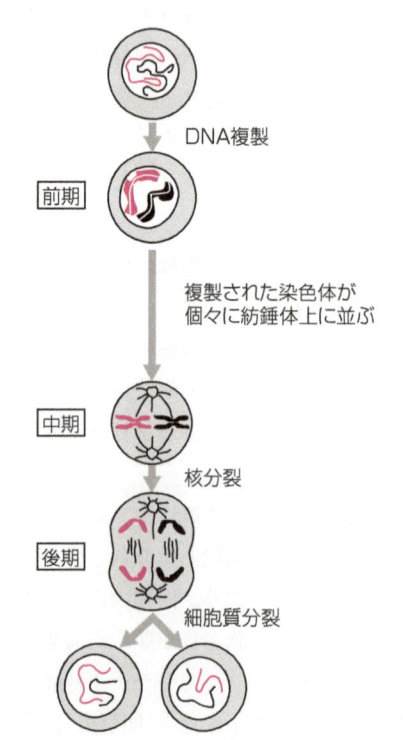

図3.2 体細胞分裂
2n＝2（相同染色体が1対）の場合を示す．

倍加した染色体は，相同な2本の姉妹染色分体からなる．後期は染色分体が動原体の分離を伴って両極に分かれる時期である．各染色分体の動原体には紡錘糸が付着し，これが両極に形成された紡錘体によって連結される．さらに，動原体を中心にして，各染色分体が両極に移動する．終期は核分裂が終了する時期である．核分裂の終了後に，細胞質の分裂が起こる．

3.3 細胞周期

　細胞分裂で新しく生じた細胞が，次の分裂を終えるまでの期間を**細胞周期**（cell cycle）という．細胞周期は，G_1期，S期，G_2期，M期の明瞭な4期にわかれ，$G_1 \to S \to G_2 \to M \to G_1 \to$ の順で繰り返される（図3.3）．このうち，S（Synthesis）期は染色体の倍化（DNA複製）期であり，その前後がG_1（Gap 1）期，G_2（Gap 2）期，細胞分裂期がM（Mitotic）期である．G_1期，S期とG_2期を総称して，静止期あるいは間期という．静止期は，細胞が分裂期に入る準備の段階であり，顕微鏡観察では細胞が静止しているように見えるが，代謝的にはきわめて活発な時期である．

　分化した細胞などで分裂が休止している状態をG_0期という．たとえば，

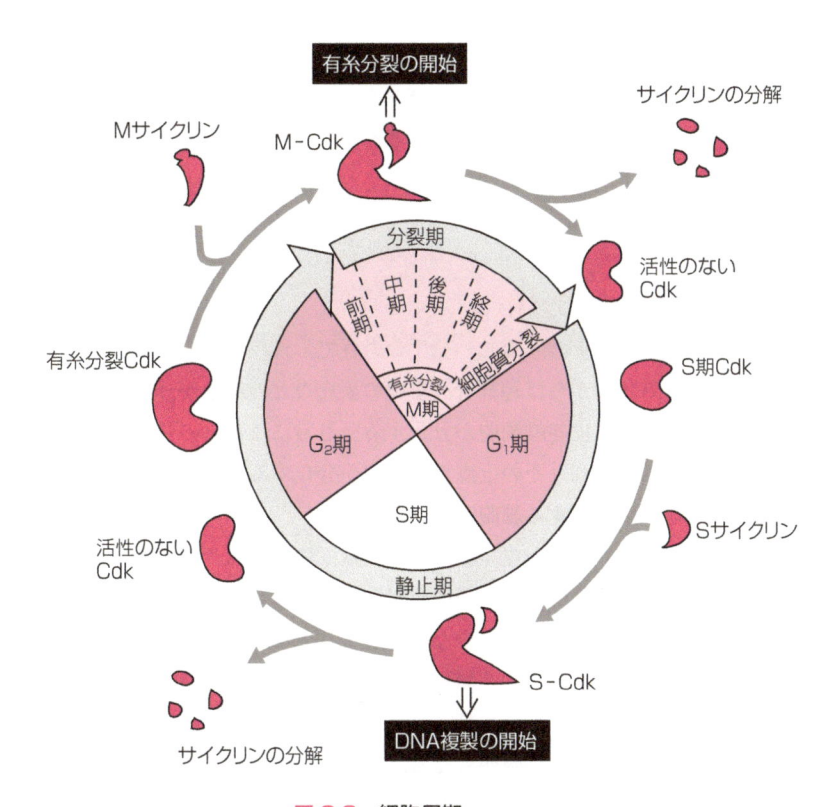

図3.3 細胞周期
Cdk：サイクリン依存性キナーゼ

植物の休眠種子中の分裂細胞は G_0 期にあり，分裂は休止している．種子が吸水し，適当な温度条件におかれると，細胞は G_0 期から脱し，再び細胞周期に入る．G_1 期や G_2 期の長さは，細胞の種類や状態によって大きく異なるが，一般に，M 期は G_1 期や G_2 期に比べて短い．ヒトの細胞の場合，G_1 期が 6〜12 時間，S 期が 6〜8 時間，G_2 期が 3〜4 時間に対し，M 期は 1 時間である．

細胞周期では，サイクリンとよばれる周期的に生合成と分解が行われるタンパク質と，サイクリン依存性キナーゼ(Cdk)[16]が重要な役割を担っている．さらに，多くの遺伝子が関与する複雑な機構が存在する．これらの遺伝子の異常により細胞は癌化することが明らかとなっており，これらの遺伝子を癌抑制遺伝子[17]とよぶ．

3.4 細胞の分化

発生の過程で，細胞は細胞分裂を繰り返すことにより数が増加するとともに，異なった形態や機能をもつようになる．このように発生過程で細胞が特殊化することを細胞の分化とよぶ．分化した細胞が，それぞれ異なった形態や機能をもつのは，個々の細胞の遺伝子の働きによる．多細胞生物の体を構成する細胞は，基本的に同一の遺伝情報をもつが，分化した細胞ではそれぞれに特徴的な遺伝子が発現している．たとえば，ヒトの皮膚の細胞ではケラチン[18]が，コムギ種子の胚乳細胞ではグルテニン[19]が大量につくられている．一方，細胞が生きていくために必要な呼吸，DNA 複製，遺伝子転写・翻訳に関する遺伝子はすべての細胞で働いており，ハウスキーピング遺伝子とよばれている．

3.4.1 動物細胞の分化

動物の受精卵は分割を繰り返し，発生の過程で，外胚葉，内胚葉，中胚葉へと分化する．外胚葉からは神経管，皮膚の表皮などの細胞が分化する．内胚葉からは消化管の上皮組織細胞が分化する．さらにこれらの管の一部から肺や肝臓などが形成され，その上皮組織細胞が分化する．中胚葉からは筋肉や心臓などの器官を形成する細胞が分化する．

動物の組織は，一般に，上皮組織，結合組織，筋肉組織，神経組織の 4 つに分けられる．上皮組織は体の表面や諸器官の表面をおおう組織で，細胞が互いに密着しており，細胞間質が少ない．さまざまな刺激の受容体となる感覚細胞を含む．結合組織は，細胞間質に富み，体を支持する役割と細胞の栄養生産を担う組織である．軟骨や骨，血液やリンパ球も結合組織である．筋肉組織は筋繊維とよばれる細胞からなる，いわゆる筋肉である．神経組織は神経系を構成する組織で，ニューロン[20]とグリア細胞[21]からなる．

後述するように，植物では，葉，茎，根と基本的に 3 つの器官しかないが，

[16] サイクリンによって活性化されるプロテインキナーゼ．標的タンパク質をリン酸化することで，S 期の開始，あるいは M 期の開始の制御を行う．

[17] 突然変異により遺伝子機能が喪失した場合，細胞の癌化を進行させる遺伝子群．それらの遺伝子産物は，転写の制御，細胞周期の調節，細胞死の誘導などに関与する．

[18] 皮膚細胞など上皮細胞の最外側で形成され，体表の保護の役目をする構造タンパク質．

[19] グルテリンと総称される穀物の種子貯蔵タンパク質の一種で，コムギ種子の胚乳部分に存在する．

[20] 神経細胞のこと．多数の樹状突起と一本の軸索突起がある．軸索突起の先端(神経終末)は枝分かれしており，他の神経細胞の樹状突起とシナプスを形成してシグナルの伝達を行う．

[21] 神経細胞をとりまく細胞の総称．神経細胞の発達，分化の調節，機能の維持に働く．

動物では，多数の器官が分化する．それらは集まってある機能を営む器官系を構成する．器官系には，消化器官，循環器官，呼吸器官などがある．

3.4.2 植物細胞の分化

植物の受精卵は分割を繰り返し，発生の過程で，根(root)，茎(stem)，葉(leaf)の器官を形成する．それぞれの器官は表皮系，維管束系，柔組織系の3つに分化した細胞によって構成されている．表皮系は，植物体を包む1層から数層の細胞よりなり，表皮，およびその変形である毛，気孔などである．表皮細胞の外側には，クチクラ層[*22]が発達し，水分の蒸散を防ぐ．水分の蒸散やガス交換は気孔によって行われる．維管束系は篩部(phloem)と木部(xylem)からなる．篩部は葉でつくられた光合成産物の通路となる篩管とそれを取り巻く細胞からなり，生きている生細胞である．木部は，根から吸い上げた水の通路となる導管とそれを取り巻く組織よりなる．導管は死細胞である．基本組織系は表皮系と維管束系を除く残りの部分で，多くは柔細胞とよばれる細胞からなり，光合成や光合成産物の貯蔵などの働きをする．

[*22] 動物では上皮細胞，植物では表皮細胞の表面に形成される膜様構造．植物ではクチンを主成分とする．

3.4.3 幹細胞

幹細胞(stem cell)は，特定の細胞に分化して組織や器官を形成する能力をもち，かつ，未分化のまま増殖を続けることのできる細胞をいう．動物では皮膚や小腸などのさまざまな臓器に幹細胞が存在する(組織幹細胞)．たとえば，皮膚は多層の表皮細胞でできているが，これらの表皮細胞は寿命が短く，古くなった表皮細胞は垢として剥離し，日々更新される．表皮細胞層の下層の基底層とよばれる部分に表皮幹細胞があり，さかんに分裂を繰り返し，表皮細胞を供給している．基底層に幹細胞があることは非常に重要なことで，もし，幹細胞がすべて皮膚に分化してしまったら，表皮細胞を更新することはできない．また，哺乳類の成体では，血球系は骨髄にある．血球系においても造血幹細胞が存在し，皮膚や小腸の上皮と同様に，細胞を生産し続けている．造血幹細胞は自己複製をすると同時に，赤血球やリンパ球など広範囲の種類の細胞へ分化する(図3.4)．

造血幹細胞のような成体の組織幹細胞は，全身のあらゆる組織細胞をつくりだす**全能性**(totipotency)をもっているわけではなく，一定の種類の細胞へと分化する**多能性**(pluripotency)[*23]をもつだけである．受精卵はもちろん全能性をもっているが，動物では発生に伴い**決定**(determination)[*24]が進行すると，全能性は失われる．しかし，人為的に全能性をもつ細胞をつくりだすことは可能である．それが**ES細胞**(胚性幹細胞, embryonic stem cell)である．ES細胞は，胚由来の細胞を起源とし，シャーレで未分化のまま培養することができる．培養したES細胞を適当な条件下に置くことによって，

[*23] 多分化能ともいう．細胞が成体を構成するあらゆる体細胞および生殖細胞へと分化する能力を全能性といい，多能性とはさまざまな体細胞には分化できるが，生殖細胞には分化できない状態をいう．

[*24] 胚のある部分が将来何になるか(発生的運命)が確定すること．その後，実際に細胞が形態的・機能的特異性を発現することを分化という．

3章 細胞の分裂と分化

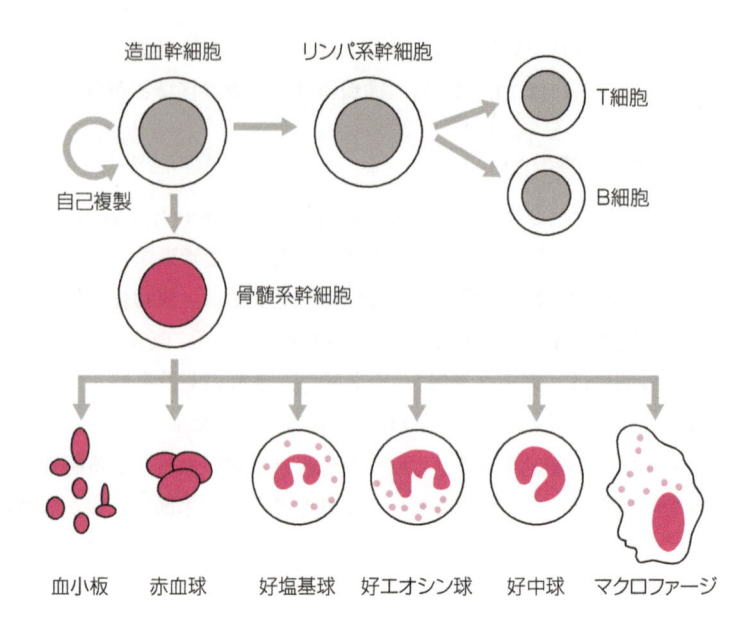

図3.4 造血幹細胞の分化

さまざまな種類の組織細胞へと分化させ，器官をつくることができると考えられる．実際に，マウスの ES 細胞を用いて，試験管の中で血管をつくる神経細胞を分化させることに成功している．ES 細胞の未分化状態の維持や分化には，さまざまな遺伝子が関与すると考えられる．たとえば，マウス ES 細胞で特異的に発現するホメオボックス遺伝子 *Nanog* は未分化状態を維持する働きがある．

　動物と異なり植物では，細胞分裂能を維持した細胞が，通常，体の特定の部位にのみ存在する．このような細胞分裂を行う細胞の集合体を**分裂組織**（meristem）とよび，根や茎の先端にある頂端分裂組織と根や茎の内部にあって形成層をつくる側生分裂組織に分けられる．それぞれの分裂組織は幹細胞を含んでいる．シロイヌナズナの *WUSCHEL*（*WUS*）遺伝子は茎頂分裂組織における幹細胞の形成と維持に関与する．興味深いことに，*WUS* 遺伝子も動物における *Nanog* 遺伝子と同様，ホメオボックス遺伝子である．また，動物と異なり植物では，分化した細胞も全能性を保持している．たとえばニンジンでは，茎や根に由来する**カルス**（callus）[*25]や葉肉細胞を培養することにより，胚発生を経て組織／器官を形成して植物体を再生することができる．このように，分化した組織細胞がその分化形質を失うことを**脱分化**（depolarization）という．

[*25] 脱分化した植物の細胞塊．基本的に，植物ではあらゆる部分からカルスを誘導することができ，適当な条件下で培養することによって，再分化個体を得ることができる（14.2 節参照）．

3.4.4 癌細胞

　組織や器官を形成している細胞が，無秩序に増殖を繰り返すようになった

ものを腫瘍とよぶ．腫瘍には良性腫瘍と悪性腫瘍がある（図3.5）．良性腫瘍はもともとの細胞がいた位置にとどまり，繊維性の皮膜におおわれていることが多い．悪性腫瘍は組織内部に浸潤し，血管系やリンパ系を通して転移す

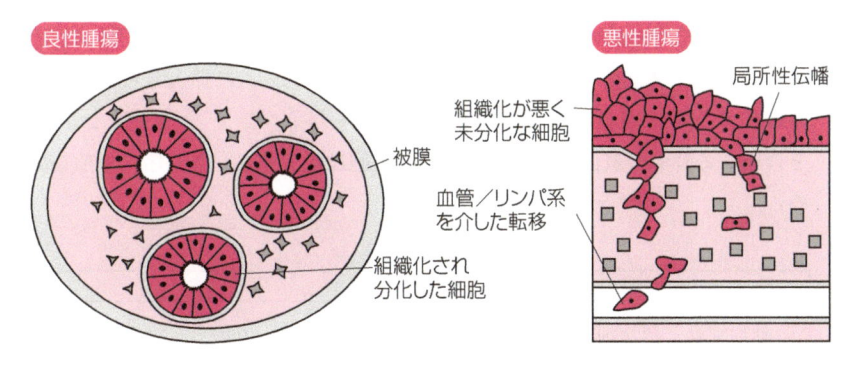

図3.5 腫瘍の形成

Column

ヒトクローン胚由来 ES 細胞の作成

　1996年，クローン羊「ドリー」が誕生した．ドリーは未受精卵から核を除去し，代わりに成体の体細胞核を移植し発生させた，哺乳類初の体細胞クローンであった．ドリーは6歳7ヶ月まで生きたが，これは通常のヒツジの寿命の約半分であった．ドリーの短命が，クローンであったことに起因するかは明らかではない．しかし，体細胞分裂では，分裂のたびに染色体の端のテロメアーの部分が短くなっていくことが知られいる．体細胞クローンの染色体は始めから短くなった状態であり，それが短命の原因なのかもしれない．ヒツジに続き，マウスやウシでも体細胞クローンが次々に作成され，現在，技術的にはヒトの体細胞クローンをつくることが可能な状況にある（ヒトの体細胞クローン作成は法律で禁止されている）．一方，本文で見たように，哺乳類の初期胚からは，体のあらゆる組織に分化することができるES細胞（胚性幹細胞）を作成できる．体細胞クローン技術とES細胞培養技術を融合させると，拒絶反応のまったくない，移植用の組織や臓器をつくることが可能となり，再生医療は飛躍的に進展すると考えられる．2004年，韓国ソウル大学の黄博士率いる研究チームがヒトのクローン胚を作成し，そこからES細胞を培養することに成功したという報告は，世界中を驚かせた．しかし後に（2006年1月），その研究成果はねつ造であることが明るみにでて，ヒトクローン研究はふりだしに戻った．クローン作成はまだ非効率的な技術であり，生存能力のあるクローンを1個得るのに何百個もの卵が必要になる．ヒトの卵は女性から提供を受けなければならず，常に倫理問題がつきまとう．また，もし免疫の研究が進展し，移植臓器に対する拒絶反応を止めることができるのなら，ヒトクローン胚作成は必要でないという意見もある．ヒトクローン胚由来のES細胞の作成にはさまざまな困難が待ち受けている．

　そのような状況のなか，2007年に京都大学再生医科学研究所の山中伸弥教授らによって飛躍的な技術革新が行われた．ヒトの成人皮膚に由来する線維芽細胞に，4つの転写因子をレトロウイルスによって導入することにより，人工多能性（iPS）細胞がつくりだされたのである．この技術はアメリカの研究グループでも確立されている．ヒトiPS細胞を用いることにより，倫理的問題や拒絶反応のない細胞移植療法の実現が期待される．

る．この悪性腫瘍を癌という．3.3節で見たように，癌は，細胞の増殖や分化の機構に関与する遺伝子に体細胞突然変異が生じることに起因する．

植物にも腫瘍がある．土壌細菌アグロバクテリウム（*Agrobacterium tumefaciens*）は，植物の根に感染し，植物体組織にクラウンゴールとよばれる腫瘍を形成させる（2.5.5項，図2.5参照）．アグロバクテリウムが植物に感染すると，TiプラスミドのT-DNA領域が植物ゲノムに挿入される．この領域には，植物細胞の増殖を誘導するサイトカイニン[26]とオーキシン[27]を合成する酵素の遺伝子が存在し，植物細胞は脱分化し，無秩序に増殖を始める．

[26] 植物ホルモンの一種．細胞分裂の促進，種子の発芽，葉の成長，茎の肥大成長，気孔の開放などの生理効果がある（12.5節参照）．

[27] 植物ホルモンの一種．細胞伸長，維管束形成，側芽成長抑制，器官脱離（落葉，落果など）といった生理効果がある（12.2節，12.5節参照）．

練習問題

1 動物細胞と植物細胞の違いについて発生の観点から説明しなさい．
2 体細胞分裂における染色体の動きについて説明しなさい．
3 動物細胞の分化および植物細胞の分化の例について説明しなさい．
4 ES細胞の利用法について説明しなさい．

4章 細胞の相互作用と細胞死

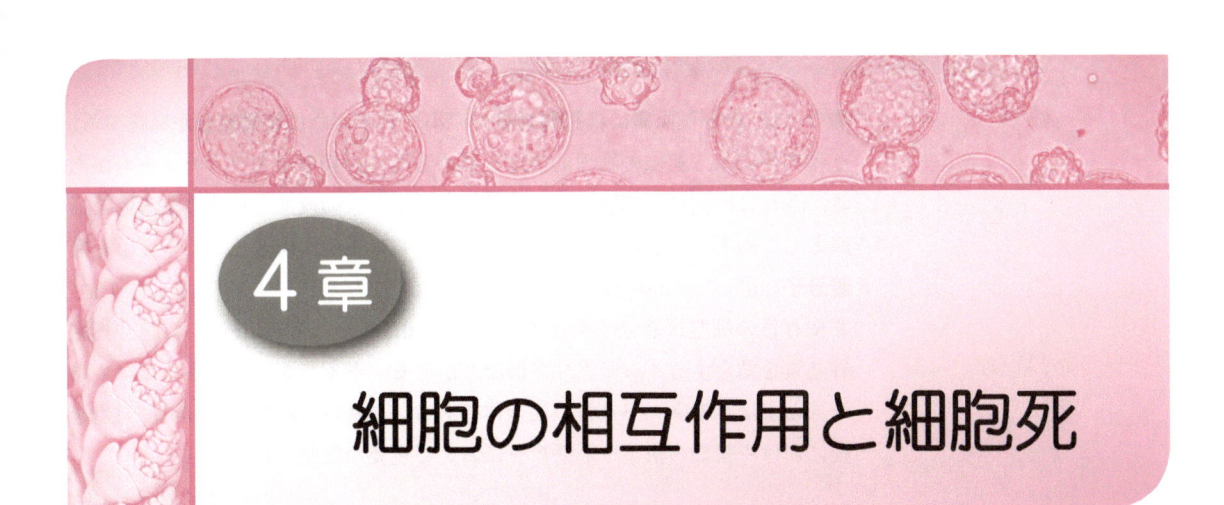

本章では，組織や器官を形成するための細胞間相互作用について解説する．さらに，細胞間相互作用の結果もたらされる多細胞体制に固有の細胞死による発生制御のしくみを見る．

4.1 細胞間相互作用

細胞間相互作用とは，2つ以上の細胞間で起こる物理的および生理的なコミュニケーションをいう．発生の過程で，各細胞は自律的に遺伝子発現パターンを決定するのではなく，周囲にある細胞との相互作用の結果として，遺伝子発現の調節を行う．このような方法は単細胞生物では発達せず，多細胞生物に固有の現象といえる．

4.1.1 細胞接着

組織内の細胞は互いに結合しており，細胞膜上にはその結合のために特殊に分化したいくつかの領域がある(図4.1)．たとえば，動物の上皮組織[*1]の

[*1] 体の外表面や器官の表面，体腔の内面などを形成する組織で，1～数層の細胞層からなる．

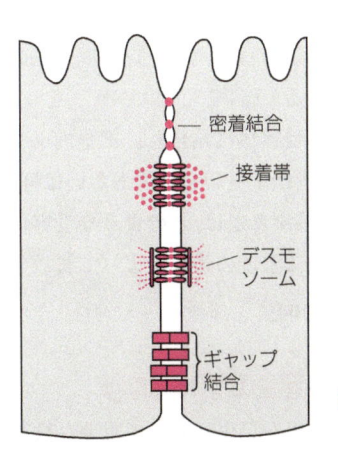

図4.1 動物上皮細胞における細胞間結合の種類
（密着結合，接着帯，デスモソーム，ギャップ結合）

場合には，最も表面側に細胞間物質の流出を防ぐために**密着結合**が発達する．その内側には，組織の物理的強度を高めるための接着帯とデスモソームがある．さらに内側に，細胞間で直接イオンや小分子の流通を可能にする連絡通路としての**ギャップ結合**などがある．これらの細胞間構造をつくる分子を**接着分子**(adhesion molecule)といい，Ca^{2+}依存性のカドヘリン類（図4.2），Ca^{2+}非依存性の細胞接着分子群(CAMs: cell adhesion molecules)，細胞と細胞外基質を結合するインテグリン群などがある．ギャップ結合の小孔はコネキシンとよばれるタンパク質の集合体である．これらの細胞接着分子は発生過程における組織の構築や形態形成において重要な役割を担う．

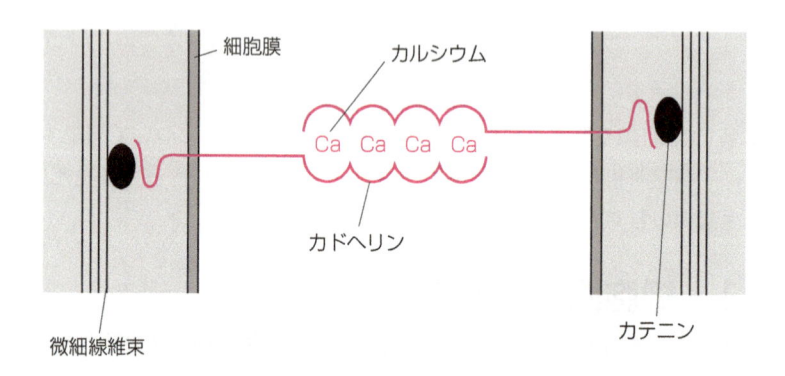

図4.2 カドヘリンを介したカルシウム依存性接着

4.1.2 細胞間シグナル伝達系

発生過程は細胞間相互作用，つまりある細胞群が他の細胞群に働きかけることによって進行する．この働きかけは，ある細胞群から放出される**誘導因子**(inducing factor)によって起こる．誘導因子にはいくつかの分子種があり，**成長因子**(growth factor, 2.1節参照)，**サイトカイン**(cytokine)[*2]，**ホルモン**(hormone, 2.1節参照)などとして知られている．成長因子はいくつかのファミリーに分かれており，初期胚の前後軸にそったパターン形成や脳の領域化に関与する線維芽細胞増殖因子などがある．

誘導因子は，通常，細胞膜に存在する受容体に結合し，細胞内シグナル伝達系を活性化することにより，特異的な遺伝子発現を誘導あるいは抑制する．つまり，細胞が誘導因子にどのように応答するかは，どのような受容体をもっているかによる．誘導因子のうち，とくに濃度の違いによって複数の反応をひき起こすものを**モルフォゲン**(morphogen)[*3]とよんでいる．

4.1.3 細胞間相互作用による発生現象—誘導

脊椎動物の眼の発生は，細胞間相互作用が発生において重要な役割を果た

[*2] 細胞から放出され，とくに，免疫反応の発現や調節に関与する生理活性物質．多くはポリペプチド．

[*3] 局所的な産生源から濃度勾配をもって広がるシグナル分子で，産生源からの距離に応じたさまざまな強さのシグナルを標的細胞に与える．標的細胞は，それらのシグナル強度によって組織内の位置に応じた適切な細胞種へ分化することができる．

すことを端的に示す例である(9.4節，図9.9参照). 眼の構造のなかで，水晶体(レンズ)[*4]と角膜は外側の表皮から，網膜は内側の神経管[*5]から生じる. 神経管の前端がふくらみ脳の前駆構造(脳胞)ができると，両側から袋状の構造(眼胞)がせりだし，それが杯状の形の眼杯となる. 眼杯は表皮に働きかけて細胞を肥厚させ，水晶体予定域として陥入させる. 眼杯自体は網膜へと分化する. この眼杯が表皮に作用するような，隣接する細胞集団への働きかけのことを**誘導**(induction)とよぶ. この水晶体の誘導は，細胞間相互作用の発生における重要性を示す例であり，実際，眼杯を取り除いて発生させると，表皮から水晶体ができることはない. 一方，眼杯を頭部以外の表皮の下に移植しても，水晶体は誘導されないことから，表皮の側にも眼杯からの誘導を受け入れる特別の能力があると解釈できる. このような受け手の感受性のことを**反応能**(competence)とよび，誘導する側と同様の重要性をもつ.

[*4] 眼球でレンズの役割をする透明な組織. アーチ状をした細長い水晶体細胞が1000個ほど重なる. 分化細胞にはクリスタリンという透明なタンパク質が詰まっているが，細胞内小器官が残存すると白内障となる

[*5] 脊椎動物の発生初期の神経胚期に見られる神経系の原基. 胚の背面の外胚葉が細長く陥入して神経板をつくり，さらに神経板が丸く成長して筒をつくったもの.

4.2 細胞死

発生生物学でいう細胞死とは，寿命，毒物，損傷などにより細胞が死ぬ現象をさすのではなく，発生の過程で，より能動的に細胞が死ぬ運命を選択する際に対して用いられる語である. 多くの場合，細胞死は個体にとってなんらかの有益な効果をもたらす. 細胞死は，**アポトーシス**(apoptosis)と**ネクローシス**(necrosis)に大別されて研究されてきた(図4.3).

アポトーシスは，しばしば「自発的に起きる細胞死」と表現されることがあるが，細胞死の原因は必ずしも死んでゆく細胞自身にあるとは限らない. 外因性アポトーシス(4.3.5項参照)において広く認められるように，死んでゆく細胞の外に原因があって，その刺激に応答した結果，細胞死へ導かれるケースも多い. またアポトーシスは，あたかも発生過程のなかで出番がしくまれているように観察されるものがあることから，古くより**プログラム細胞死**

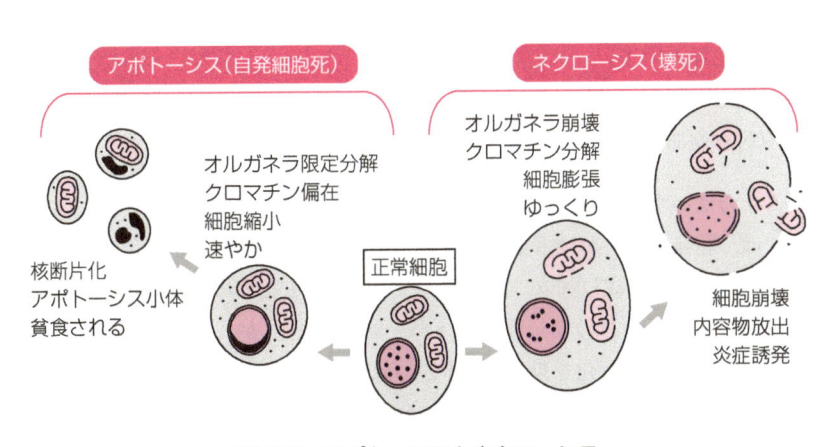

図4.3 アポトーシスとネクローシス

(programmed cell death)の別名で呼称されることも多かった．しかし多くのアポトーシスにおいて，細胞は決められた順序にしたがうようにさまざまな形態的特徴を順次見せながら死ぬことから，このプログラム細胞死の語はその意味で使われることも多い．その両者の混乱を避けるため，発生過程で現れる細胞死に対しては，**ディベロプメンタル・アポトーシス**(developmental apoptosis)の語が用いられるようになってきている．ディベロプメンタル・アポトーシスの時空間的パターンが遺伝的にプログラムされているのに対し，発生異常を検出して不適切な細胞を除去したり，発生終了後に恒常性維持(ホメオスタシス，homeostasis)[*6]や細胞更新をしたりするために起きるアポトーシスは偶発的な**アクシデンタル・セル・デス**(accidental cell death)で，その時空間的パターンは遺伝的にプログラムされたものではない．しかし後者も，正しい発生や健康維持に必要な機構である．

　一方ネクローシスは，感染，傷害，栄養欠如など，何らかの急激な悪影響によって細胞が死に至らざるを得ない場合の細胞死に見られる．アポトーシスが，細胞と細胞内器官の限定的な分解を迅速にひき起こし，膜系は閉じたまま細胞が細分されてマクロファージ[*7]などに貪食されるのに対し，ネクローシスは，膜系の損傷とともに細胞がゆっくりと膨張して細胞構造が壊滅し，細胞成分が漏出して周辺の細胞にも破壊的影響(炎症)をおよぼす．一般にアポトーシスが積極的な細胞死，ネクローシスが受動的な細胞死と解釈されているが，細胞にはネクローシスを制御する明確なしくみも存在しており，単純に破壊的外圧によって殺されるだけではないことも明らかである．

4.3 アポトーシス
4.3.1 発生におけるアポトーシス

　アポトーシスの目的は，4つに分類される(図4.4)．

① 未分化組織の除去
② 既存形態の除去
③ 細胞数の補正
④ 有害細胞あるいは損傷細胞の除去

　これらはいずれも発生において重要な役割をもつと考えられる．たとえば，①では，胚発生期における指形成時の指間(水かき)細胞の除去，②では，脊椎動物の生殖器形成に先立つ雄のミュラー管[*8]除去などの例がある．③では，内因性アポトーシスの実行因子カスパーゼ-9(後述)が，大量の神経細胞を死滅させて脳の肥大化を抑制する例，④では，自分自身を攻撃するTリンパ球[*9]が胸腺で死滅することにより，自己免疫疾患の発生を防いでいる例がある．これらはいずれも正常発生の過程で起きるディベロプメンタル・アポ

[*6] 体温，血圧，浸透圧，pHの維持など，生体が内外環境の変動に対抗して状態を一定に保とうとする性質のこと．生体の健康状態を維持するために重要な働きを担う．

[*7] 大食細胞ともいう．体内で生じた死細胞や変性した組織細胞，外部から進入した細菌などの異物を貪食し消化する旺盛な食細胞．

[*8] 脊椎動物の発生において生じる中胚葉性の管．雌では発達して輸卵管となる(10.2.1項参照)．

[*9] リンパ球の一種．骨髄の造血幹細胞に由来し胸線内で分化して末梢リンパ組織へ移行する細胞．免疫反応に関与する．

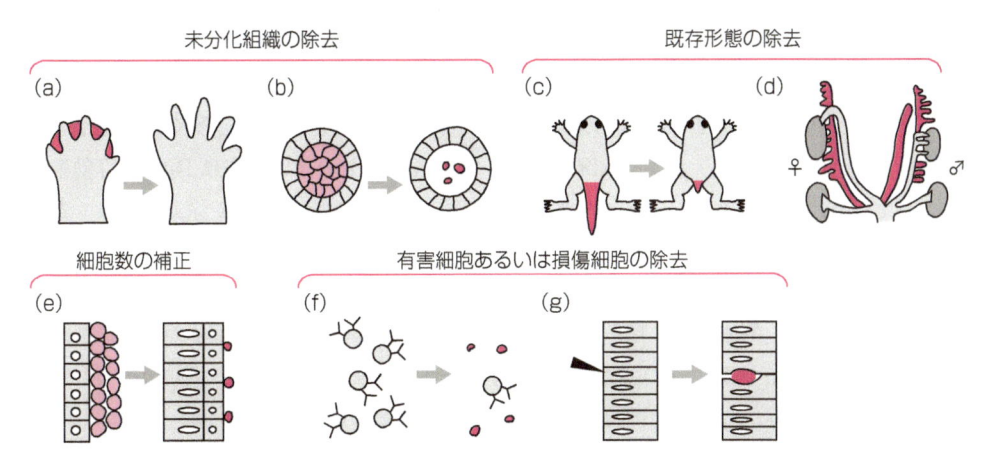

図 4.4　細胞死の目的
(a) 高等脊椎動物の指間細胞の除去，(b) マウスの羊膜腔をつくる際の外胚葉細胞除去，(c) カエル変態期の尾の退縮，(d) 哺乳類の生殖腺発生時の他方の性の生殖腺原基の除去，(e) 過剰に生じた上皮細胞の細胞死，(f) 哺乳類胸腺における T 細胞の細胞死，(g) 傷害を受けた表皮細胞の細胞死．いずれも死細胞を赤で示す．

トーシスであるが，③④には，偶発的な事態に対処するためのアクシデンタル・セル・デスも深くかかわっている．次に，近年明らかになりつつあるアポトーシスの役割についていくつか紹介する．

4.3.2　細胞競争

　ショウジョウバエの発生の際に遺伝的モザイク[*10]状況をつくることができる．これは，遺伝子組成の異なる2種以上の細胞を組み合わせて1個体をつくる状況をいうが，その際に正常細胞と，正常細胞よりも増殖スピードの遅い細胞とが組み合わされたモザイクをつくると，個体発生が完了したとき，増殖スピードの遅い細胞は，全体のなかでわずかな領域しか占めていないように期待される．ところが実際に作成して観察すると，増殖スピードの遅い細胞は完全に失われてしまい，あたかも正常細胞との競争に負けてしまったかのようである．この現象は**細胞競争**（cell competition）と名づけられている（図4.5）．

[*10] 発生途上で体の一部に遺伝子組成の異なる細胞集団をつくること．相同染色体乗換えによるトゥインスポットや染色体を欠失させるフリップアウトなどの方法がある．異なる個体由来の細胞を組み合わせる「キメラ」も同様に用いられる．

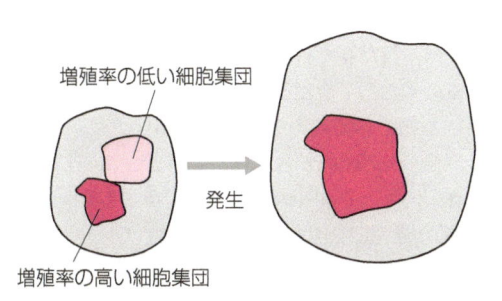

図 4.5　細胞競争

4章　細胞の相互作用と細胞死

*11　Decapentaplegic. ショウジョウバエにおける誘導因子のひとつ．産生細胞から分泌されて拡散し，濃度勾配をつくって位置情報を与えるモルフォゲンとして働くほか，生存因子，増殖因子などとしての機能ももつ．

細胞競争は最近になってその分子メカニズムが解明された．細胞の増殖には生存シグナルとして働くDpp[*11]シグナルが必要であるが，分泌されて細胞外に存在するDppタンパク質は限られた少量であり，多くの細胞がそれを奪い合うような状況にある．増殖スピードの遅い細胞はDpp受容効率が正常細胞よりも低いので，生存シグナルレベルが下がって除去される，という，まさに競争の原理が働く．またこれは，培養液から血清（成長因子）を除去するとアポトーシスを起こすという，多くの培養細胞に広く見られる現象が，生体内でも見られることを意味している．こうした競争のメカニズムが存在する意義は，発生途上の体細胞突然変異によって健康状態が損なわれ増殖率が低下した細胞を取り除くことにあると解釈されている．

4.3.3　形態形成異常を修復する非自律的細胞死

*12　ある遺伝子の働きが，その遺伝子が働いた細胞の表現型だけに影響をおよぼす場合を「細胞自律的」，その遺伝子が働いた細胞以外の細胞に影響をおよぼす場合を「非細胞自律的」という．多くの遺伝子の働きは細胞自律的だが，細胞間相互作用にかかわる分子の働きは非細胞自律的となる．

細胞競争にはDppシグナルが関与するが，モルフォゲンであるDppそのもののシグナルを直接変化させて分化運命を変えた細胞集団をつくると，細胞競争とは異質な反応が起こる．たとえば，Dppシグナルを阻害した異常細胞集団をもつ遺伝的モザイクを作成すると，それは最終的には細胞競争と同じように消滅していくが，消滅の始まりを観察すると，異常細胞集団全体が自律的[*12]に死滅していくのではなく，異常細胞集団と周辺の正常細胞との境界線を中心として，その両側の細胞から死が始まることが明らかになった．当然，細胞死を起こすのは異常細胞集団の細胞だけではない．そこに接触す

Column

線虫による細胞死メカニズムの研究

細胞死のメカニズムを解明する研究は，線虫（*C. elegans*）を用いて始められた．線虫の成体はわずか959個の体細胞からなり，受精卵からどのような順番で各細胞が生じてくるかという枝分かれのパターン（細胞系譜）が完全に明らかにされている数少ない動物のひとつである．また世代時間が短く，大腸菌のように簡便に培養できるので，1960年代よりモデル生物のひとつとして用いられ始めた．線虫の細胞およそ8個につき1個はディベロプメンタル・アポトーシスを起こし，どの個体の発生においても再現性よく消失する．これらの細胞死パターンに異常を起こす突然変異体を単離して原因遺伝子を探索するという研究から，アポトーシスを制御する遺伝子群が明らかになった．ほかの重要な細胞機能と同様に，アポトーシスをひき起こす遺伝子は進化的に保存され，ヒトをはじめとした哺乳類やショウジョウバエにおいても同様の分子がアポトーシスを制御している．線虫を用いたこれらの研究の創始者ブレンナー（S. Brenner），ホロビッツ（H. R. Horvitz），サルストン（J. E. Sulston）の3名には，2002年にノーベル賞が与えられている．分子発生学において線虫の果たしてきた役割は大きく，1998年には多細胞生物として初めてゲノムプロジェクトが完了し，全DNA配列が公開されたほか，二本鎖RNAの導入によってmRNAの機能を阻害する機構（RNA干渉）が最初に証明された生物でもある．

る正常細胞も巻き込まれるようにして死滅する．つまり，本来緩やかなスロープをつくるべきモルフォゲン活性勾配のなかに急勾配の段差が生じると，段差の両側の細胞はそれを認識して，その細胞から遠方の細胞へ向かって細胞死を導き始め，最終的に異常細胞集団を完全に除去して，緩やかなモルフォゲン活性勾配を再び出現させる，と解釈される．この現象は，誤った発生運命を進行させる悪性の細胞集団を組織内で検出し，除去するために獲得された機構であり，正常発生を保証していると考えられる．

通常の組織中にはDppシグナルの強い細胞と弱い細胞の両方が存在しているので，単にシグナルが強いか弱いかだけによって異常を自律的に判断することはできないはずであり，周辺にいる細胞との比較によって初めて異常を検出できる．そして，Dppシグナルレベルが非常に異なる細胞が接触するというできごとは，正常発生時のモルフォゲン勾配形成過程では決して起こらないことなので，それを手がかりとして異常を認識すると考えられる．ただし，隣の細胞と非常に異なるレベルにあることを感知したとしても，その原因が自身にあるのか相手にあるのかを瞬時に判別する手段がないので，確実に異常細胞を排除するために両者ともを細胞死へ向かわせると解釈できる．

4.3.4　失われた細胞を補充する補正的増殖

ある領域の細胞がアポトーシスによって集中的に失われると，そのあたりの細胞密度が下がっていわば穴の開いた状態になり，そこに何らかの方法で細胞を補充する必要が生じる．そのために考えられる二つの手段がある．ひとつは細胞が失われた後，そこにできた傷の大きさを感知してそこに見合うだけの細胞を補充する受動的なしくみであり，もうひとつは細胞死の起き始める段階で，その細胞があらかじめ周辺の細胞に増殖シグナルを与えて増やしておく，という能動的なしくみである．最近の研究によると，細胞死の誘導直後に周囲に向かって**補正的増殖**(compensatory proliferation)の指令が送られることが示され，前者だけではなく後者の機構も存在すると考えられている．

4.3.5　外因性アポトーシスと内因性アポトーシス

これまで見たように，発生過程に生じる異常を防ぐ細胞死の重要性は，細胞自身が自らの異常を感知して消滅する場合(内因性)に見られるだけでなく，外部の細胞との相互作用によって細胞死へ向かわせられる場合(外因性)もある．多細胞生物の組織は多くの細胞からなり，パターン形成，増殖制御，細胞死制御などさまざまな細胞間相互作用が同時に進行した結果として形成される．外因性の細胞死がいかに調節されるかは，組織および器官形成にお

4章　細胞の相互作用と細胞死

*13　さまざまな原因で発生するDNAの物理的変化あるいは化学的変化をいう．遺伝情報の変化につながるため，細胞はDNA損傷に対する修復機構を備えている．それでもDNA損傷が蓄積すると，細胞は老化，アポトーシス，癌化などの運命をたどる．

*14　電子伝達系を構成するタンパク質の一種．通常は，ミトコンドリア内膜の外側に存在し，チトクロームC酸化酵素に電子を渡すことによって膜内外のプロトン勾配を形成させ，ATP合成のきっかけをつくる．

*15　細胞表面の受容体分子であるFas抗原に結合してアポトーシスを誘導する．リガンドとは，あるタンパク質と特異的に結合する物質のことをいうが，慣用的には，受容体に結合して刺激を与える分子に対して使う場合が多い．

　いて重要であると考えられる．

　これら内因性のアポトーシスと外因性のアポトーシスは，異なる制御を受けていることが知られている．アポトーシスは**カスパーゼ**（caspase）と総称されるタンパク質分解酵素がシグナル系を活性化することによって開始するが，上流に位置するカスパーゼ（イニシエーターカスパーゼ）が下流に位置するカスパーゼ（エフェクターカスパーゼ）を限定分解して活性化が起こる（図4.6）．哺乳類では，内因性アポトーシスにおけるイニシエーターカスパーゼがカスパーゼ-9などで，外因性アポトーシスにおけるイニシエーターカスパーゼがカスパーゼ-8などである．そしてエフェクターカスパーゼは両者ともにカスパーゼ-3などである．たとえばDNA損傷[*13]など内因性の現象から誘発されるアポトーシスは，DNAから遊離したヒストンH1の一種がミトコンドリアに移行し，ミトコンドリアからチトクロームC[*14]が放出されてカスパーゼ-9を活性化することによって開始される．一方，Fasリガンド[*15]などの細胞外因子によって誘発される外因性アポトーシスは，膜上の受容体を介して細胞内にシグナルが伝えられ，それがカスパーゼ-8を活性化する．

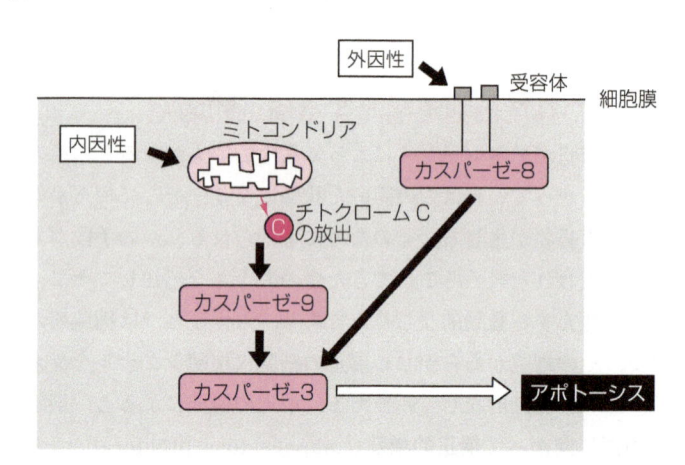

図4.6　内因性アポトーシスと外因性アポトーシス
アポトーシスは，タンパク質分解酵素カスパーゼの連鎖反応によってその反応が進行し，エフェクターカスパーゼであるカスパーゼ-3が，イニシエーターカスパーゼによる限定分解を受けることによって活性化する．細胞死の原因が細胞内にある内因性のアポトーシスでは，イニシエーターカスパーゼはカスパーゼ-9である．細胞死を起こす刺激が細胞外から受容体を介してもたらされる外因性のアポトーシスでは，イニシエーターカスパーゼはカスパーゼ-8である．カスパーゼ-9を活性化する内因性の刺激は，ミトコンドリアからのチトクロームCの放出である．

4.3 アポトーシス

練習問題

1. 細胞間相互作用を分類して概説しなさい．
2. 動物の上皮細胞にある細胞接着の種類を述べなさい．
3. アポトーシスとネクローシスの違いを述べなさい．
4. 細胞死の目的を分類して概説しなさい．
5. 内因性アポトーシスと外因性アポトーシスについて概説しなさい．
6. 細胞死研究において線虫の果たした役割を説明しなさい．

5章 細胞の連続性

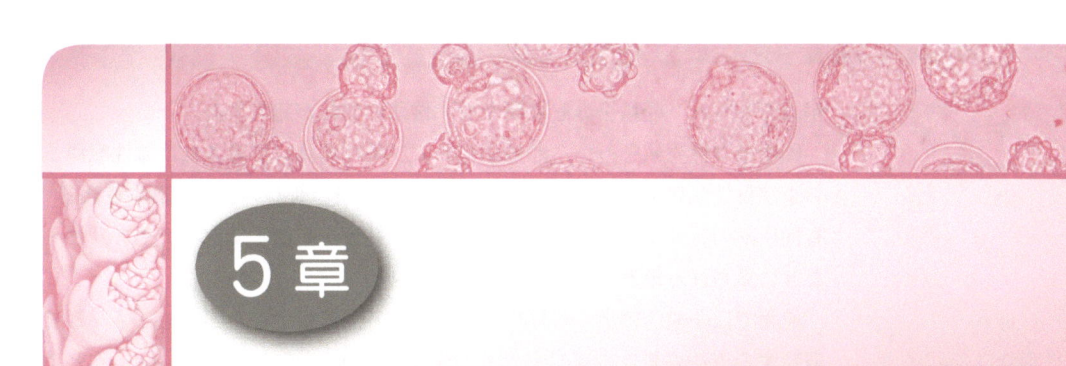

　生物個体の「命」は永遠ではなく，限られた時間のなかで「死」によって終わりを迎えるようにできている．しかし，個体がもつ遺伝情報は**配偶子**(gamete)を通して次世代へ伝えられる．また，1つの個体は1つの受精卵に起源し，基本的に同じ遺伝情報をもつ細胞で構成される．このように細胞には連続性がある．

　有性生殖を行うすべての真核生物は，単数体ゲノム[*1]からなる配偶子を両親から1つずつ受け取って個体として成立している．配偶子形成時に，体細胞では2セット存在するゲノムが**減数分裂**(meiosis, meiotic cell division)によって1セットに還元される．その際，相同染色体間の交叉（差）により遺伝子の組換えが起こり，両親から受け取った配偶子とは遺伝的に異なる配偶子を子孫に受け渡すことになる．

[*1] 通常の体細胞はゲノムを2セットもっているが，その半分の1セットに相当するゲノムを単数体ゲノムとよぶ．これは，各相同染色体の片方ずつからなる染色体セットで，配偶子がもっている染色体セットに相当する．

5.1 生活環

　1つの受精卵から個体が発生し，配偶子の形成を通して次世代へと遺伝情報を伝え，次の個体が発生していく一連の生命の営みを**生活環**(life cycle)とよぶ．個々の生物種は固有の生活環をもっており，生物は全体として多様な生活環を示す．自らの遺伝情報を確実に次世代へと受け渡していく遺伝的メカニズムには共通の基盤がある．ここではまず，個体の発生と遺伝情報の次世代への受け渡しを生活環のなかでとらえてみる．

5.1.1 有性生殖と無性生殖

　無性生殖(asexual reproduction)[*2]は，受精の過程を経ないで体細胞分裂(mitosis, mitotic cell division)を繰り返して成長した器官の一部が新しい個体として発生する繁殖方法である．これに対し，一般に**有性生殖**(sexual reproduction, amphimixis)[*3]では**雌雄の配偶子から単相(n)の染色体セット**

[*2] 配偶子形成と受精を伴わない生殖様式の総称.

[*3] 無性生殖の対語で，雌雄の性が分化し，両性から生じた配偶子の融合すなわち受精による生殖のこと．配偶子による生殖として，単細胞生物など性の分化が必ずしも明確でない場合も有性生殖とされ，単為生殖や雄性発生などは有性生殖の変型ととらえられている．

がもたらされ，受精を介して新たな二倍体の個体が発生する．

動物は有性生殖を行い，雌性個体および雄性個体に形成された雌性配偶子および雄性配偶子間の受精により，受精卵ができ，新しい個体が形成される．有性生殖の特殊な型として，未受精卵から発生が起こるミツバチやアリマキなどに見られる**単為生殖**(parthenogenesis)がある．

植物では一般的に広く無性生殖が行われる．球根，むかご，地下茎などで繁殖する方法が無性生殖にあたり，**栄養繁殖**(vegetative propagation)とよばれる．無性生殖により繁殖した個体は遺伝的に同一で，**クローン**(clone)[*4]とよばれる．一方，**種子繁殖**(seed propagation)が有性生殖にあたる．しかし，植物では種子繁殖を行うにもかかわらず無性生殖を行う種も存在する．

[*4] 遺伝的に同一の細胞，あるいは遺伝的に同一の細胞からなる個体．

5.1.2 動物の生活環

動物個体の生命は，精子と卵子が融合（受精）することに始まる．この受精が卵を刺激し，発生が始まる．その後に続く段階はまとめて**胚形成**(embryogenesis)とよばれる．動物に見られる胚のあり方は多様であるが，その形成過程は多くの場合，以下の形式に基づいている．

受精に引き続いて卵割が起こり，多くの細胞に分割される．これらの小さな細胞は割球とよばれる．卵割終了時には，割球は胞胚とよばれる球体を形成する．続いて割球は移動し，たがいに位置を変える．この一連の広範囲にわたる細胞の配列の変化を，**原腸胚形成**(gastrulation)とよぶ．原腸胚形成の結果，胚は3つの胚葉とよばれる細胞層からなるようになる．外層，すなわち外胚葉は，表皮と神経系の細胞を形成する．内層，つまり内胚葉は，消化管の内壁と肝臓などの器官を形成する．この2層の間の層を中胚葉といい，ここから心臓・腎臓・生殖巣などの種々の器官，骨や筋肉といった結合組織，および血球細胞が形成される．

3つの胚葉が形成されると，細胞どうしは相互作用を通してたがいの配列を変え器官をつくる．この過程を**器官形成**(organogenesis)という．多くの器官は2つ以上の胚葉に由来する細胞よりなっている．また器官形成の際には，ある種の細胞は最初あった場所から離れた場所まで移動することもある．

卵の細胞質のある一部を取りこんだ細胞は配偶子の前駆体になる．この細胞は**生殖細胞**(germ cell)とよばれ，将来生殖の役割を果たす．それ以外のすべての細胞を**体細胞**(somatic cell)という．生殖細胞は最終的には生殖巣の中へと移動し，減数分裂を経て配偶子，すなわち受精によって新しい個体をつくりだすことのできる性細胞に分化する．この配偶子形成が終了するのは通常，その動物が生理的に成熟した後である．

そして，雌雄の交尾によって卵子と精子が融合し，新たな個体となる．この動物の生活環についてカエルを例に図5.1に示す．同じ脊椎動物でも魚類

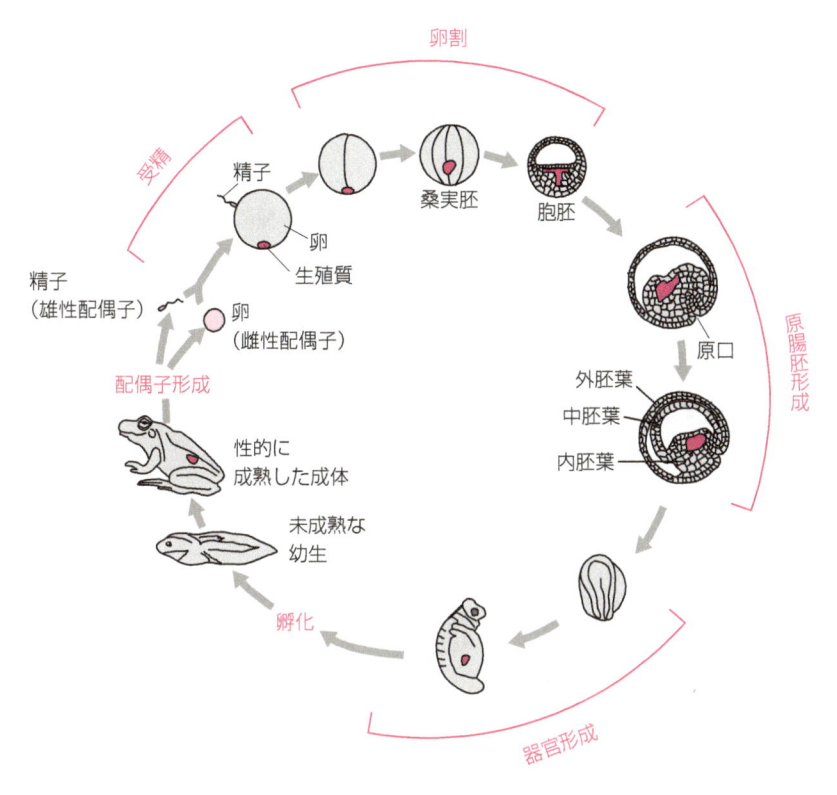

図 5.1　カエルの発生と生活環
胚の中で生殖細胞を形成する領域は濃い赤色で示してある．

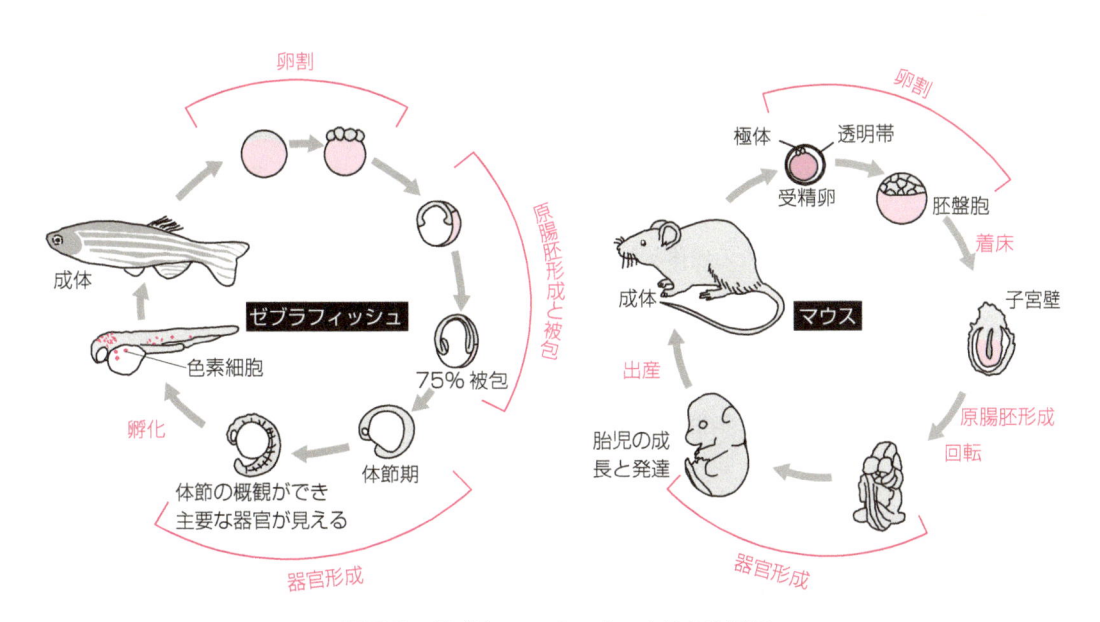

図 5.2　ゼブラフィッシュとマウスの生活環

*5 不変態，不完全変態と並ぶ昆虫の変態の一様式．後胚発生において蛹という特殊な時期を経過して成虫になる．

や哺乳動物などによって多少生活環は異なっている（図5.2）．

ショウジョウバエなどの昆虫の一部の種は完全変態[*5]を行い，幼虫の次に蛹の段階を経て，成虫となる．ショウジョウバエのおおまかな生活環を図5.3に示す．一つの種において雄と雌とに外見上のはっきりとした差がある場合を**性的二型**（sexual dimorphism）というが，ショウジョウバエはこの性的二型のモデルとしても研究されている．動物の多くの種において，とりわけ鳥類では，雄と雌の外見上の違いは印象的である．一般に，雄は大きく，ずっと色彩豊かである．

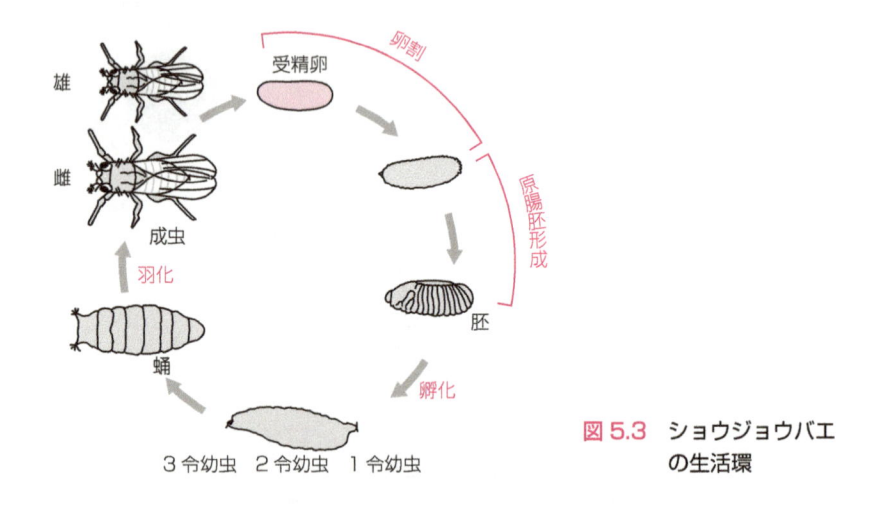

図5.3 ショウジョウバエの生活環

動物の場合，発生はかなり規則的であり，卵の同じ部分からは同じ構造が生じる．卵または初期胚のある領域が，どんな器官や組織になるかを示す地図を予定運命地図とよぶ．1個1個の細胞を標識し，それぞれがどの器官あるいは組織になるのかを示したのが，**細胞系譜図**（lineage diagram）である．モデル生物である線虫では細胞系譜の追跡が可能であり，胚からは細胞分裂後558個の細胞がつくられ，4回の脱皮後に959個の体細胞と多数の生殖細胞からなる成体となる．

5.1.3 植物の生活環

植物は動物と異なり多様な生殖様式をもつ．種子植物には**一年生**（annual）**植物**，**二年生**（biennial）**植物**と**多年生**（perennial）**植物**があり，前二者は，それぞれ1年あるいは2年以内に開花・結実して種子を残して枯死する．一方，多年生植物には木本植物のように1つの個体の地上部がそのまま成長を続けるものや，生育に適していない季節には地上部が枯れ，翌年地下の茎や根から植物体を生じるものなどがある．シダでは，減数分裂によって生じた**胞子**（spore）から育った前葉体（prothallium）が**配偶体**（gametophyte）であり，配

5.1 生活環

偶子の受精によって生じた植物体が**胞子体**(sporophyte)である．シダでは胞子体のほうが配偶体よりかなり大きいのに対し，コケでは配偶体のほうが大型で，胞子体は小さく配偶体の上に形成される(図5.4)．種子植物の植物

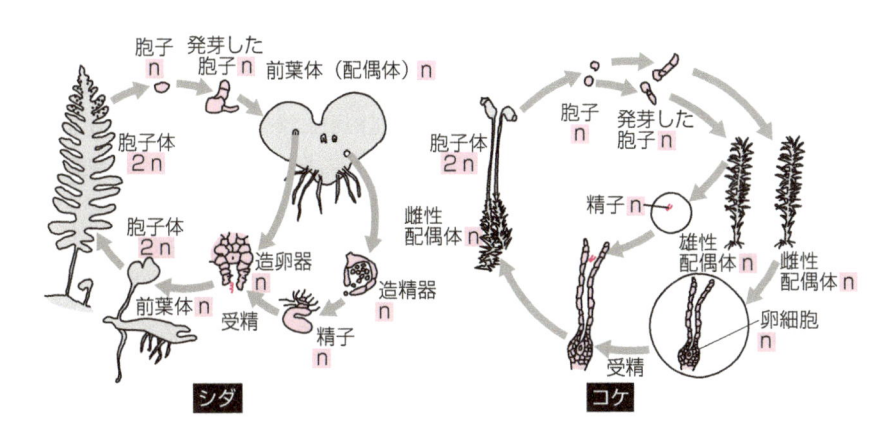

図5.4 シダとコケの生活環

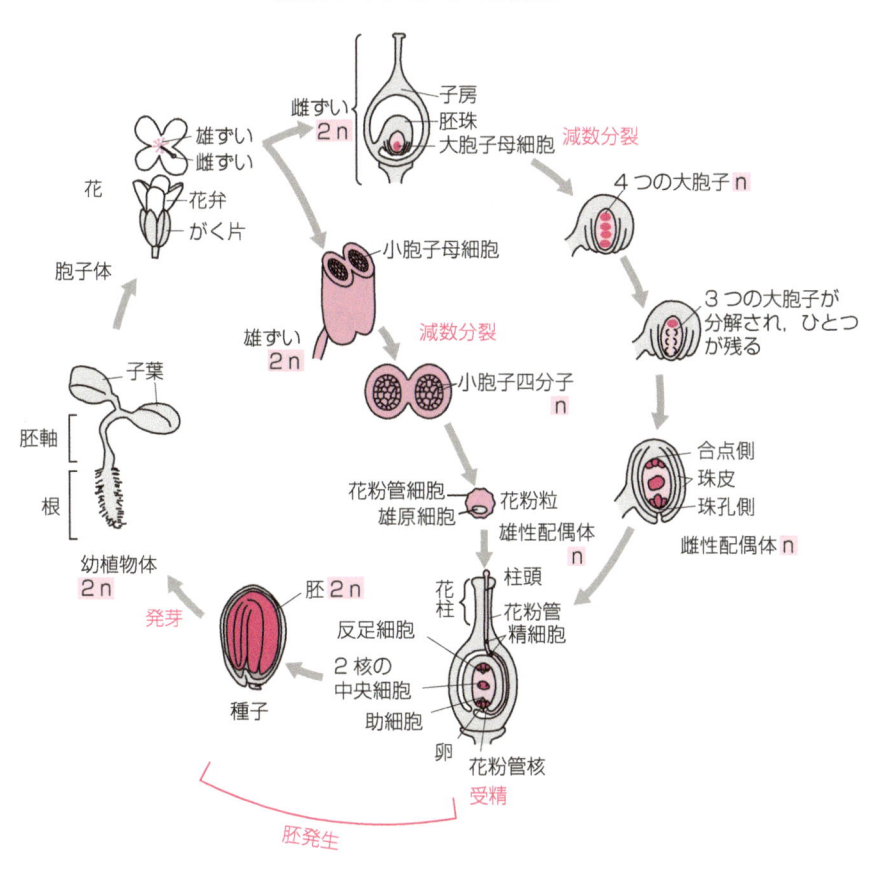

図5.5 被子植物の生活環

体は胞子体であり，雌性配偶体が胚のう，雄性配偶体が花粉に相当し，胞子体に比べて著しく小さいことが特徴である（図 5.5）．

種子植物において種子は一般に受精により生じる．そのため種子植物では種子繁殖と有性生殖がほぼ同義であるが，植物によっては受精しないで種子形成する場合があり，これを無配偶生殖または**アポミクシス**（apomixis）という．ほとんどの動物が雌雄異体であるのに対し，被子植物[*6]では雌雄異体（雌雄異株）のものは少なく，多くはひとつの花の中に雄ずいと雌ずいがある両性花をもつ．同じ個体の花粉が雌ずいに受粉する自家受粉のことを**自家受精**（self-fertilization）というが，多くの植物種は虫や風の助けにより他家受粉して，**他家受精**（cross-fertilization）により種子をつくる．なお，主として自殖する植物を**自殖性**（autogamous）**植物**といい，主として他殖する植物を**他殖性**（allogamous）**植物**という．花弁が閉じたまま自家受粉する閉花受粉で自殖する植物は，完全な自殖性植物である．一方，雌雄異株植物は完全な他殖性植物である．雌雄異株のほかに，植物はさまざまな他殖を促す機構をもつ．トウモロコシのようにひとつの個体中で別々の場所に雄花と雌花をつける雌雄同株や，両性花であっても雌ずいと雄ずいが生殖にあずかることのできる時期が異なる雌雄異熟がある．また，自家受粉では受精できず，他家受粉でのみ受粉できる遺伝的機構が存在するものは，**自家不和合性**（self-incompatibility）とよばれる．

＊6　胚珠（ovule）が心皮（carpel）におおわれた子房（ovary）を形成する植物を被子植物（angiosperms）という．胚珠がおおわれていない植物を裸子植物（gymnosperms）という．

5.2　減数分裂

個体発生は，受精に始まる胚発生を起点とする．しかし，それよりも前に，**配偶子形成**（gametogenesis）があり，両親の体内で**雌性配偶子**（female gamete）と**雄性配偶子**（male gamete），すなわち卵と精子がつくられる．次に**受精**（fertilization）があり，両配偶子はひとつに融合し，胚発生を開始する．

この配偶子形成時に起こる最も重要な事象が，減数分裂である．減数分裂によって二倍体の体細胞から単数体ゲノムをもつ配偶子が形成され，受精によって両親に由来する 2 つの配偶子から二倍体の新たな個体が成立する．

5.2.1　配偶子と接合子

すべての動植物には生殖のための特別な器官があり，そこで配偶子が形成される．動物ではこの特別な器官を生殖腺とよび，雌の生殖腺を卵巣，雄の生殖腺を精巣とよぶ．植物では，胚珠で雌性配偶子が，葯で雄性配偶子が形成される．

配偶子は，核ゲノムの染色体構成が複相（2n）である親の細胞から減数分裂を経て形成される．配偶子の染色体構成は単相（n）であり，親の細胞に対して単数体となっている．受精により雌性配偶子と雄性配偶子が融合するこ

とで染色体構成が複相（2n）の**接合子**（zygote），すなわち受精卵が形成される．つまり，二倍体の両親から単数体の配偶子が形成され，それらが融合す

> **Column**
>
> ## アポミクシス
>
> 多くの生物には性が存在し，配偶子形成の後に2つの異なる性の間で受精するという有性生殖を行っている．植物でも減数分裂を伴う配偶子形成によって，胚珠と花粉が形成され，重複受精によって受精卵ができ，種子を形成する．しかし一方で，多くの植物では受精せずに種子を形成するアポミクシス（apomixis）という現象が知られている．アポミクシスは，広義には無性生殖のことを指すが，とくに無性生殖によって種子を形成する場合をいう．種によっても異なるが，アポミクシスを行う植物種では，胚のうは二倍体細胞から形成される．本来，胚珠内の卵細胞は核相nの単数体（haploid）であって，受精しなければ核相が2nの胚を発生することができないが，アポミクシスによって二倍体の卵細胞が生じ，受精することなく種子形成が行われる．単数体ではなく二倍体の配偶子が形成されるのは，減数分裂のいずれかの過程を省略してしまうためで，その結果，アポミクシスをする植物種では核相が2nのままの胚珠が形成される．減数分裂のどの過程を省略するのかは，アポミクシスをする植物種によりさまざまである．胚のう母細胞から減数分裂を行わないで直接大胞子を形成する**複相胞子生殖**（diplospory）や，珠心から直接胚のうが発生する**無胞子生殖**（apospory）が知られている．これらの場合，胚乳は自然と形成される場合もあるし，花粉管核が中央細胞の極核と受精することが必要な場合もある．このような卵細胞は受精せずに胚への分化が始まるが，胚乳発生のために必要とされる極核の受精は偽受精といわれる．この偽受精によって受精した胚乳は種子形成を補助するのみで，実際に胚発生に関与することはない．すなわち，アポミクシスによって形成された種子は母親植物の正確なコピーとなる．アポミクシスに関与する遺伝子の単離が試みられているが，今のところ成功していない．成功していない理由のひとつは，アポミクシスをひき起こす植物が多くは倍数体（polyploid）であり，自然集団で二倍体アポミクシス植物は存在しないために，遺伝分析が非常に困難であったことによる．現在，アポミクシスは単一の優性遺伝子によって支配されることが，周到な遺伝解析の結果，明らかにされつつある．
>
> **有性生殖とアポミクシスの種子形成との比較**

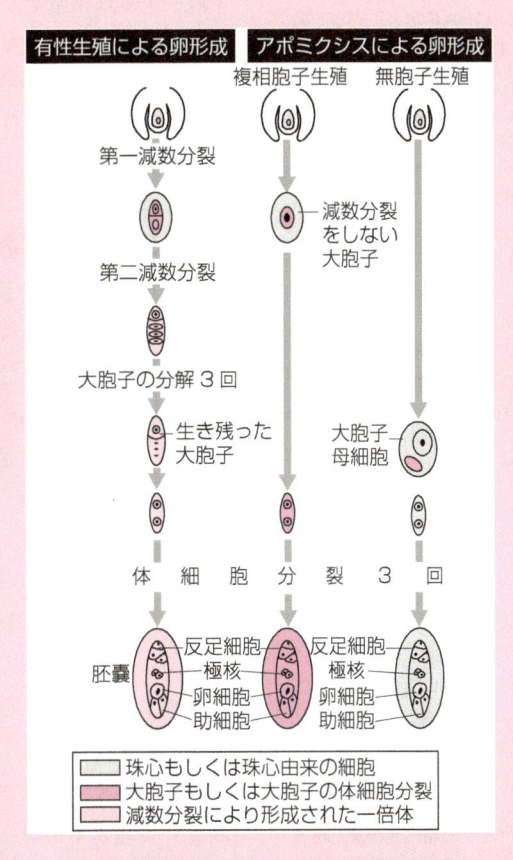

ることで二倍体の接合子が誕生する．

5.2.2 配偶子形成をもたらす減数分裂

　動物において卵形成や精子形成の過程で起こる細胞分裂は，減数分裂とよばれる．卵原細胞が減数分裂して生じる4個の娘細胞のうち1個だけが実際の成熟卵となる．第一分裂前期には卵原細胞は一次卵母細胞とよばれ，大型化し，非常に大きい核をもつ．精原細胞も減数分裂期に一次精母細胞とよばれるようになる．一次卵母細胞と一次精母細胞を合わせて**減数母細胞**(meiocyte)とよび，減数母細胞で減数分裂が行われる．減数分裂を経て，1個の一次精原細胞から4個の娘細胞が生じるが，そのすべてが**精細胞**(spermatid)になり，劇的な再編成を受けて**精子**(spermatozoon, sperm)となる．

　植物でも，雄性配偶子の形成過程では，1個の花粉母細胞が減数分裂して4個の半数性細胞ができるが，その4つが結合した状態の**四分子**(tetrad)となる．四分子は分かれて4つの小胞子となり，それぞれの小胞子から1つずつの花粉が形成される．一方で，多くの被子植物の雌性配偶子形成過程では，1個の胚のう母細胞が減数分裂して，縦に並んだ4個の細胞となり，そのうち3つは退化して1つだけが大きく成長し，大胞子となる．

5.2.3 減数分裂の各段階

　減数分裂は**第一分裂**(meiosis I)と**第二分裂**(meiosis II)に大きく分けられる．それぞれの減数分裂は有糸分裂と同じように，前期，中期，後期，終期に分けられている（図5.6）．まず第一分裂前期(prophase I)に複製された**相同染色体**(homologous chromosome)[*7]が緊密に結合して4つの染色分体[*8]の束を形成する．相同染色体とは，同じ遺伝子を同じ順序でもつ染色体のことを意味する．第一分裂前期は，さらに細かく，**細糸期**(leptotene)，**接合糸期**(zygotene)，**太糸期**(pachytene)，**複糸期**(diplotene)，**移動期**(diakinesis)に分けられる．細糸期では中間期に複製された染色体が短縮し始める．接合糸期では相同染色体の全長にわたって**対合**(synapsis)が起こり，太糸期に完全に対合した相同染色体が**二価染色体**(bivalent)[*9]を形成しさらに短縮する．この時期，複製した相同染色体は2本の姉妹染色分体として観察されるようになる．二価染色体を形成する相同染色体は，姉妹染色分体が結合したまま，動原体[*10]に付着した紡錘糸により両極に引かれるように離れていく．太糸期から複糸期にかけて，後述する染色体の乗換えがおこり，キアズマが生じる．移動期には，染色体の短縮はさらに進み，二価染色体は核内に一様に広がって配列する．核小体[*11]は消失し，核膜も崩壊し始める．第一分裂中期(metaphase I)に入ると，二価染色体はその相同染色体の動

[*7] 減数分裂において対合する染色体．それぞれの相同染色体には，対立遺伝子が同じ順序に配列している．二倍体における1対の相同染色体は，それぞれ両親の配偶子に由来する．

[*8] DNAの複製に伴って染色体も複製され，染色体はその長軸にそって縦裂したように見える．この2つに分かれた各々を指す．中期から後期に入ると1対の染色分体はたがいに離れて娘染色体となる．

[*9] 第一分裂期に現れる2個の相同染色体の対合したもの．このとき各染色体は2個の染色分体に分かれているので，二価染色体は4個の染色分体からつくられている．

[*10] 動原体(centromere)は染色体が凝縮する際に明確な形態的実体として見えるようになる．これはキネトコアの中心をなす部位である．キネトコアはDNAとタンパク質の複合体であり，体細胞分裂と減数分裂のいずれにおいても，紡錘糸がこれに付着することによって染色体を動かす．

[*11] 仁ともよばれ，ほとんどすべての真核生物の核で観察される．細胞分裂の前・中期〜後期を除くほとんどすべての細胞核内に存在し，rRNAが活発に合成されている．

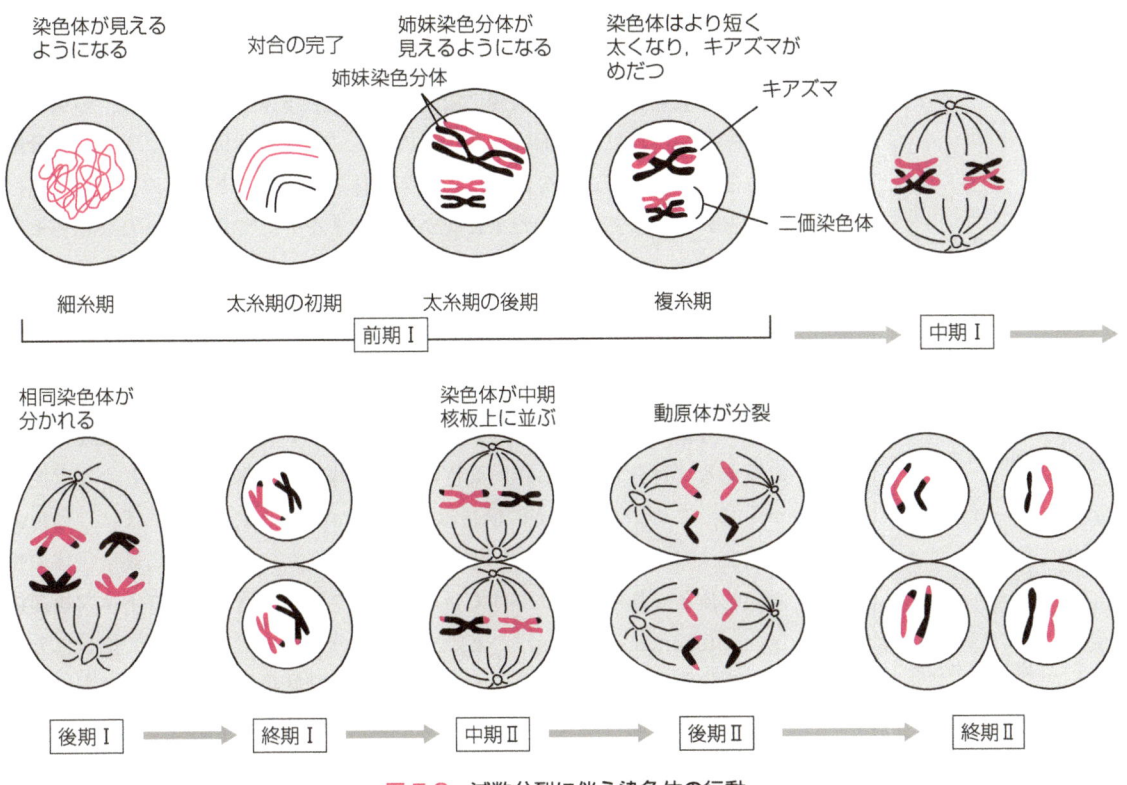

図5.6 減数分裂に伴う染色体の行動

原体が赤道面の両側に等距離に配列するように移動する．第一分裂後期（anaphase I）に，二価染色体の動原体は別々の極に引かれていく．このとき，姉妹染色分体は動原体のところで接着したままになっている．第一分裂終期（telophase I）になると，それぞれの極で染色体は集合し，核を形成する．第一分裂の完了により生じる2つの細胞は半減した染色体をもつことになる．

　第二分裂で染色体は再び短縮して見えるようになる．新たなDNA複製は伴わず，すでに複製されている染色体分体が，基本的には有糸分裂と同じ過程を経て娘核に分配される．第二分裂は，染色分体の単なる機械的な配分といえる．第二分裂の完了により，染色体はさらに2つの娘細胞に分配される．最終的に1つの卵原細胞あるいは精原細胞から単相核をもった娘細胞が4つ形成される．先に述べたように，雌性配偶子形成過程では，動物植物ともに，4つの娘細胞のうち1つだけが実際に受精にあずかることのできる配偶子，すなわち成熟卵あるいは卵細胞となる．

　動物では，受精は減数分裂の進行が停止している一次または二次卵母細胞期に起こるが，どちらで起こるかは種による．受精は減数分裂の完了を促進させるシグナルとなる．ウニなど，動物種によっては受精前に卵巣の中で減

数分裂を完了するものもある．植物では一般に受精前に胚珠中で減数分裂は完了している．

減数分裂期において，両親に由来する1セットずつ，計2セットの染色体は第一分裂中期に赤道面に並ぶ．その後，二価染色体は両極に1本ずつ分配されるわけだが，この分配時に二価染色体のどちらがどちらの極にいくかはランダムに決まる．そのために親から配偶子を介して受け取った染色体セットはメンデルの分離および独立の法則にしたがって新たな配偶子に分配されることになる．

5.3　遺伝的組換え

第一分裂前期に対をなす相同染色体は，たがいに交叉して二本鎖DNAを組換える．対合している相同染色体の非姉妹染色分体間で切断とつなぎ換えが生じ，このつなぎ換えの構造は**キアズマ**（chiasma）[*12] とよばれ，染色体間の交叉[*13] という現象を可視的に示している．この時期に二価染色体の相同染色体とそれらを結びつけているタンパク質の構造を**シナプトネマ構造体**（synaptonemal complex）[*14] という．第一分裂を経て第二分裂で娘核に分配される染色分体は遺伝的に同一ではないので姉妹染色分体とはいえない．第一分裂前期の間に起こる乗換えのために，1本の染色体から生じる2本の染色分体は，通常，その全体にわたって遺伝的に同一ではない．この乗換えにより，相同染色体の間で対立遺伝子[*15] 間の組換え[*16] が生じる．減数分裂時に相同染色体の対合を起こした二価染色体は，両親の染色体断片の混ざったいわばキメラな染色体として新たな配偶子に分配されることになる．

組換えは連鎖した対立遺伝子間における相同染色体間の乗換えによって生じる．それぞれの乗換えは，物理的には減数分裂の前期Iで観察される相同染色体間の1個のキアズマとして現れる．遺伝的な組換えは，2本のDNA分子の間の切断と修復の過程とみなすことができる．真核生物の場合，この過程は減数分裂の初期において，それぞれの分子が複製された後に起こり，両親型の2分子と組換え型の2分子を生じる．この組換えの中間体としてヘテロ二本鎖（heteroduplex）領域が形成される．この組換えの分子モデルはホリデイ（R. Holliday）によって1961年に提唱され，組換えのホリデイモデル[*17] といわれる．

同じ染色体に座乗する2つの遺伝子には，それらが同時に配偶子に分配される傾向が認められるが，この現象は**連鎖**（linkage）として知られている．しかし連鎖は不完全で，対立遺伝子の新しい組み合わせが，相同染色体が対合した際に染色体の分節を交換することによって生じる．二つの遺伝子間の組換えの確率（頻度）は，遺伝子間の距離の尺度として用いることができ，このことによって遺伝子の相対的な位置関係を示した**遺伝地図**（genetic map）

[*12] 第一分裂時に対合した相同染色体において，4つの染色分体間で相手を交換するX字型構造を示す部位．

[*13] 交差とも書く．染色体の乗換え，つまり相同染色分体間に生じる部分交換のことを指し，遺伝的組換えを導く．減数分裂期のキアズマ形成は交叉の結果であるとされている．

[*14] 減数分裂細糸期から太糸期にかけて現れ，相同染色体の対合を仲介するタンパク質複合体で，染色体の軸にそった側方要素と，両染色体の側方要素を橋渡しする中心要素に大別される．

[*15] 元来は対立した形質に対応する遺伝子のことを指すが，相同染色体の相対応する部位，すなわち相同の遺伝子座を占める遺伝子のことをいう．

[*16] 両親のそれぞれに由来する遺伝子の連鎖群の間で交叉が起こり，両親にはなかった組み合わせの連鎖群が形成される過程．

[*17] 遺伝的組換え機構に関するモデルで，組換え機構を理解するうえでの基礎とされている．対合したDNA分子に切れ目が入ってDNA鎖が一方向にほどけ，生じた一本鎖DNAが交叉し，相補的対合によりヘテロ二本鎖が形成される．続いて切れ目が連結されて交叉した構造をもつ組換え体が安定化される．この構造はホリデイ構造とよばれる．

の作成が可能である．遺伝地図は，隣り合った遺伝子間の距離をその間の**組換え頻度**(recombination frequency)に比例するようにとって，直線的に並べたものである．そのため遺伝地図は**連鎖地図**(linkage map)あるいは染色体地図(chromosome map)ともよばれる．遺伝地図上の直線において，それぞれの遺伝子が染色体上の特定の位置すなわち**遺伝子座**(locus)を占め，**ヘテロ接合体**(heterozygote)では1つの遺伝子の対立遺伝子が相同染色体の対応する場所を占める．この原理により，遺伝地図は1本の染色体上の既知の遺伝子すべてを含むように拡張することができ，これらの遺伝子は1つの**連鎖群**(linkage group)を構成することになる．連鎖群の数は，一般には，その種のもつ単数体あたりの染色体数に一致する．

練習問題

1. 一般に動物と植物の生活環において，配偶子形成にかかわる細胞が分化する時期にどのような違いがあるのか説明しなさい．
2. 高等植物の有性生殖において他殖を促進するメカニズムについて説明しなさい．
3. 減数分裂を経て形成される4つの娘細胞のうち，いくつの娘細胞が配偶子となれるのかについて，動物と植物，および雄性配偶子と雌性配偶子について答えなさい．
4. 減数分裂のどの時期に遺伝的組換えが起こるのか述べなさい．
5. 両性生殖を行う真核生物では，減数分裂を経ることで両親から受け取った配偶子とは異なる配偶子を子孫に受け渡すことになる．両親から受け取った配偶子と，子孫へと受け渡す配偶子の遺伝的な差異について説明しなさい．

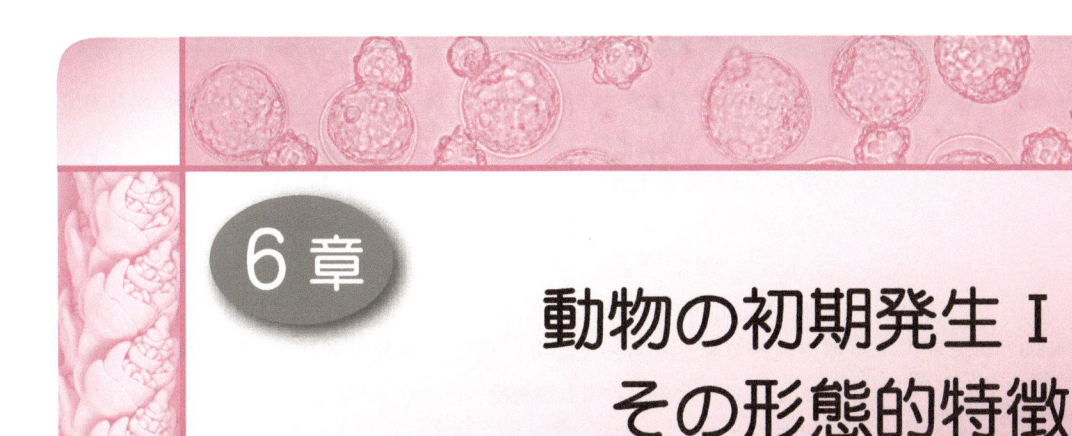

6章 動物の初期発生 I その形態的特徴

われわれの体は，**前後（頭尾）軸**（anteroposterior axis）や**背腹軸**（dorsoventral axis），**左右軸**（right-left axis）をもち，外側は表皮でおおわれ，その内側には筋肉，さらにその内側には骨や臓器といった特徴的な層構造をもつ．受精卵からの発生過程において，このような基本的な体制はごく早い段階で達成される．この章では，動物の初期発生として，前後軸と背腹軸が成立し，細胞集団として特徴的な層構造が達成されるまでの形態的特徴を見ていく．まず，それらの過程を概略した後，旧口（前口）動物[*1]としてショウジョウバエの，新口（後口）動物[*2]としてゼブラフィッシュ（魚類），アフリカツメガエル（両生類），マウス（哺乳類）の初期発生について述べる．いずれも，初期発生や器官形成の研究に欠かすことができない研究材料である．

[*1] 原口がそのまま口となる動物を指す．扁形動物，環形動物，節足動物，軟体動物などがこれにあたり，新口動物と対置される．

[*2] 成体の口が原口に由来せず，肛門が原口もしくはその付近に形成される動物を指す．棘皮動物，半索動物，脊索動物などがこれにあたる．

6.1 初期発生の概略

前後軸と背腹軸，および特徴的な層構造は原腸胚までで達成される．それまでに起こるできごとを概略すると，以下のとおりである．

① 卵の雌性前核（n）と精子がもちこんだ雄性前核（n）の融合による受精卵（2n）の形成
② **卵割**（cleavage）の繰り返しによる，体積の増加を伴わない急激な細胞数の増加
③ **内胚葉**（endoderm），**中胚葉**（mesoderm），**外胚葉**（ectoderm）の3つの**胚葉**（germ layer）の形成
④ **原腸形成**（gastrulation）とよばれる，大規模な細胞運動による内胚葉と中胚葉の細胞の内部への移動

これらの過程を経て，1つの球形の卵細胞から，外側が外胚葉でおおわれ，内部に内胚葉が，その中間に中胚葉が位置する層構造をもち，前後に伸びた

6章 動物の初期発生 I　その形態的特徴

筒状(口から肛門までつながっている)で，前後上下で異なる構造の胚体ができる．これら一連の過程は多くの動物で共通であるが，卵割の様式など，それぞれの過程の具体的な局面は生物種によって大きく異なる．

6.1.1　卵割様式

卵割様式は卵内に蓄えられた卵黄の量と位置によって異なる．卵は未受精卵の段階で極性をもっており，極体[3]が放出される極を**動物極**(animal pole)とよび，その反対側を**植物極**(vegetal pole)とよぶ．卵黄を多くもたない線虫やウニ類，ホヤ類，両生類，哺乳類などは，卵割面が動物極から植物極へと卵全体におよぶ．このような卵割様式を**全割**(holoblastic)という．卵割によって生じた細胞をとくに**割球**(blastomere)とよぶ．一方，昆虫類や魚類，鳥類は卵割面が卵全体に回らない部分割様式をとり，昆虫類では**表割**(superficial)[4]，魚類や鳥類では**盤割**(meroblastic)[5]となる(図6.1)．また，卵割面も，2回目以降の卵割ではウニ卵のように同じ卵割面で分けられるものから，マウス卵のように割球で卵割面がずれるものまで多様である．

[3] 卵母細胞の減数分裂では，不均等分裂によって元の卵母細胞とほぼ同じ大きさの娘細胞と，ごく少量の細胞質を含む娘細胞に分かれる．この小さな細胞のほうを極体とよぶ(11.3.4項参照)．

[4] 昆虫卵は中心部分に大量の卵黄をもつため，卵の表面が割れる卵割様式となる．

[5] 魚類や鳥類の卵は植物極側に大量の卵黄をもつため，動物極のみが割れる卵割様式となる．

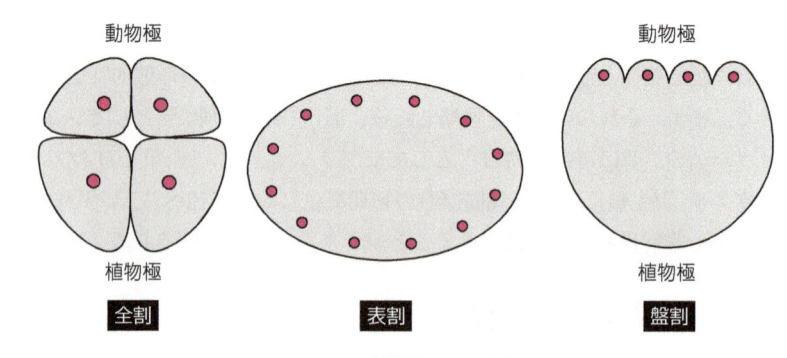

図6.1　卵割様式の模式図

[6] 細胞分裂とDNA複製に見られる周期性．古くは分裂期(M期)と間期に分けていたが，現在は間期をG1期，DNA合成期(S期)，G2期に分けている．

細胞周期[6]という点において卵割は特徴的である．通常の体細胞分裂では，細胞が分裂するM期とDNA合成を行うS期の間に，細胞質を増大させるG1期とG2期が存在する(3.3節参照)．ところが卵割では，G1期とG2期をスキップして，M期とS期を交互に繰り返すことよって体積の増加を伴わずに急速に細胞数を増やす．

6.1.2　胞胚期

卵割の進行に伴い，胚の表面が上皮組織状に滑らかな状態となり，これをもって**胞胚**(blastula, 複数形 blastulae)とよぶ．内部には胞胚腔(blastocoel)が形成される．魚類や両生類では，この時期に，動物極に外胚葉と，植物極に内胚葉，その中間域に中胚葉の3胚葉が成立する．古くは，動物極側に外

胚葉が，植物極側に内胚葉が，その中間部分に中胚葉が，卵内の何らかの物質の**勾配**(gradient)にしたがって自律的に分化すると考えられていた．しかし，アフリカツメガエルにおける外胚葉と内胚葉を実験的に相互作用させる研究から，中胚葉は内胚葉の誘導によって外胚葉から分化してくることがわかっている(8.1節参照)．

6.1.3 原腸胚期

大規模な細胞運動により内胚葉細胞と中胚葉細胞，もしくはそれらに分化する予定細胞が卵割腔に向かって陥入していく時期を指す．陥入する箇所を**原口**(blastopore)とよび，この細胞運動により**原腸**(archenteron)が形成されるため，この胚を**原腸胚**あるいは**嚢胚**(gastrula, 複数形gastrulae)とよぶ．この運動は，陥入部位における巻きこみ運動と，前後軸に対して巻きこまれた細胞が**収斂**(convergence)と**伸長**(extension)を行う運動から成り立っている．個々の細胞が極性をもち，指向性をもった運動を行い，かつ全体としては陥入という統合された細胞運動を実現する．これは動物を通してほぼ共通である．この時期に，ほとんどの動物は中心から外に向かって内胚葉，中胚葉，外胚葉が配置された層構造をとり，明瞭な前後軸と背腹軸をもった胚となる．

6.2 ショウジョウバエの初期発生

ショウジョウバエは遺伝学研究で長い歴史をもち，豊富な突然変異体は発生生物学研究に欠かすことができない研究材料である．ホメオティック遺伝子を代表に，発生に必要な多くの遺伝子がこの生物からわかっている．

6.2.1 ショウジョウバエの卵割

昆虫の卵割の特徴は，M期においても細胞質分裂を伴わず，核分裂とS期を交互に繰り返して急速に核の数を増やすことである．核の分裂は，初めはすべての核で同調化しており，細胞質を共有したまま9回分裂して512個の核ができると，そのうちのおよそ350個が卵表層部へ移動する．表層部でさらに4回の同調した核分裂を行うと，卵表面に約5000個の核が集積する**多核性胞胚**(syncytial blastoderm)となる．そして，核の間隔は細胞をつくるのに適当な距離となる．すると卵表面から卵の内部に向かって一斉に細胞質の仕切り(細胞膜)が落ち込み，一つ一つの核は細胞膜に隔てられた細胞となる．こうしてできあがった**細胞性胞胚**(cellular blastoderm)から後のステージでは，もはやすべての細胞の細胞周期は同調せず，胚のさまざまな領域によって固有の細胞増殖制御を見せる(図6.2)．

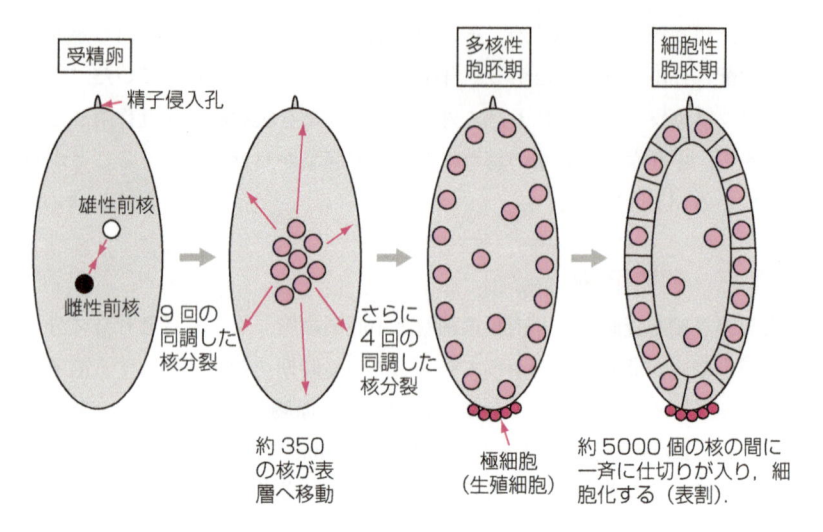

図 6.2 細胞性胞胚期までの初期発生

6.2.2 ショウジョウバエの原腸形成

　3胚葉は，陥入後の原腸胚において視覚的に識別可能な胚の部域となり，この時期にはそれぞれの胚葉はすでにおおよその発生運命が決まっている．胞胚期においてもどの部域がどの胚葉へと進んでゆくのかは明らかだが，それぞれの部域は視覚的に識別困難なことが多いため，予定域とよばれる．移植実験の結果から，あらかじめ運命決定されているのではなく，空間的配置のためにそのような経過をたどる可能性が高くなると解釈されている．

　細胞性胞胚期において，外胚葉予定域は胚の左右両側にあって前後に伸びている．一方，中胚葉予定域は腹側正中線付近の前後に伸びるバンドとして，左右両側の外胚葉予定域を橋渡しするように位置し，内胚葉予定域は胚の前後両端部に位置する〔図 6.3(a)〕．

　原腸胚になると，腹側正中線上の中胚葉予定域細胞が胚内部へ落ち込み（陥入），中胚葉へと運命づけられる．外胚葉予定域はそれにつられて胚の腹側正中線上へ移り，そこから左右を背側に向かってかご状におおってゆく．昆虫は旧口動物なので原口が将来の口となるが，実際には消化管をつくるための内胚葉予定域の陥入は前後両側から起きる〔図 6.3(b)〕．外胚葉からはおもに**成虫原基**(imaginal disc)[*7]，表皮，神経などが，中胚葉からは脂肪体や筋肉，血球，背脈管（心臓）など，内胚葉からは他の動物と同じように中腸など深部の消化管ができる．

　原腸胚の初期，腹側にそった外胚葉（胚帯）は，産卵後3時間目ごろから後ろへ伸び始め，後端から背側へ折り返す胚帯伸長を見せる．7時間目ごろから伸長が元に戻り（胚帯短縮），消化管，気管，各種腺器官，神経などへの分化が始まる．また胚帯短縮のころから，胚帯は細胞形態を伸長させて左右両

[*7] 昆虫の幼虫における成虫諸器官の原基（9.1 節参照）．

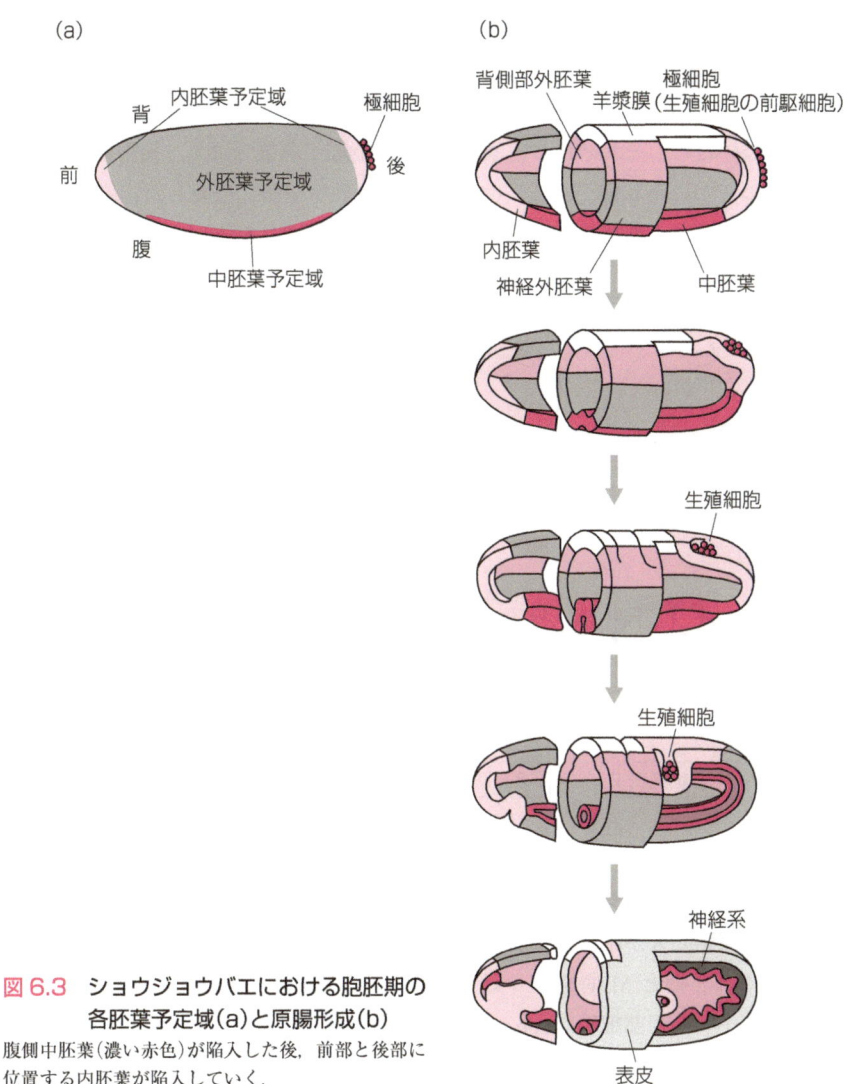

図 6.3 ショウジョウバエにおける胞胚期の各胚葉予定域（a）と原腸形成（b）
腹側中胚葉（濃い赤色）が陥入した後，前部と後部に位置する内胚葉が陥入していく．

側を背側へ向かって伸び，最終的にジッパーを閉じるように背部を閉鎖して，外皮に包まれた個体をつくる（図 6.3）．

6.3 ゼブラフィッシュの初期発生

ゼブラフィッシュは最近になって広く世界的に使われるようになった，発生遺伝学の研究を行うには好都合な脊椎動物である．透明な**卵膜**（chorion）の中で発生が進み，発生過程の観察が容易なため，大規模な突然変異体の作成が進められ，発生異常をひき起こす突然変異体が数多く単離されている．これらの変異体を用いて脊椎動物の初期発生に働く多くの遺伝子の機能がわかり始めている．

6.3.1 ゼブラフィッシュの卵割

卵割は盤割様式をとり，28℃ では約 30 分に 1 回の割合で同調分裂をする．32 細胞期までは動物極に平坦な一層の状態で分裂し，植物極に卵割面が達しないため，それぞれの割球は完全に細胞膜で隔離されず，植物極側は卵黄につながった状態である．64 細胞期で，動物極側に分裂した細胞は細胞膜で隔離され，動物極-植物極の軸に対して二層になる（図 6.4）．

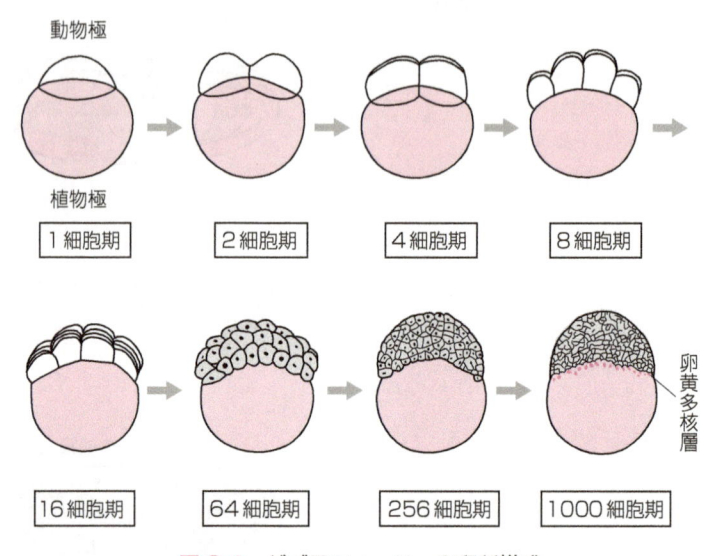

図 6.4 ゼブラフィッシュの卵割様式

ゼブラフィッシュの胞胚期は，胚体がボールのように丸くなる 128 細胞期から原腸陥入が始まる時期までとされる．1000 細胞（正確には 1024 細胞）期までは S 期と M 期を繰り返して同調的に増殖して，**被覆層**（enveloping layer）[8] と **深部細胞**（deep cell）[9]，**卵黄多核層**（york syncytial layer）[10] を形成する．1000 細胞期以降，それぞれの細胞の分裂は同調しなくなり，分裂速度も遅くなって，RNA 合成が増加する．この変化を **中期胞胚転移**（mid-blastula transition：MBT）[11] とよび，染色体 DNA を転写翻訳して増殖していく通常の細胞周期をとるようになる．

ゼブラフィッシュでは多くの硬骨魚類と同様に，大きく広がった腔所としての胞胚腔は認められない．胚盤は，数千細胞に達すると，平たくなって卵黄細胞の上を進展し，卵黄細胞を包みこみ始める．これをおおいかぶせ運動とよぶ．細胞追跡実験や卵黄多核層による中胚葉誘導実験などから，原腸形成が始まるまでに 3 胚葉が確立し，およその運命が決まると考えられている．

6.3.2 ゼブラフィッシュの原腸形成

おおいかぶせ運動により胚盤表層の細胞は植物極方向に進むのに対して，

---

[8] 魚類に特徴的な上皮単層の被覆構造．

[9] 胚本体を形成すると考えられる細胞集団．

[10] 盤割によって胚盤が形成され，その周縁部で細胞核の分裂が起こる結果，卵黄細胞に多核層が形成される．これから中胚葉シグナルが分泌される（8.1 節参照）．

[11] 卵内に蓄えられた母性由来のタンパク質や RNA を利用する S 期と M 期を繰り返す初期卵割の増殖様式から，染色体 DNA を転写翻訳して増殖していく通常の細胞周期に切り替わること．

6.3 ゼブラフィッシュの初期発生

胚盤周縁部の内側の細胞は巻きこまれて反対の動物極方向に進む．その結果，周縁部分には厚みをもった**胚環**（germ ring）が形成される．ゼブラフィッシュ胚ではおおいかぶせがおよそ 50% に達した段階で，巻きこまれた細胞が背側正中線に向かう収斂運動と動物極方向への伸長運動を行い，陥入が始まる（図 6.5）．この運動のため，陥入部位は胚環に比べて厚くなり，**胚盾**（embryonic shield）とよばれる特徴的な構造となる．この時期をもって原腸

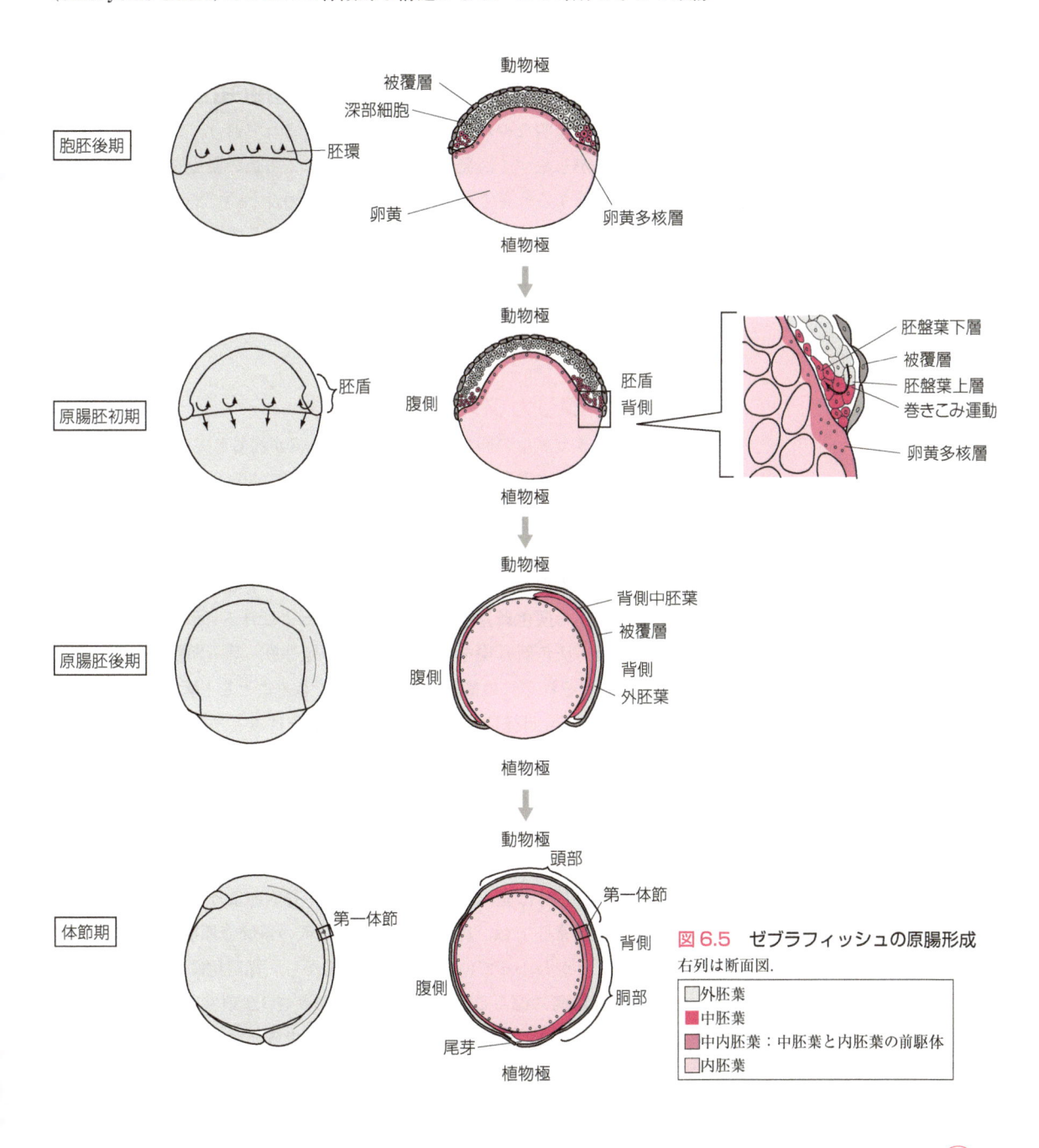

図 6.5 ゼブラフィッシュの原腸形成
右列は断面図.

□ 外胚葉
■ 中胚葉
■ 中内胚葉：中胚葉と内胚葉の前駆体
□ 内胚葉

胚期となる．

　原腸形成により，ゼブラフィッシュ胚は中央に卵黄，それをおおうように内胚葉，その外側に中胚葉，最外層に外胚葉が位置する胚となる．卵黄は最終的には消化管に取りこまれて消化される．前後軸は受精卵の動物極–植物極軸とほぼ一致し，卵形成過程で決まっている．一方，背腹軸は胚盾ができて初めて明瞭となる．この場所がツメガエルのように精子の侵入位置の反対側なのか，あるいはそうした相関がないのかは不明である．

6.4　アフリカツメガエルの初期発生

　両生類の卵は透明なやわらかいゼリー層で包まれており，割球が大きいため，実験操作がしやすく，発生研究の材料としての長い歴史をもつ．誘導現象は発生を理解するうえで最も重要な発生概念のひとつであり，両生類を主体に研究が進んできた．ここでは，両生類の代表としてアフリカツメガエルの初期発生の形態的特徴を見ていく．アフリカツメガエルは，飼育しやすく，ホルモン処理により一年中卵が得られるという理由から，世界的に広く使われ，初期発生における多くの知見が得られている．

6.4.1　アフリカツメガエルの卵割

　アフリカツメガエルの卵では，動物極側に色素が沈着している．このため，受精時に卵が起こす変化の一端を垣間見ることができる．通常，精子は動物極の頂点とは少しずれた場所に受精する．それが刺激となって，**表層回転**(cortical rotation)[*12]が起こり，受精位置の反対側赤道面では，色素が沈着した動物極を色素のない植物極表層がおおうことになる．この領域は灰色となり，その形から**灰色新月環**(gray crescent)とよばれる（図6.6）．

　第一卵割は，灰色新月環を半分に割る形で起こる．第一卵割後のウニの割球を分けると，それぞれの割球から1個体ができることを1章で述べた（図1.2参照）．両生類でも同様に第一卵割後の割球を分けると，それぞれの割球から1個体ができる．しかし，実験操作により卵割面をずらし，灰色新月環を含む割球と含まない割球をつくると，灰色新月環を含む割球は正常発生するのに対して，含まない割球は細胞の塊となってしまう（図6.7）．この細胞の塊は上皮構造（外胚葉由来）をもち，血液細胞や間充織細胞[*13]（中胚葉由来），腸細胞（内胚葉由来）は認められるが，神経系や脊索のような背側の構造が認められない．正常胚では，卵割後，灰色新月環の領域で原腸陥入が起こり，背側となることがわかっている．最近の研究から，背側化に必要な因子の分布が灰色新月環側に偏ることが観察されており（8.1.2項参照），ツメガエル卵では精子がもぐりこむ位置により背腹軸が決まるとされている．

[*12]　動物極頂点から精子が受精した部位の方向へ卵の表層が30度ほど回転する現象．その結果，精子が受精した場所の反対側では，薄く色素をもつ動物極を，色素をもたない植物極側の表層がおおうことになる．

[*13]　間葉ともいう．多細胞生物の発生過程で認められる，上皮組織間のすき間をうめる星状または不規則な突起をもつ遊離細胞集団．

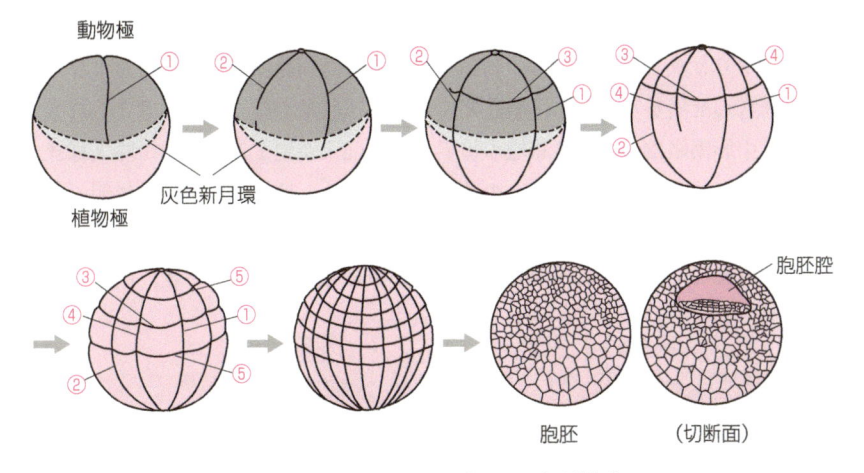

図 6.6 アフリカツメガエルの卵割様式
5回目までの卵割面を①〜⑤で順に示す.(S.F. Gilbert, "Developmental Biology", Sinauer Associates より)

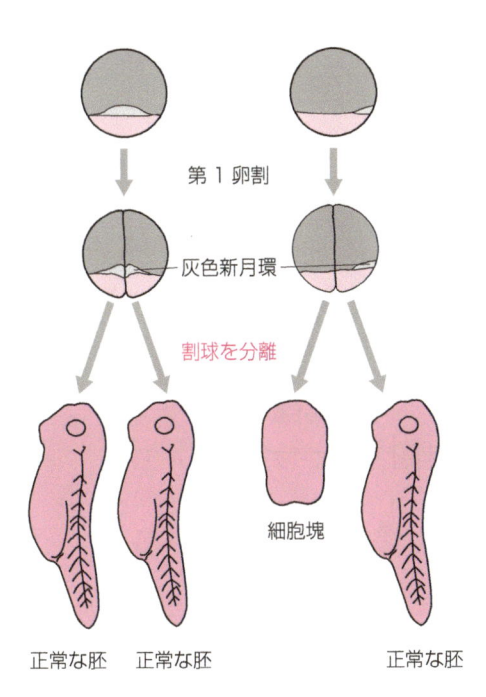

図 6.7 両生類卵における割球の発生
灰色新月環を含む割球は正常発生するのに対して,含まない割球は細胞塊となってしまう.(Spemann, 1938 より)

　両生類の場合,植物極側に魚類ほどではないが卵黄があるため,第三卵割面はやや動物極寄りとなり,植物極の割球が大きくなる.16細胞期から64細胞期までをツメガエルでは**桑実胚**(morula, 複数形 morulae)[*14]とよぶ.胞胚期は胞胚腔が見え始める128細胞期からとされている.ツメガエルでも卵割はS期とM期を繰り返して細胞数が増加する.12回の分裂で中期胞胚転移が起こり,遺伝子が活発に転写されるようになる.

[*14] 桑の実に似た形態からこうよばれる.

6.4.2 アフリカツメガエルの原腸形成

アフリカツメガエルでは，動物極組織や植物極組織の単独培養およびその組み合わせ培養などから，胞胚期において三胚葉が確立すると考えられている．中胚葉組織と内胚葉組織の境界面から陥入が始まるが，その陥入様式は基本的にはゼブラフィッシュのそれに似ている．原口では，動物極側の**背唇部**（dorsal lip）の細胞が植物極細胞をおおいかぶせ運動により包み込んでいく．背唇部では巻き込み運動により中胚葉細胞が陥入していき，収斂と伸長

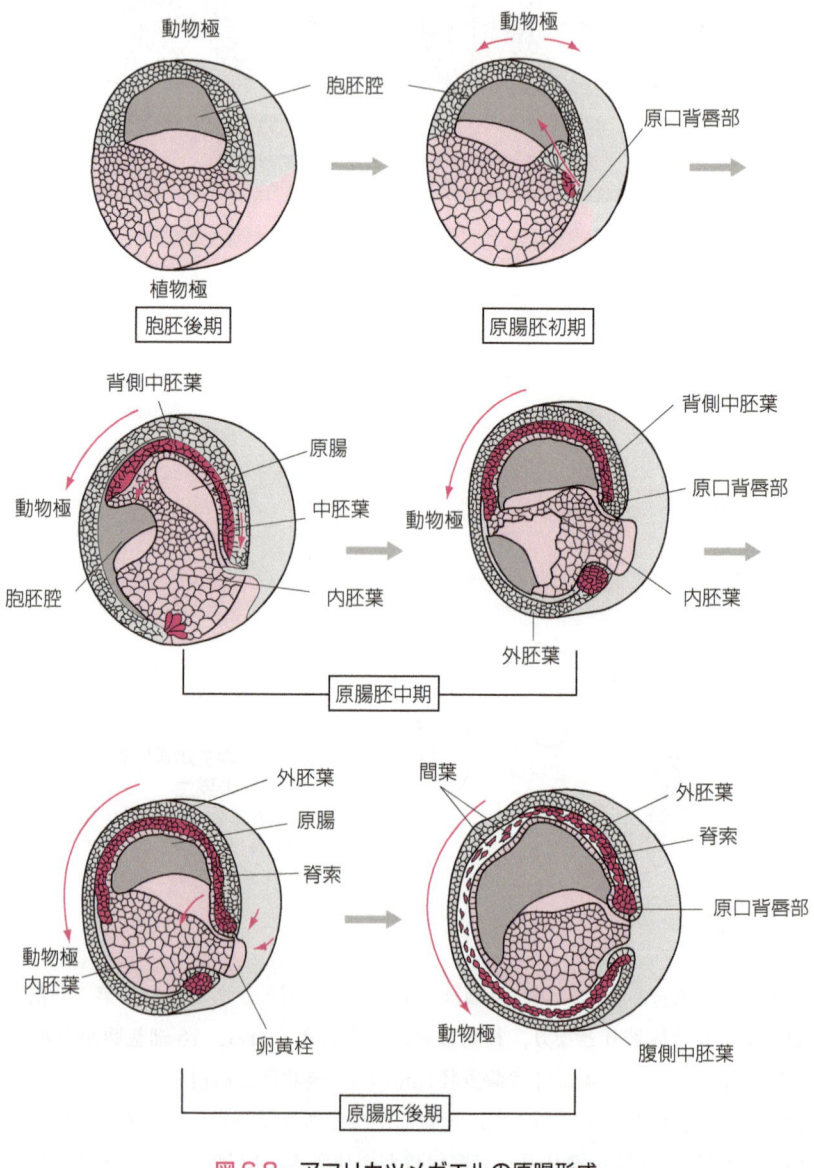

図6.8 アフリカツメガエルの原腸形成
（Keller, 1986 などを参考に作図）

運動によって，卵割腔の天井を背側正中線にそって伸長していく（図6.8）．

原腸形成により，内部では卵割腔が消失し広く空いた原腸が形成される．その周りに内胚葉が位置し，その外側に中胚葉，最外層に外胚葉が位置する胚となる．前後軸は受精卵の動物極-植物極軸とほぼ一致し，卵形成過程で決まると考えられている．背腹軸は受精時の精子の侵入点によって決まる．したがって，アフリカツメガエルは，受精卵の位置情報がそのまま原腸胚の前後軸，背腹軸として使われているものと考えられる．

6.5 マウスの初期発生

マウスは母体内でその発生が進むため，初期発生研究には向かない研究材料であった．しかし，体外培養技術の発達に加え，胚性幹細胞株の確立やそれを用いた遺伝子改変技術の開発などにより，発生研究に欠かすことができない材料となっている．

6.5.1 着床前発生
(1) 卵　割

卵母細胞は排卵後に**卵管**(oviduct)[*15]の膨大部で受精し，活性化されて細胞分裂を開始する．細胞分裂速度は，前述のショウジョウバエ，ゼブラフィッシュそしてアフリカツメガエルとは大きく異なり，非常に遅い（図6.9）．受精開始から最初の卵割を起こすのに1日かかり，その後の卵割はおよそ10〜12時間ごとに繰り返されて2細胞期胚(2-cell embryo)，4細胞期胚，8細胞期胚，**桑実胚**(morula)そして**胚盤胞**(blastocyst)へと発生が進行する．2細胞期以降で，胚の染色体の遺伝子発現が起こり，胚の表現型はその遺伝子型に対応するようになる．受精卵は卵割を伴って卵管膨大部から狭部へ下降

[*15] 雌性生殖器官のひとつで，卵巣と子宮を結ぶ迂曲した管．卵巣側から濾斗部，膨大部そして狭部から構成されており，狭部と子宮が連結している．卵巣から排卵された卵は濾斗部から膨大部に入り，そこで受精が起こる．受精卵は，卵割を行いながら狭部を通って子宮に運ばれる．

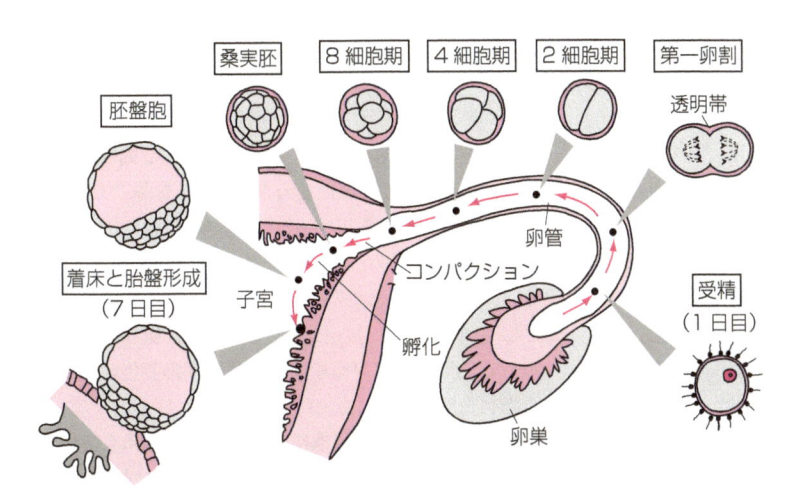

図6.9　初期胚の発生過程—受精から着床まで

*16 雌性生殖器官のひとつで，卵管より移動してきた受精卵を着床させ，胎盤を形成して胎子形成を支持し，そして完成した胎子を娩出させる機能をもつ．

*17 卵を包んでいる透明な膜．卵母細胞の成長期において卵巣の卵胞内で形成される．受精の際に，精子の先体反応を誘起し，透明帯に1個の精子が進入すると，透明帯の性質が変化し，その後，他の精子進入は不可能となる（透明帯反応）．

*18 細胞間結合装置のひとつ．密着結合の基底側に形成され，上皮細胞どうしを結合する接着結合は，細胞内のアクチンからなる微小繊維に結合している．これらの繊維は，上皮細胞の内部周囲に接着帯とよばれるベルトを形成する（4.1.1項参照）．

し，桑実期から胚盤胞期に胚が子宮[*16]に存在するようになる．

(2) コンパクション

　受精後3日目の8細胞期までの胚は，割球間の接着が弱いことから個々の割球を明瞭に観察でき，また，**透明帯**（zona pellucida）[*17]を除去すれば個々の割球に分離することができる．3.5日目ごろの8～16細胞期になると，個々の割球間の強固な接着によって，それぞれの細胞の境が不明瞭となり，さらにこれまで球形をしていた胚全体が緊縮して扁平に変形する．この現象を**コンパクション**（compaction）とよぶ．コンパクションを起こした胚を，桑実胚とよぶ．このような割球間の緊密な接着のために，接着帯[*18]が割球の上端部に形成される．その後，桑実胚外側の細胞は接着帯の上端部側に**密着結合**（tight junction）[*19]を形成し，胚の内部は外部と遮断される．この結果，胚の外部を構成する細胞には，上皮細胞に見られるような細胞極性が生じる．つまり，細胞の頂端側の細胞膜に**微絨毛**（microvilli）[*20]が発達し，核は基底側に位置する．こうして，胚外層の極性が維持される細胞と，内層の極性のない細胞群とに分かれるようになり，細胞分化が初めて生じる（図6.10）．次に，密着結合により胚内部からの水分の漏出が防がれることから，桑実胚内の一部に液がたまり腔形成が始まる．腔を形成した胚を胚盤胞とよぶ．

Column

単為発生（雌核発生，雄核発生）

　電気刺激，温度（低温，高温）刺激，アルコール処理などさまざまな方法で刺激が与えられた未受精卵は，受精と同様に活性化されて発生を開始する．このような人為的活性化刺激による卵母細胞の自発的発生を単為発生（parthenogenesis）という．マウスでは，第二極体の放出あるいは第一卵割の抑制によって単為発生胚の倍数性を二倍体（diploid）に調節しても，単為発生胚が胚盤胞期（活性化刺激後4日目）を超えて発生するものの妊娠中期までに必ず致死となる．このことは，マウスの正常発生には精子由来のゲノムが必須であることを示唆している．同様に，接合子の雌性前核由来の母性あるいは雄性前核由来の父性半数体ゲノムのいずれかを2セットもつ胚（雌核発生 gynogenesis，雄核発生 androgenesis）においても，マウスでは妊娠中期までに致死に至る．これらの胚の形態を観察すると，母性ゲノムだけをもつ単為発生胚と雌核発生胚は，胚体の発達は良好であるが，胎盤の栄養膜の発達が非常に悪い．逆に，父性ゲノムだけをもつ雄核発生胚は，栄養膜はよく発達するが，胚体は貧弱である．したがって，母性と父性ゲノムには胚発生において対極的な役割があり，母性ゲノムは胚体の発達に，そして父性ゲノムは栄養膜の発達に主導的役割を果たしているといえる．ヒトにおいても，雄核発生によって栄養膜細胞が異常増殖した絨毛の変性塊である胞状奇胎（hydatidiform mole）を生じる．一方，卵巣内の未受精卵が単為発生すると胎盤組織を欠いた胎児性腫瘍である卵巣奇形種（teratoma）となる．

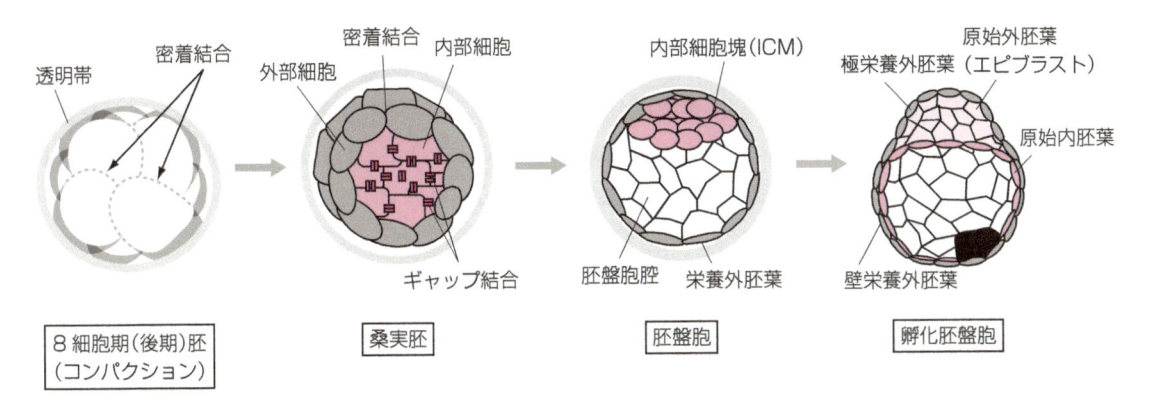

図 6.10 桑実期および胚盤胞期におけるコンパクションと胞胚腔形成による内部細胞塊と栄養外胚葉への細胞分化

(3) 胚盤胞

胚盤胞は，胚外層の一層に極性を維持した細胞からなる栄養外胚葉と，**ギャップ結合**（gap junction）[*21]によって内部に極性をもたない細胞どうしが接着している**内部細胞塊**（inner cell mass, ICM）から構成される（図6.10）．栄養外胚葉は将来胎盤を形成し，内部細胞塊から胎子が発生する．胚盤胞の内部には**胚盤胞腔**（blastocoel）が形成されるため，内部細胞塊は胚盤胞腔によって胚の一方に押しやられ偏在するようになる．胚盤胞腔は拡張を続け，やがて胚が透明帯を押し広げ**囲卵腔**（perivitelline space）[*22]が見えなくなるようになる．このような状態の胚盤胞を拡張胚盤胞という．胚盤胞はその後，透明帯から**孵化**（ハッチング，hatching）し，その胚を孵化胚盤胞とよぶ．孵化胚盤胞は**子宮内膜**（endometrium）[*23]と直接接触することが可能になり，**着床**（implantation）[*24]の準備が始まる（図6.9）．

6.5.2 着床後発生

着床する時期の胚盤胞では，内部細胞塊は2種類の細胞層に分かれ，胚盤胞腔に面した原始内胚葉の層とその内側に**原始外胚葉**（エピブラスト，epiblast）を形成する．原始外胚葉から胚のすべての細胞ができ，原始内胚葉は胚自身の内胚葉にはならず胚体外の膜を形成する．

一方，栄養外胚葉は子宮内膜上皮細胞に接着すると活発に増殖を始める．栄養外胚葉のうち，内部細胞塊をおおう部分で細胞分裂を活発に行う極栄養外胚葉と，他の胚盤胞腔を取り囲んでいた部分に由来する壁栄養外胚葉とに分かれる（図6.10）．着床後，それぞれ胎盤と胎膜（羊膜，絨毛膜）を形成する．

6.5.3 原腸形成

6.5日目ごろの胚において，胚体すべてを形成する原始外胚葉の片側に原

[*19] 上皮細胞どうしの細胞間結合装置のひとつ．隣接する2つの細胞膜が相対し，両者間に細胞間隙がないほどに密着している細胞間結合．この結合によって，細胞の頭頂部に面した環境が，細胞の基底表面や側面表面からも機能的に隔離される（4.1.1項参照）．

[*20] 細胞膜の小さな指様の突起．

[*21] 上皮細胞どうしの細胞間結合装置のひとつ．相対した細胞膜にある特殊化した膜構造であり，この結合によって，一方の細胞から他方の細胞へ，低分子物質（5kDa以下）の通過を許容する（4.1.1項参照）．

[*22] 卵の透明帯と卵細胞との間のスペース．

[*23] 子宮の内腔側に面した上皮と粘膜固有層からなる．固有層は子宮筋層によって取り囲まれている．胚が着床する部位であり，胎子の発育や分化を促している．

[*24] 胚が子宮内膜に接着した時点から，胎盤原基の構造の形成に至るまでの現象をいう．

条(primitive streak)が出現して，胚の将来の前後軸が形成されるようになる．原条は，胚の将来の後方端を示し，原始外胚葉に由来する細胞がもぐりこんでいく亀裂様の構造である．このように細胞が原条を通り抜けて移動していく運動を原腸形成といい，これによって内胚葉，中胚葉そして外胚葉の順に器官形成の基本的細胞群となる3胚葉が確立される（図6.11）．

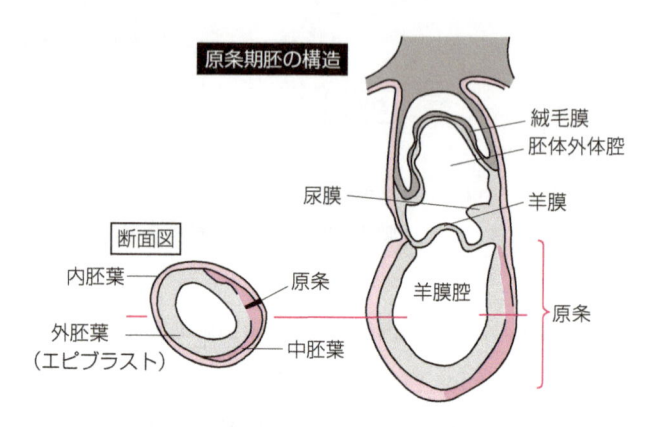

図6.11 原条の出現と3胚葉形成
左図は右図の線で示した部分の横断切片．原始外胚葉に由来する細胞が原条を移動して内胚葉と中胚葉になる．

練習問題

1 ショウジョウバエ，ゼブラフィッシュ，アフリカツメガエル，マウスにおいて，外胚葉，中胚葉，内胚葉の成立様式と原腸胚における移動の様子を比較してまとめなさい．

2 ショウジョウバエやゼブラフィッシュでは，マウスやヒトのような双子は産まれてくるのだろうか？　もし産まれてくるとしたら，どのようなことが起こらなくてはならないか説明しなさい．

3 中期胞胚転移において起こる変化を述べ，その変化がどのような発生過程に関連するか考察しなさい．

4 コンパクションでは，どのような種類の細胞接着が形成されるのか，さらにその細胞接着が胚体内の環境に果たす役割について述べなさい．

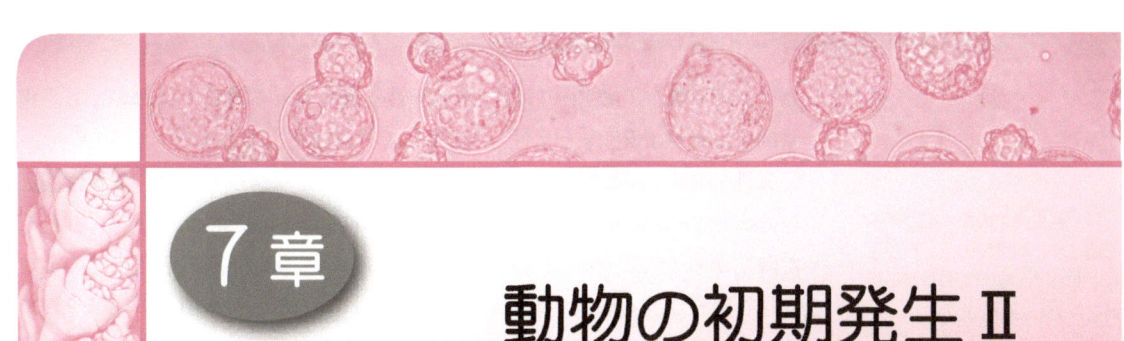

7章 動物の初期発生 II 形態形成遺伝子のヒエラルキー

　動物の初期発生におけるパターン形成や形態形成は，多様な遺伝子群の発現を制御する限られた数のマスター調節遺伝子[*1]群によって進められる．本章では，発生過程における遺伝子の階層的調節機構について，その研究が最初に展開されたショウジョウバエを例にとって解説する．

7.1　母性効果遺伝子の作用

　動物の未受精卵の細胞質は，体細胞の細胞質とは大きく異なり，発生開始後ただちに始まる一連のできごとに備えていると考えられる．受精直後から必要になるさまざまなタンパク質は，雄性前核[*2]と雌性前核が[*3]融合した後に新たに遺伝子を転写・翻訳していたのでは間に合わない．そこで，あらかじめ用意されているタンパク質に加え，まだ翻訳されていないmRNAを順次翻訳してゆくことによってタンパク質を合成し，発生を進行させている．このような早期の発生の進行には，父親由来の遺伝子の貢献はなく，母親由来の遺伝子だけが役割を担うので，こうした遺伝子を**母性効果遺伝子**(maternal effect gene)，そのmRNAを**母性mRNA**(maternal mRNA)とよぶ．また，母性効果遺伝子の突然変異は母親から由来した場合にのみ効果が現れるので，それを母性効果とよぶ．たとえば，ショウジョウバエの*torso*突然変異体は，成虫までは正常に生存することが可能であるが，その雌の成虫が産んだ卵は発育できず，胚の前後末端部が欠損して死んでしまう．これは胚発生に先立って母親が卵内に用意する*torso*遺伝子産物(mRNAまたはタンパク質)が前後末端部形成に必要であることを示している．

　このように，体軸形成時など胚発生の初期に働く多くの遺伝子，場合によっては胚発生の後期に働く遺伝子においても，母性効果の存在が認められる．しかし，同じ時期に同じ過程を制御するさまざまな遺伝子をとっても，母性効果のあるものとないものがあり，一概にどの発生過程が母性効果によると

[*1] 多くの遺伝子の発現を調節する，より上位に位置する遺伝子のこと．転写調節因子をコードする遺伝子であることが多い．

[*2] 受精卵中でまだ融合していない精子由来の核．

[*3] 受精卵中でまだ融合していない卵由来の核．

はいい切れない．また一般に，強い母性効果を見せる遺伝子においても，実質的には母性 mRNA と父性 mRNA との共同作業によるケースも多い．

父性 mRNA が転写され始めるのは，ショウジョウバエでは，**多核性胞胚**(syncytial blastoderm)[*4]から**細胞性胞胚**(cellular balastoderm)[*5]に移行した時期からである（図 6.2 参照）．両生類においても胞胚期の中期にそのような移行過程が見られ，中期胞胚転移とよばれている．父親由来の遺伝子と母親由来の遺伝子との間にゲノムインプリンティング[*6]などによる質的な差異がない限り，この父性 mRNA が転写される時期には母性 mRNA も同等に転写されており，この時期の両転写物を合わせて接合子 mRNA とよんでいる．

7.2 ショウジョウバエにおける形態形成遺伝子のヒエラルキー

1980 年，ショウジョウバエ胚の初期形態に異常を見せる突然変異体の大規模スクリーニングによって，初期形態形成の過程が，広い領域の決定から狭い領域の決定へと，階層性をなして順次進行してゆくことが明らかになった（図 7.1）．それは次の①〜④の過程からなる．

[*4] 昆虫発生の際，胞胚期の前期にまだ細胞間の仕切りが生じておらず，すべての核が細胞質を共有しているもの．

[*5] 昆虫発生の際，胞胚期の後期に細胞間の仕切りが生じたもの．多核性胞胚から細胞性胞胚への移行を細胞化とよぶ．

[*6] 遺伝子刷りこみ．父親由来の遺伝子か母親由来の遺伝子のどちらか一方しか機能しない現象．生殖細胞形成時に塩基にメチル化などの修飾が起きることがその原因となる．脊椎動物では哺乳類で発達しており，胎児の成長に影響をおよぼす遺伝子がこの効果を受けやすい（14.1.1 項参照）．

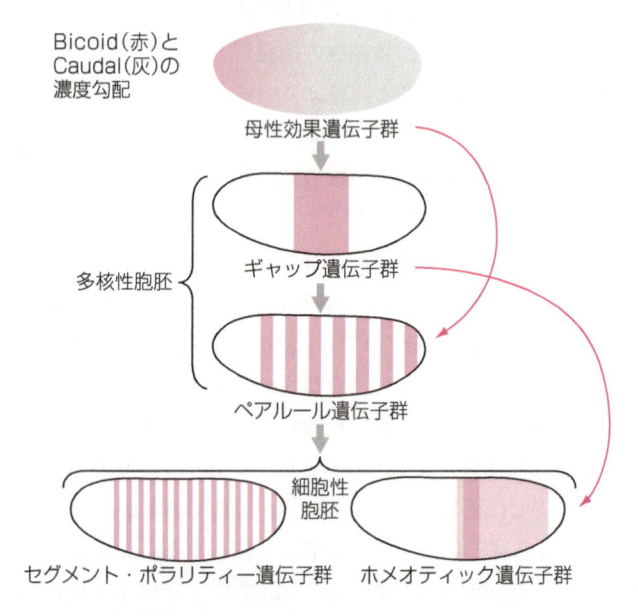

図 7.1 形態形成遺伝子のヒエラルキー
母性効果遺伝子群は，多核性胞胚期の最も初期から働いている．それらの各遺伝子がつくるタンパク質の濃度によって胚のさまざまな部位に位置情報がもたらされる．その位置情報にしたがって，ギャップ遺伝子群やペアルール遺伝子群に属する各遺伝子が発現する場所が決められる．細胞性胞胚期になると，ペアルール遺伝子の働きによってセグメント・ポラリティー遺伝子が発現して分節化が完了するとともに，ホメオティック遺伝子が発現して，各体節を特殊化させる．

① 前後背腹の極性*7 の決定
② 陥入して内胚葉（消化管）となる前後末端部の決定
③ 体全体を十数個の体節に区切り，各体節の極性を決める「分節」の過程
④ 各体節にアイデンティティー（identity）*8 を与え，体節間の機能分化を生じる過程

これらのなかの，より早い時期ほど母性効果遺伝子群の関与が大きい．以下，①〜④の過程について説明する．

*7 方向性があること．たとえば胚発生の初期に均一な状態から前後背腹などの方向性が生じたりする際に，「極性が生じる」という表現をする．

*8 体節の identity．各体節がどのように分化するかという決定づけ．

7.2.1 前後軸形成遺伝子

多核性胞胚期までの初期の発生過程は，胚の前後背腹の極性を決定するための胚の各領域に**位置情報**（位置価，positional effect）を与えることから始まる．1952 年にイギリスの数学者チューリング（A. Turing）は，多細胞生物が形態的パターンを形成する前段階には，特定の化学物質"form generating substance"（今日でいうモルフォゲン）が供給源から全体に向かって濃度勾配をつくりながら拡散してゆき，各細胞ではその濃度が位置情報として機能している，という仮説を提唱した．胚の前半部が欠損して後半部が鏡像対称に前側に重複する突然変異体 *bicaudal*（*bic*）の発見はそれを支持するもので，端から中心に向かう（あるいはその逆の）物質の濃度勾配があり，それに依存して細胞が位置情報を感知しているように見える．しかし後になって，Bic タンパク質は，ミオシン重鎖や中間径フィラメントに類似した繊維状タンパク質であり，モルフォゲンそのものではなく，モルフォゲンを輸送する性質を担うタンパク質であることが示された．

実際にモルフォゲンとして働く物質は，*bic* によく似た突然変異体表現型を表す遺伝子 *bicoid*（*bcd*）の遺伝子産物であった．Bcd タンパク質は核酸に結合するホメオドメイン*9 構造をもち，後述するギャップ遺伝子群などの標的遺伝子の転写誘導を行うほか，*caudal* など特定の mRNA にも結合して翻訳抑制を行うことが知られる．このタンパク質が，細胞間を拡散する物質ではなく DNA や RNA に結合する細胞内物質であるにも関わらず，拡散するモルフォゲンとして機能できる理由は，これが働く場が多核性胞胚という核の間に仕切り（細胞膜）のない状態であるためである．つまり，Bcd タンパク質は昆虫の初期発生においてのみ働くことができるタイプのモルフォゲンであるといえる．

bcd 遺伝子の転写は卵巣内の哺育細胞*10 で行われ，mRNA は哺育細胞から卵母細胞を結ぶ細胞質連絡を通って卵母細胞内の前極付近に輸送され蓄積される（図 7.2）．受精後すぐに翻訳が開始され，産生された Bcd タンパク質は前側から後方への濃度勾配をつくり，その濃度に依存して，ギャップ遺伝

*9 DNA に結合するタンパク質ドメインの一種．ホメオボックス（DNA）によってコードされ，塩基性アミノ酸の豊富な約 60 個のアミノ酸によって構成される．

*10 昆虫の卵形成時に卵細胞に隣接した巨大細胞群で，卵細胞とは ring canal という穴を介してつながっている．さまざまな栄養分や情報分子を卵に補給している．

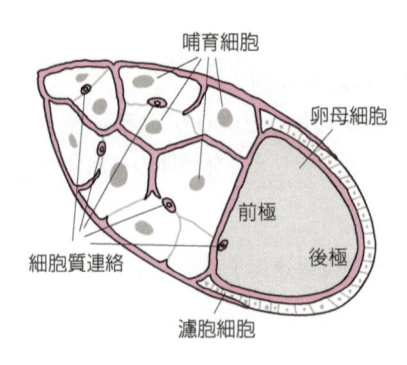

図7.2 ショウジョウバエの卵巣

子群の転写が誘導される．

Bcdに代わって，前方から中ほど付近の濃度勾配はHunchback（Hb）によって担われる（図7.3）．Hbは核酸に結合するジンクフィンガー構造[*11]をもつ転写調節因子である．一方，物質の濃度勾配は前からだけではなく後ろからも形成され，卵の後極付近から前方に向かってそれを担うのが，ジンクフィンガー構造をもつRNA結合タンパク質のNanos（Nos）である．Nosは *bcd* や *hb* のmRNAを標的として，これらの翻訳を抑制する．後方から中ほど付近には，ホメオドメイン構造をもつ転写調節因子Caudalの濃度勾配がつくられる．前述のように，この翻訳はBcdに抑制されるので，結局，前の物質と後ろの物質はたがいにせめぎ合う拮抗した状態をつくる．2つの隣接した領域間に見られるこのような相互抑制が，発生の多くの場で用いられる領域分化誘導の基本パターンのひとつである．

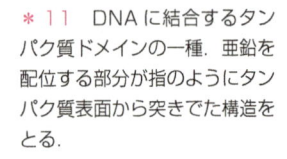

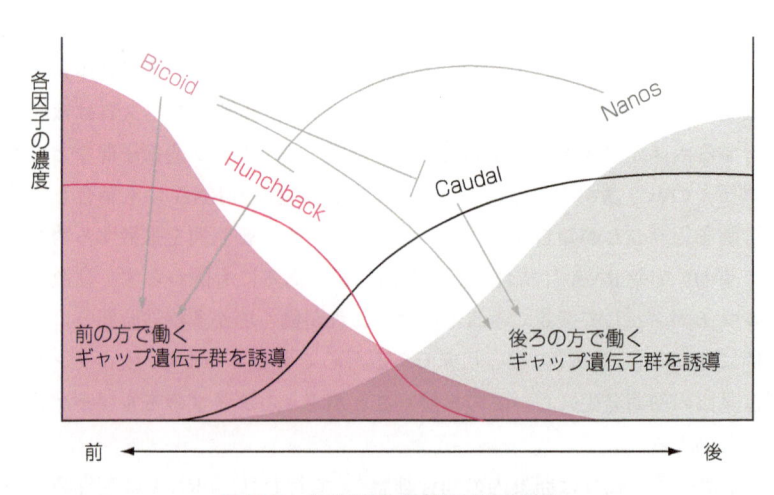

[*11] DNAに結合するタンパク質ドメインの一種．亜鉛を配位する部分が指のようにタンパク質表面から突きでた構造をとる．

図7.3 前後軸形成遺伝子群の働き

7.2.2 分節遺伝子

分節化[*12]を支配する多くの遺伝子は，

① **ギャップ**（gap）**遺伝子群**
② **ペアルール**（pair-rule）**遺伝子群**
③ **セグメント・ポラリティー**（segment polarity）**遺伝子群**

の3種に類別され，およそこの順序で作用すると考えられる（図7.4）.

[*12] 昆虫の発生過程において体節構造が形成されること.

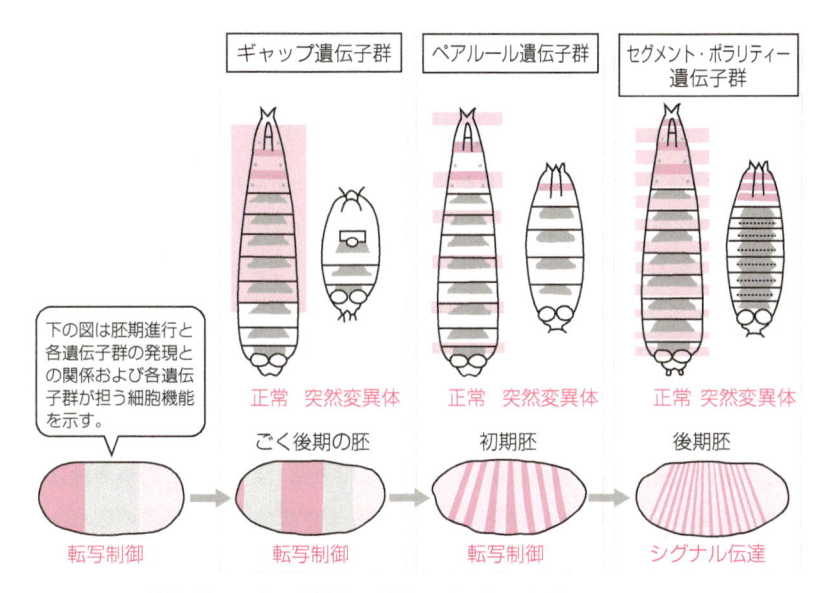

図7.4 分節遺伝子群の突然変異体表現型と作用順序
上の3つの図で，灰色で塗った場所は歯状突起の位置を示す．正常個体（各左）では，体節1つにつき1つずつの歯状突起がある．赤でおおった場所は，各突然変異体（各右）で異常が見られる場所すなわち各遺伝子の働く場所を示す．

(1) ギャップ遺伝子群

　ギャップ遺伝子群の発現は，前述したモルフォゲン Bcd や Nos の濃度に依存してそれぞれ誘導され，胚を前後にそって数個の領域に分ける．また各ギャップ遺伝子の間で相互に発現抑制をする性質があるので，領域の分化は時間とともに明瞭になる．ギャップ遺伝子のひとつが機能を失うと，それが発現する領域の形態が失われてギャップが生じるように見えるので，この名がある．ギャップ遺伝子群の遺伝子産物は転写調節因子であるので，その作用によって以後に活性化される遺伝子の種類が規定され，発生運命が決定されると考えられる．

(2) ペアルール遺伝子群

　ギャップ遺伝子群によって領域が分けられると，次にペアルール遺伝子群が誘導される．ペアルール遺伝子群はその名のように隣り合った2つの**体節**

(segment)ごとに発現するので，その空間的発現パターンは前後軸にそって7つ程度の縞をつくる(図7.1)．ペアルール遺伝子群の各遺伝子は，2体節ごとの縞をつくって発現するがその位置は同一ではなく，それぞれ少しずつずれている．それによって，前後軸にそった周期的なパターンが生まれ，以後の体節区分が導かれる．もしもペアルール遺伝子群のひとつが機能を失うと，それが発現する領域の形態が失われるので，最終形態上に7つの周期的な欠損が生じるようになる．その結果，偶数番目の体節が失われた *even-skipped* や，奇数番目の体節が失われた *odd-skipped* といった突然変異体の表現型が現れるようになる(図7.4)．

(3) セグメント・ポラリティー遺伝子群

ペアルール遺伝子の周期的発現パターンに支配されて，分節遺伝子群のなかで最後に発現してくるのがセグメント・ポラリティー遺伝子群である(図7.4)．この時期，胚は多核性胞胚から細胞性胞胚へと移行しているため，ここから先は転写制御よりも細胞間シグナル伝達[*13]による制御が中心となる．

ショウジョウバエの発生途上の体節は，頭部4節，胸部3節，腹部11節の合計18節に区分されるが，前端と後端付近の体節は癒合する傾向が強いので，それらを除いた14節が認められやすい．体節を区切っている線と平行に，各体節内部の前半部分と後半部分を分ける線が，各体節の中ほどに存在しており，それらは前後区画[*14]境界とよばれる(図7.5)．この境界線は形態上の特徴はないので目には見えないが，さまざまな遺伝子発現の広がりを可視化してみると，それらは体節境界よりもこの前後区画境界によって制限されていることが多く，そのため，体節形成には体節境界よりも前後区画境界のほうが重要な役割を果たしていると考えられる．したがって，ある体節の前後区画境界から隣接する体節の前後区画境界まで(つまり，体節後半の次に体節前半が隣接する1単位)を **擬体節** (parasegment) と表現し，形態形成制御の場ととらえることも多い(図7.5)．実際，ペアルール遺伝子や後述のホメオティック遺伝子の機能は擬体節を単位として制御されている．

*13 ホルモンや増殖因子などの細胞外シグナル物質を介して行われる細胞間コミュニケーション(4.1.2項参照)．

*14 細胞がどれだけ増殖してもこれ以上広がっていかない範囲が決まっていることがあり，区画とよぶ．区画ごとに遺伝子発現が制御されていることが多い．

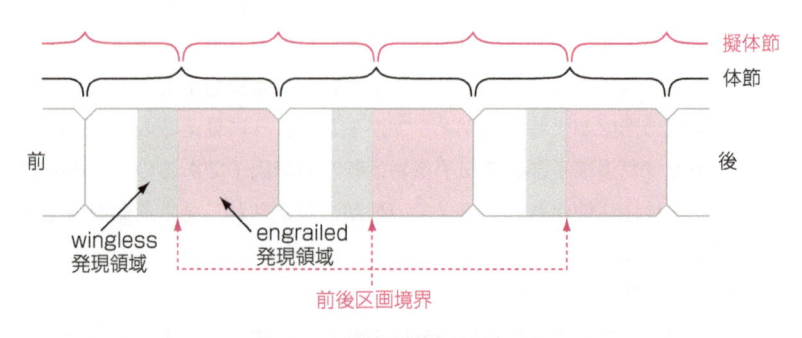

図7.5 前後区画境界と擬体節

セグメント・ポラリティー遺伝子群のひとつの機能が欠損すると，ギャップ遺伝子群やペアルール遺伝子群の突然変異体のような単なる構造の欠損が起きるだけではなく，欠損のあとに前後鏡像対称[*15]になるように隣接領域の構造が重複するという不思議な表現型を見せるので，この名「セグメント・ポラリティー（体節の極性）」がある（図7.4）．たとえば，*engrailed*（*en*）という突然変異体は，体節の後半区画が失われ，その代わり既存の前半区画と一線を画して鏡像対称に配置される前半部が異所的に現れる．前半区画と後半区画にある細胞は，両区画に共通して機能するモルフォゲン Wingless（Wg）による位置情報によって分化しており，Wg は前半と後半を分ける区画境界線付近から前後両方向へ対称に広がっている．ところが，前半区画にある細胞と後半区画にある細胞とでは，Wg による位置情報に対して異なる解釈をして応答するようプログラムされている．その際に，後半区画特異的な解釈を与えているのが，転写調節因子 Engrailed（En）である．したがって En の機能がなくなり，後半区画としてのプログラムを失えば，前半区画としてのプログラムが進行して，前後区画境界を軸とする鏡像対称な形態が形成されることになる．

以上のように，ショウジョウバエの初期発生を制御するタンパク質には圧倒的に転写調節因子が多い．しかしその下流には，制御を受ける多くの種類の遺伝子が存在するという証拠はなく，むしろ限られた転写調節因子群の遺伝子の間で，発現を相互に調節し合って，以後の発生過程を進行させていると考えられる．

7.2.3 ホメオティック遺伝子

前後軸形成遺伝子および分節遺伝子によって，体節の形成過程は完了するが，このあと各体節に固有の機能をもたせる過程が残っている．このような過程は，節足動物[*16]の昆虫類においてより顕著に発達しているが，同じ節足動物でも，ムカデやヤスデ，さらにはミミズのような環形動物[*17]では，各体節の機能分化が一見してわかるようには発達していない．

体の一部分の構造が他の構造と入れ替わるような発生異常がさまざまな動植物で知られており，この現象を**ホメオーシス**（homeosis），この現象を支配する遺伝子を**ホメオティック遺伝子**（homeotic gene）とよんでいる（1.1.2項参照）．ショウジョウバエにもさまざまなホメオティック遺伝子が知られるが，このなかで体節のアイデンティティー形成を担当するのが，*Antennapedia*（*Antp*）複合体と *bithorax*（*bx*）複合体という遺伝子群である．この2つは同じ第三染色体に距離をおいて位置する遺伝子群で，それぞれが少なくとも5個および3個のホメオティック遺伝子を含む（図7.6）．各ホメオティック遺伝子が各体節のアイデンティティー形成と1対1で対応している

*15　鏡で写したように，左右または前後が逆になった対称構造．

*16　旧口動物中で最も進化した動物門．明確な体節性をもち，各体節から付属肢が発達する．甲殻類，昆虫，クモ，多足類など．

*17　旧口動物中で節足動物の下位におかれる動物門．多数の同規的体節よりなる．体節の形態は頭部以外どれも同じことが多い．ミミズ，ゴカイなど．

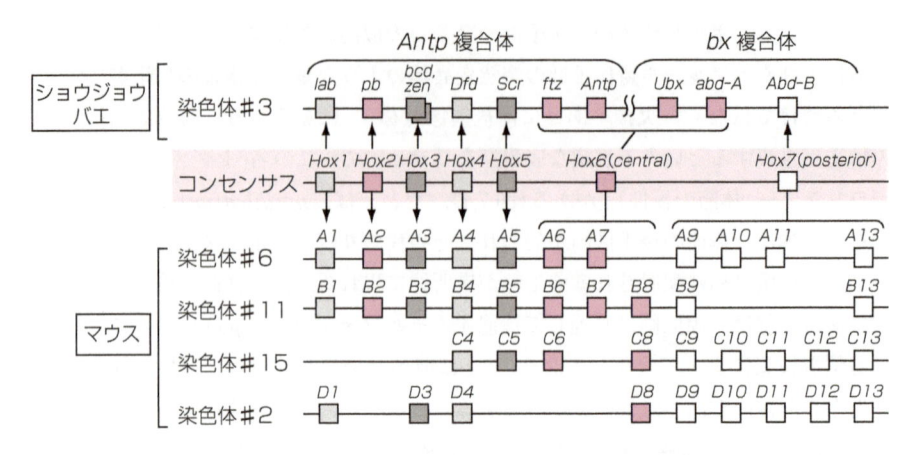

図7.6 ショウジョウバエとマウスのHox遺伝子群

ような概略図がしばしば紹介されているが，実際にはそれほど単純なものではない．たとえば，将来翅が生える胸部第二体節ではAntpだけが働き，それより後ろの体節に進むにつれUltrabithorax（Ubx）などの遺伝子の発現が加算されてゆく．胸部第二体節より前方に向かっても，似たようなホメオティック遺伝子の作用の加算が起きる．したがって体節形成の初期状態が胸部第二体節で，他の体節はその修飾であると解釈できる．おもしろい特徴は，Antp複合体からbx複合体にわたって並ぶ8つのホメオティック遺伝子の配置と，各遺伝子が作用する体節の配置が同じ並びになっていることである．この理由はまだ明らかにはされていないが，もしもこの並びが体節形成に重要な役割を果たしているのであれば，きわめて広い染色体領域にわたる転写制御が起きていることが示唆される．これら一連の概念を発見したルイス（E. B. Lewis）には，1995年ノーベル医学生理学賞が授与されている．

1980年半ば，遺伝子クローニング技術により，ホメオティック遺伝子が次々にクローニングされ，以下のような点が明らかになった．

① 各ホメオティック遺伝子は転写調節因子をコードする．
② 各ホメオティック遺伝子の間で非常によく保存された180塩基対（ホメオボックス）が存在する．
③ ホメオボックスはヘリックス・ターン・ヘリックス構造をとるDNA結合ドメイン（ホメオドメイン）をコードする．
④ ホメオボックス遺伝子は体節の有無にかかわらず多くの生物のゲノムに存在する．
⑤ 脊椎動物[18]にはAntp複合体～bx複合体に相当する遺伝子クラスターが4セットあり，それぞれ前後軸にそってショウジョウバエと同様なパターンで発現する（図7.6）．

*18 新口動物中で最も進化した動物門．哺乳類，両生類，爬虫類，鳥類など．少なくとも発生初期には脊索をもつ．原索動物（ホヤなど）の上に位置し，両者を合わせて脊索動物門とすることも多い．

こうした研究が展開される過程で，体節形成に関与するホメオボックスを含む遺伝子は*Hox*(ホックス)と総称されるようになった．

7.2.4 背腹軸の成立

　胚発生の過程で，前後軸形成と同時に背腹の方向性(背腹軸)も決定される．前後軸形成の際の転写調節因子 Bicoid の勾配がモルフォゲン勾配となる場合と類似し，背腹軸形成の際には転写調節因子 Dorsal の勾配がモルフォゲン勾配として働く．Dorsal の蓄積量は腹側正中線上で最も高く，背側に向かって徐々に低くなってゆく濃度勾配をつくる．Dorsal は腹側で働くが，その突然変異体は腹側が背側化する．つまり，Dorsal は初期状態である背側形成を腹側で抑制していると考えられる．Dorsal はその濃度に応じてさまざまな遺伝子を転写させるが，Dorsal の濃度が低くなった背側では分泌拡散性[19]のモルフォゲン Dpp が蓄積する(8章参照)．

　細胞性胞胚以降の時期に移ると，Dorsal にとって代わって Dpp が細胞間を拡散するモルフォゲンとして働き，背側の濃度が高く腹側の濃度が低い Dorsal とは逆の勾配をつくる．Dpp の突然変異体は背側が腹側化するので，Dpp は，初期状態である腹側形成を背側で抑制していることになる．Dpp が細胞外で濃度勾配をつくるしくみは成虫原基での場合のように単純ではなく，Dpp に結合して受容体までの移動を抑制する因子や，その因子の分解を促進する別の因子など，多くの細胞外因子によってきわめて複雑に制御されている．

　これらの機構は脊椎動物の背腹軸形成過程においても保存されている．ただし興味深いことに，脊椎動物と昆虫では背腹軸が逆転しており，脊椎動物の場合には Dpp と相同な BMP2/4 が腹側化シグナルを与えている(8章コラム参照)．

[19] 細胞から分泌された後，遠方へ拡散してゆく性質．

|　　　　　　　　　　　練習問題　　　　　　　|

1. 前後軸形成から体節形成までの遺伝子群の階層性を概説しなさい．
2. 初期胚において位置情報をつくりだすしくみについて説明しなさい．
3. 体節形成遺伝子群のうち，セグメント・ポラリティー遺伝子群のみがシグナル伝達因子を指令していることは，何を意味しているか述べなさい．
4. セグメント・ポラリティー遺伝子群の異常が鏡像対称形態を導くしくみを説明しなさい．
5. 体節と擬体節の違いを説明しなさい．
6. ホメオボックスとは何か説明しなさい．

8章 動物の初期発生Ⅲ 中胚葉誘導と神経誘導

「ある細胞集団が別の細胞集団に働きかけ，その運命を変える」．この細胞間相互作用を発生における**誘導**(induction)とよぶ．脊椎動物の発生過程における誘導の研究は，シュペーマンらの原口背唇部の移植実験に端を発する．その後も目の水晶体や鼻原基，耳胞の形成のようにさまざまな器官での誘導現象が見つかり，脊椎動物の発生過程は連続的な誘導現象によって支えられていると考えられている．

中胚葉誘導(mesoderm induction)は個体発生で起こる最初の誘導であり，内胚葉からのシグナルにより外胚葉から中胚葉が誘導される．引き続いて，背側中胚葉が原腸陥入により内部へと陥入していく過程で外胚葉に働きかけ，脊椎動物の背側中枢神経系構造を誘導する．これを**神経誘導**(neural induction)[*1]とよぶ．これらの誘導は頭尾軸にそった背側構造をつくるために重要な誘導であり，胚の一部を移植したり，正常発生にはない組み合わせで組織を接触培養する実験発生学的手法によって見つかった．

本章では，脊椎動物における誘導の代表例としてこれら2つの誘導現象を解説し，近年急速に研究の進んでいるその分子機構について述べる．この分野は，体外発生で受精卵を得やすく，胚や割球の操作に長い歴史がある両生類を中心に研究が進んできた．そして，やはり体外発生のゼブラフィッシュや，体内発生ではあるが遺伝子改変が可能なマウスを用いた遺伝学的解析により，実際に生体内で起こっている分子機構が検証されている．

[*1] 原口背唇部による中枢神経系の誘導は，胚発生の最初に起こり体制に直接影響する重要な誘導として一次(primary)誘導ともよばれる．この誘導によって生じる，中枢神経系が未分化組織に働きかける各器官の誘導を二次(secondary)誘導とよぶ．しかし，このよび方は中胚葉誘導と神経誘導を区別できないため，本書では誘導される対象を示すよび方を用いる．

8.1 脊椎動物における中胚葉誘導

両生類では，割球や胞胚期の胚の組織一部を分離して生理食塩水中で培養することが可能である．割球や一部の細胞集団だけを培養した場合，他の領域からの影響を受けなくなるため，その時点までに決定された運命にしたがう．動物極領域や植物極領域の割球を単独で培養すると，発生の早い段階からそ

8章 動物の初期発生Ⅲ 中胚葉誘導と神経誘導

れぞれ表皮外胚葉や内胚葉組織へと自律的に分化する傾向を示す．しかし，中胚葉組織に分化する赤道領域（帯域）の割球を単独で培養すると，発生初期の段階では表皮外胚葉的な組織に分化するのに対して，発生が進むと中胚葉組織へ自律分化するようになる（図8.1）．これらの結果は中胚葉組織が発生過程で誘導を受けていることを示している．さまざまな割球や細胞集団を組み合わせた接触培養から，植物極割球からのシグナルが動物極割球から中胚葉組織を分化させることがわかっている．

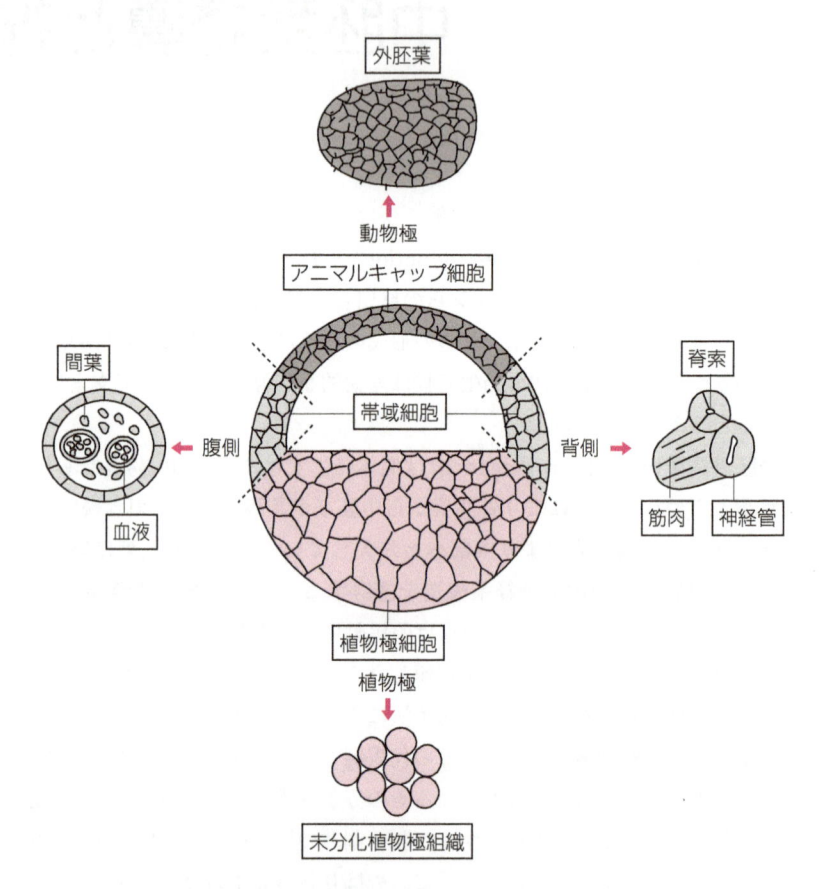

図8.1　アフリカツメガエル胞胚期の組織の培養
動物極組織は外胚葉，植物極組織は内胚葉，帯域の背側はおもに脊索や筋肉に分化し，帯域腹側はおもに間葉や血液細胞に分化する．

ゼブラフィッシュにおいても，胞胚期の卵黄多核層が中胚葉を誘導することが実験的に確かめられており，アフリカツメガエルの植物極割球と魚類の卵黄細胞は相同なものと考えられている．

8.1.1 植物極組織によるアニマルキャップの中胚葉への分化

胞胚期のアフリカツメガエル胚では動物極組織(**アニマルキャップ**, animal cap)は外胚葉，赤道領域組織は中胚葉，植物極組織は内胚葉と，およその運命が決まっている．ところが，アニマルキャップを植物極組織と接着させて3日間ほど培養すると，接した領域で筋肉や脊索などの中胚葉組織が分化してくる(図8.2)．あらかじめアニマルキャップを蛍光色素で標識しておくと，分化した中胚葉組織がアニマルキャップに由来することがわかる．さらに，アニマルキャップと植物極組織との間に，タンパク質分子を通すが細胞は直接接触できないような膜をはさんでも，中胚葉組織が誘導される．したがって，内胚葉組織から分泌されるタンパク質因子によりアニマルキャップの細胞が中胚葉組織に分化すると考えられる．

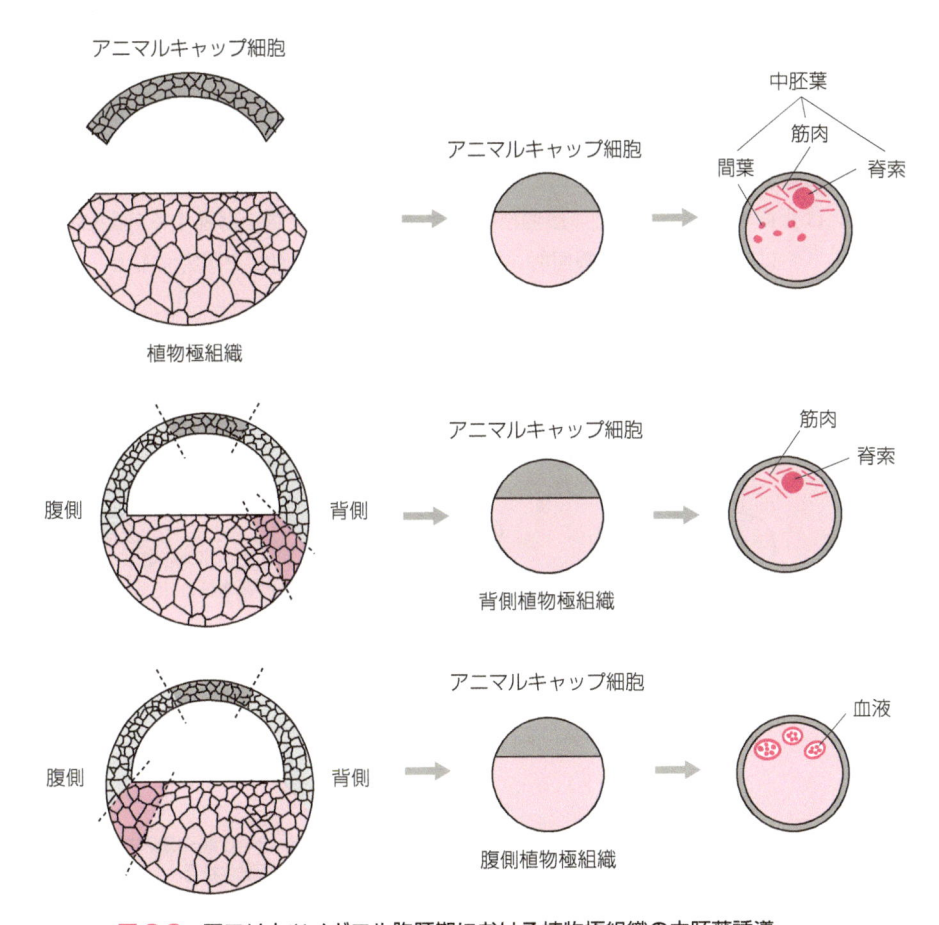

図 8.2 アフリカツメガエル胞胚期における植物極組織の中胚葉誘導
動物極組織と植物極組織とを組み合わせると，外胚葉から中胚葉由来の脊索や筋肉，間葉が分化する．背側植物極組織はおもに脊索や筋肉を誘導し，腹側植物極組織は血液細胞やそれに付随する組織を誘導する．

8.1.2 中胚葉の背側腹側のパターン形成

胞胚期の中胚葉組織では，背側と腹側で異なった運命をもつことが単独培養からわかっている．背側の中胚葉からは背側構造の脊索や筋肉が分化してくるのに対し，腹側の中胚葉からは血球や間充織が分化してくる．そこで，植物極組織を背側と腹側に分けてそれぞれアニマルキャップと組み合わせると，背側植物極組織は背側中胚葉を誘導し，脊索や筋肉をつくる．一方，腹側植物極組織は腹側中胚葉を誘導して血球や間充織をつくる（図8.2）．これらの結果は，植物極側の組織に背腹軸にそった誘導能の質的な差が存在し，それが中胚葉の背腹軸にそった分化を誘導していることを示す．植物極背側細胞から誘導された背側中胚葉が**シュペーマン**（Spemann）**オーガナイザー**（8.2.1項参照）となる．この植物極背側領域を，発見者の名前にちなんで，**ニュークープ**（Nieuwkoop）**センター**とよぶ．

カエル卵では第一卵割の段階で，灰色新月環[*2]側に背側構造に必要な因子が分布していることが示されている．では，ニュークープセンターとこの因子はどのような関係にあるのだろうか．32細胞期において背側と腹側の植物極割球をそれぞれ動物極割球と組み合わせて培養すると，背側植物極割球は背側中胚葉を誘導し，腹側植物極割球は腹側中胚葉を誘導する（図8.3）．さらに，受精時に紫外線照射[*3]により受精時の表層回転を阻害すると，背側

[*2] 植物極と赤道の間に現れる色素のやや薄い新月状の部位．これが存在する側が将来の背側になる（6.4.1項参照）．

[*3] 植物極側に照射することで，表層回転に必要な微小管が破壊される．その結果として背側化が起こらなくなる．

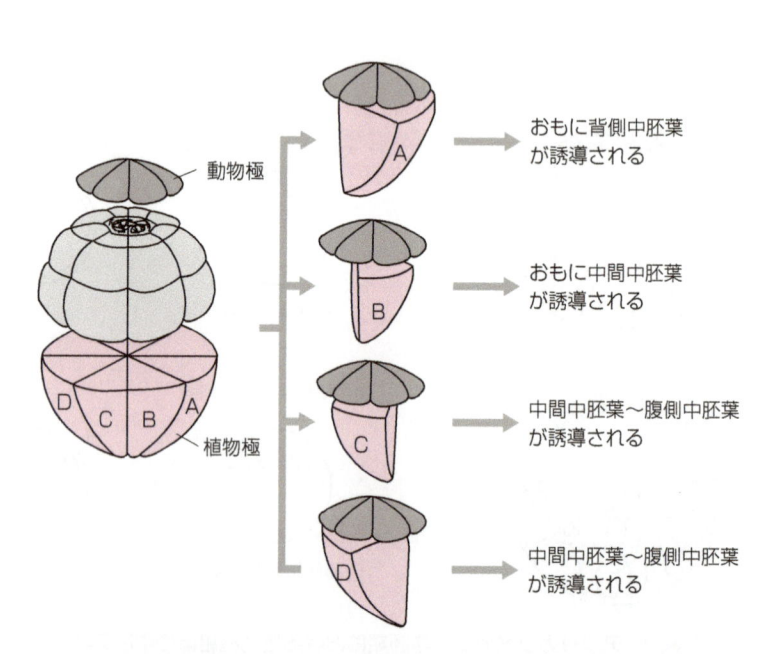

図8.3　アフリカツメガエル32細胞期における背側―腹側植物極割球の中胚葉誘導の違い

背側植物極割球は背側中胚葉を誘導するのに対し，腹側植物極割球は腹側中胚葉を誘導する．（Dale and Slack, 1987を参考に作図）

前部の構造(頭や神経管)ができなくなるが,その胚の32細胞期に背側植物極割球を移植すると背側前部構造が回復する.したがって,ニューコープセンターを規定する因子は,32細胞期よりも前,受精時の卵細胞の表層と細胞質の再編により決まるものと推測される.分子レベルの研究から,受精時の卵表層の回転に伴い背側(灰色新月環側)に移動するタンパク質と,そこからニューコープセンターで発現する転写因子までの一連の分子カスケード[*4]が見つかっている.

8.1.3 中胚葉誘導因子

上記のアニマルキャップと植物極組織の組み合わせ培養,あるいは動物極割球と植物極割球の組み合わせ培養から,植物極細胞から分泌されるタンパク質因子が中胚葉を誘導すると考えられた.そこで,アニマルキャップ単独培養に候補因子を加えて分析する方法(アニマルキャップアッセイ)がとられ,**繊維芽細胞成長因子**(fibroblast growth factor:**FGF**)や**アクチビン**(activin)に中胚葉誘導能があることが見つかった.ここでは,この2つに加えて,マウスの突然変異体の解析から見つかった**Nodal**,酵母を用いたシグナルタンパク質遺伝子クローニング法から見つかった**Derriere**について述べる.

(1) FGF

FGFはマウス繊維芽細胞の増殖を促進する因子として見いだされ,ウシの脳下垂体から精製された.FGFはよく似た構造をもつものが20種類以上見つかっており,FGFファミリーを形成している.そのうちのbFGF(basic FGF, FGF2 ともいう)をアニマルキャップ単独培養に加えたとき,血球細胞や間充織,筋肉が誘導された.さらに,このmRNAを動物極割球に注入して胞胚期まで発生させ,そのアニマルキャップを培養すると,筋肉や脊索などの背側中胚葉が分化することもわかった.

FGFは細胞内ドメインにチロシンキナーゼをもつ受容体を介して細胞内へ情報を伝達する.ドミナントネガティブ型FGF受容体[*5]を過剰発現させてFGFシグナルを遮断すると,頭部は比較的正常に形成されるものの後部のすべてを欠損したオタマジャクシになる.ゼブラフィッシュにおいても同様な結果が得られている.

(2) アクチビン

アクチビンは卵胞の顆粒層細胞[*6]などから分泌され,下垂体[*7]に作用して濾胞刺激ホルモン(FSH)[*8]の分泌を促進させるホルモンである.その構造に**形質転換成長因子**(transforming growth factor-β:**TGF-β**)と似ている部分があるため,TGF-βスーパーファミリーとして分類されている.アクチビンは多くの細胞株培養後の培養液に認められた中胚葉誘導タンパク質であ

[*4] 特定の因子により,一連の調節因子群が順次連鎖的・段階的に活性化されていく情報伝達反応.分かれ滝(cascade)のように反応が進むことからこうよばれている.

[*5] FGF受容体は二量体で機能するため,チロシンキナーゼドメインをもたない受容体を発現させることでFGFシグナルを遮断することができる.このような受容体をドミナントネガティブ型受容体とよぶ.

[*6] 卵胞内の内側に位置し,卵母細胞と接触する体細胞.哺乳類では多層となる(11.3.3項参照).

[*7] 脳下垂体ともいう.間脳底から下垂する内分泌器官で,成長ホルモンや生殖腺刺激ホルモン,プロラクチンなどさまざまなホルモンを分泌する.

[*8] 卵胞刺激ホルモンともよぶ.follicle-stimulating hormoneの頭文字をとってFSHと略記.精細管の発育,精子形成の促進,卵胞の発育と成熟,エストロゲンの産生・分泌などに作用をもつ.

り，アニマルキャップアッセイにおいて高濃度（50 ng/ml）では背側中胚葉を誘導するのに対して，低濃度（0.3～1 ng/ml）では腹側中胚葉を誘導する．また，この誘導された背側中胚葉にシュペーマンオーガナイザーとしての活性があることが移植実験によって示されている．さらに，アンチセンス合成ヌクレオチド[*9]を用いた阻害実験により，正常な中胚葉形成に必要であることが示されている．

(3) Nodal

Nodal[*10] も TGF-β スーパーファミリーに属するタンパク質で，中胚葉形成，原腸形成が起こらないマウス突然変異体の原因遺伝子として見つかっている．ツメガエルでは複数の *nodal* 関連遺伝子（*Xenopus Nodal-related*，*Xnr* と略す）が見つかっており，植物極側内胚葉領域の背側で強く，腹側で弱く発現することが認められている．アクチビンと同等の誘導活性をもち，特異的阻害因子[*11]を用いた機能阻害実験で中胚葉全体の形成が抑制されることも認められている．ゼブラフィッシュの一つ目変異体として見つかった *cyclops* と *squint* の原因遺伝子はともに *nodal* 関連遺伝子で，両方を欠損する二重変異体では腹側の一部を除いて中胚葉の形成は認められないこともわかっている．

(4) Derriere

Derriere も TGF-β スーパーファミリーに属するタンパク質で，母性因子として未受精卵の植物極側に蓄積される **Vg1**[*12] とよく似た配列をもつ．中胚葉誘導能をもち，割球に mRNA を注入して腹側に強制発現させると背側化をひき起こし，頭部のない二次胚が誘導される．また，背側に強制発現させると頭部の形成が抑制される．ドミナントネガティブ型により，原口背唇部の形成が抑制され，後部が短くなることが認められている．

8.1.4　背側化決定から中胚葉誘導のモデル

ニュークープセンターは，背側因子と植物極因子のふたつの要因が重なり合った背側植物領域にできる．β-カテニンは細胞接着因子カドヘリン[*13]を裏打ちするタンパク質で，転写因子としての活性をもち，背側因子のひとつと考えられている．受精後，このβ-カテニンは精子侵入点の反対側に蓄積し，核に局在するようになる．これは，β-カテニンの分解酵素 GSK-3 とその抑制タンパク質 Disheveled (**Dsh**) との相互作用によりひき起こされる．未受精卵の段階では Dsh は植物極表層に局在しているが，表層回転により精子と反対側の植物極（将来の背側）に動く．これが，卵全体に分布している GSK-3 を背側植物極領域のみで抑制する．その結果，β-カテニンが分解されずに残ることになる（図8.4）．このβ-カテニンは別の転写因子 **Siamois** などを誘導することが知られている．

[*9]　mRNA に相補結合する合成ヌクレオチド．これが結合することにより，スプライシングもしくは翻訳が阻害されて十分なタンパク質ができないため，その遺伝子産物の機能を抑制できる．

[*10]　原条の先端部，結節 (node) に強く発現することからこの名前がついている．

[*11]　頭部誘導因子の Cerberus (9.3.1 項参照) の N 末端が Nodal と特異的に結合することを利用する．

[*12]　TGF-β スーパーファミリータンパク質で，アクチビン様因子のひとつ．

[*13]　細胞の接着に働く細胞表面タンパク質で，カルシウムイオンの存在下で機能する．

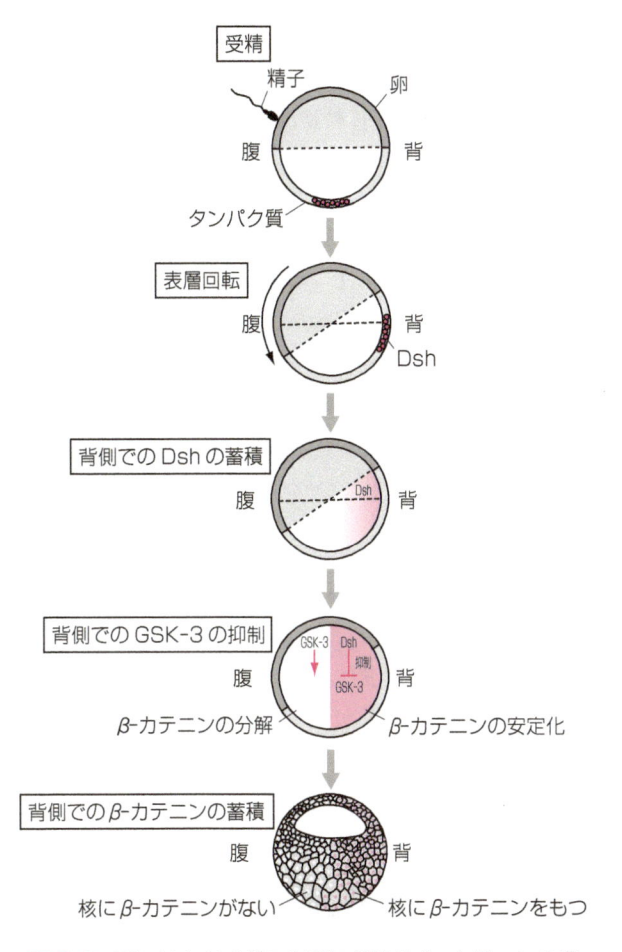

図 8.4 アフリカツメガエル胚におけるβ-カテニンの背側局在化機構

Dsh は未受精卵では植物極表層にあるが，受精時の表層回転により植物極（将来の背側）に動く．卵全体に分布する GSK-3 を背側植物極領域で抑制することで，β-カテニンが分解されずに残る．

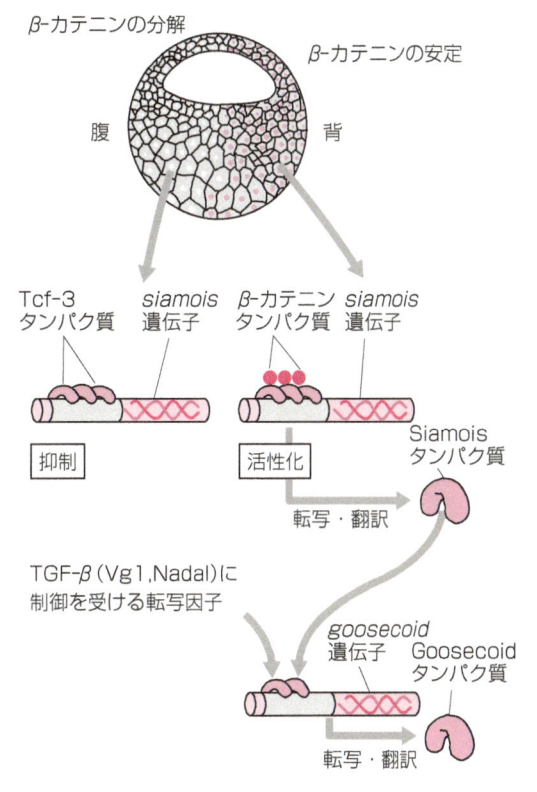

図 8.5 β-カテニンからシュペーマンオーガナイザー特異的転写因子 Goosecoid までの遺伝子カスケード

β-カテニンは Siamois の発現を誘導し，Siamois は Nodal などと共同して Goosecoid の発現を誘導する．（S.F. Gilbert, "Developmental Biology", Sinauer Associates より）

一方，植物極領域には母性因子として Vg1 や **VegT**[*14] が蓄積されている．VegT は FGF や Nodal, Derriere を制御すると考えられ，実際，アンチセンス合成ヌクレオチドで VegT の発現を抑制すると，FGF や Nodal, Derriere の発現が消失する．Vg1 や Nodal などの TGF-β系シグナル因子は背側で発現した Siamois と共同で，シュペーマンオーガナイザーの特異的な転写因子 **Goosecoid** の発現を誘導することが知られている（図 8.5）．

以上をまとめて，現在では図 8.6 のようなモデルが提唱されている．植物極領域には母性由来の VegT や Vg1 が，背側にはβ-カテニンが局在している．VegT は Nodal タンパク質の発現を誘導するが，β-カテニンと共同作用することでその発現量が多くなる．その結果，将来の腹側から背側にか

*14 VegT は T ボックスとよばれるおよそ 200 アミノ酸からなる特徴的な配列をもつ転写因子．T ボックスは，尾（tail）の形成に異常があるマウス変異体 T（brachyury）の原因遺伝子から見つかった共通配列．

けて Nodal タンパク質の濃度勾配ができ上がる．Nodal タンパク質の少ないところでは後述の腹側因子 BMP-4 が強く発現する．背側の Nodal タンパク質の多いところでは，Siamois やほかの体軸誘導分子と共同してシュペーマンオーガナイザーをつくると考えられている．

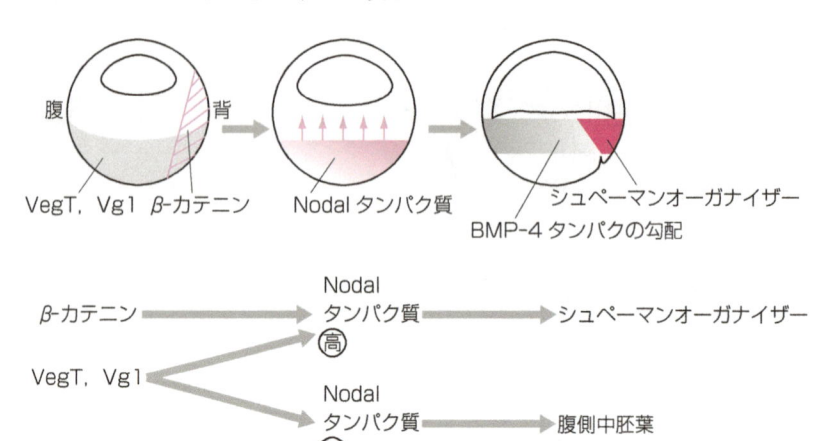

図 8.6　β-カテニンと TGF-β タンパク質による中胚葉誘導モデル
植物極領域の TGF-β タンパク質（VegT や Vg1 など）と背側の β-カテニンにより，Nodal タンパク質の濃度勾配ができる．その結果，腹側では BMP-4 が強く発現し腹側中胚葉が，背側では体軸誘導分子と共同してシュペーマンオーガナイザーが形成される．（Agius ら，2000 などを参考に作図）

8.2　脊椎動物における神経誘導

脊椎動物の背側構造は，原腸陥入による中胚葉組織の再配置と誘導によって形成される．両生類の原口背唇部は原腸胚初期には脊索への自律分化能を獲得している．原口背唇部は胞胚腔の動物極側天井にそって陥入し，自身は**脊索前板**（prechordal plate）[*15] や脊索などの中軸中胚葉に自律的に分化するとともに，近接する外胚葉に働きかけて神経組織を誘導する．この誘導組織がシュペーマンオーガナイザーである．

*15　脊索よりも早く陥入していく部分で，頭部中胚葉となる．

8.2.1　シュペーマンオーガナイザー

原口背唇部の二次胚誘導能は移植実験によって明らかになっている．シュペーマンとマンゴルドは原口背唇部を切り取り，別の胚の腹側に移植したところ，その部分から陥入が始まり，新たな胚軸（二次軸）を形成することを発見した（1.1.1 項参照）．この二次軸の中には神経管，脊索，体節，腎臓，内胚葉などが認められ，二次胚といってもいいほぼ完全な胚体ができていた．詳しい解析の結果，移植片はおもに脊索に分化しており，他の組織は宿主由来の細胞でできていることがわかった（図 8.7）．

8.2 脊椎動物における神経誘導

彼らは，原口背唇部が脊索に分化して胚を形成する能力をもつことから，形成体（オーガナイザー）と名づけた．その後の研究から，脊椎動物全般で，両生類の原口背唇部と相同な領域がオーガナイザー活性をもつことが明らかになっている．魚類では胚盾，鳥類では**ヘンゼン結節**（Hensen's node）[*16]，そして哺乳類では鳥類と同様の構造の**結節**（node）が背側陥入部位にあたり，オーガナイザー活性をもつ（図8.8）．

このオーガナイザーの発見以降，胚発生のいろいろな局面で誘導現象が見つけられているため，この神経誘導のオーガナイザーを他のオーガナイザーと区別してシュペーマンオーガナイザーとよぶ．

[*16] 哺乳類の結節に相当し，両生類の原口背唇部にあたる．

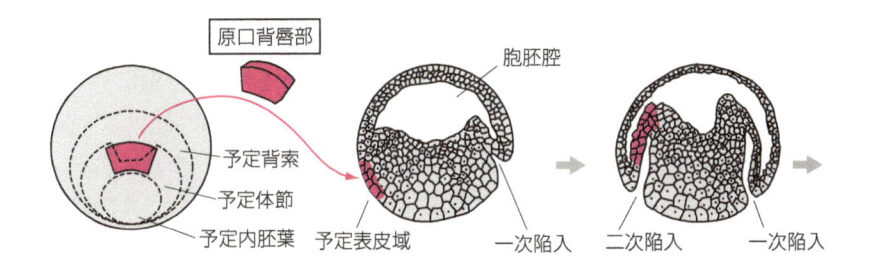

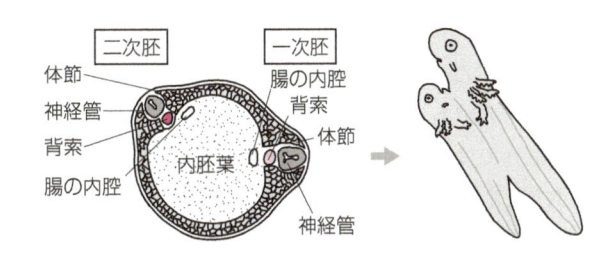

図8.7 原口背唇部の移植による二次胚誘導
二次胚の脊索は移植した細胞から形成され，他の組織はおもに宿主由来の細胞から形成される．(S.F. Gilbert, "Developmental Biology", Sinauer Associates より)

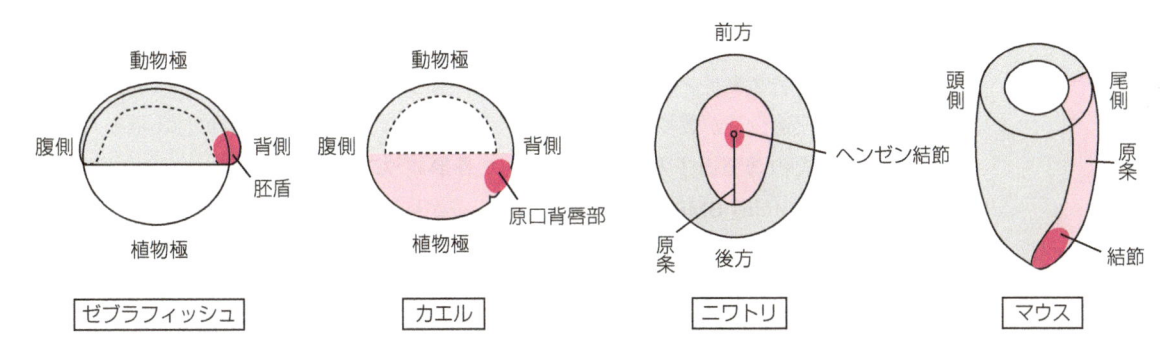

図8.8 ゼブラフィッシュ，カエル，ニワトリ，マウス初期原腸胚におけるシュペーマンオーガナイザー領域

8.2.2 神経誘導因子とその拮抗因子

シュペーマンらの発見以降，オーガナイザーによる誘導現象は発生における主要な問題として多くの研究者を魅了し続けてきた．しかし，原口背唇部は微小であり，そこから分泌される因子も微量であったため，分子的実体に迫ることができなかった．最近になって，分子生物学的な手法によってその実体が明らかになりつつあり，誘導活性の本質が見え始めている．ここでは，シュペーマンオーガナイザー因子の主要な分子として考えられているNogginとChordin，Follistatin，およびそれらに拮抗作用をもつ腹側化因子BMPについて解説する．

(1) Noggin, Chordin, Follistatin

3種類ともシュペーマンオーガナイザー領域で発現する分泌型タンパク質であるが，見つかった経緯はそれぞれ異なる．**Noggin**は，リチウム処理[*17]により背側化した胚と紫外線照射により腹側化した胚を使って，遺伝子の単離に成功している．背側化胚には通常よりも背側因子が大量に発現しているはずであり，そこからRNAを抽出してcDNAライブラリーを作成する．そのcDNAクローンからRNAを合成して，腹側化胚へ注入し，背側構造を回復させる機能をもつものとして見つかった．一方，**Chordin**は，原口背唇部のcDNAライブラリーを背側化胚のmRNAもしくは腹側化胚のmRNAとハイブリダイゼーションさせることで，背側化胚のほうにだけ発現している遺伝子として見つかった．**Follistatin**はアクチビンと結合するタンパク質として見つけられたものである．

3つの因子は，アミノ酸配列では相同性を示さないが，後述のBMPと結合能をもつなど，多くの共通した性質を示す．3種とも初期胚で発現させると二次胚誘導能を示し，アニマルキャップに作用させると中胚葉分化を経ずに直接神経化する能力をもっている．中胚葉誘導因子も二次胚誘導能をもつが，それは中胚葉誘導を介して誘導される．中胚葉誘導により形成された二次軸には脊索が認められるのに対して，神経誘導のそれには認められない．このことから中胚葉誘導と神経誘導は別の誘導現象と考えられている．

(2) BMP

アクチビンが中胚葉誘導能をもつことがわかった後，初期胚で発現する関連遺伝子が数多く単離された．そのなかに，もともとは骨の抽出液から骨形成の誘導因子として精製された**骨形成タンパク質**(bone morphogenetic protein：**BMP**)ファミリーの遺伝子が見つかった．このBMPファミリーはBMP-1[*18]を除くすべてがTGF-βスーパーファミリーに属する．ツメガエルの初期胚では少なくとも3つのBMP(-2，-4，-7)が発現しており，BMP-2とBMP-4は構造的に類似し生物活性はほとんど同じとみなされている．BMP-4を初期胚の背側で発現させると頭部と背側中胚葉の形成が抑

[*17] リチウムイオンはβ-カテニンの分解酵素GSK3βの活性を阻害することで背側化させることが報告されている．

[*18] プロテアーゼの一種．

制され，血球様細胞が大量に形成される．また，アニマルキャップアッセイで，アクチビンによる背側中胚葉誘導を阻害して腹側中胚葉形成を促進する作用や，NogginやChordinによる神経誘導を強く抑制する作用が認められている．さらにドミナントネガティブ型BMP受容体でBMPシグナルを遮断すると，腹側中胚葉の形成が阻害されると同時に，背側中胚葉が形成され，その結果として二次胚が誘導される．これらの結果は，BMPが腹側化因子の機能をもち，アクチビンによる背側中胚葉誘導および神経誘導因子による神経誘導に拮抗する働きをもつことを示している．

8.2.3 デフォルトモデル

BMPは，中胚葉の腹側化因子であると同時に外胚葉の表皮化因子として，背側の非神経領域を決める外胚葉運命決定スイッチの役目をする．また，BMPはNoggin, Chordin, Follistatinすべてと親和性をもち，結合できることが示されている．複合体を形成したBMPは受容体に結合できなくなりその機能が抑制される．ゼブラフィッシュの遺伝学的解析からNogginやChordinの受容体は存在しないことがわかり，神経誘導因子はBMPと結合してその機能を阻害することがおもな役割と考えられるようになっている．すなわち，これらの神経誘導因子は，表皮化因子としてのBMPシグナルを遮断することで神経化をひき起こす（図8.9）．シュペーマンらによるオーガナイザーの発見以降，その誘導因子は能動的に働きかけるものと予想されてきたが，神経誘導因子の発見によって神経誘導は表皮誘導の阻害の結果起こる（すなわち，もともと神経化が起こるもの）という，**デフォルトモデル**（default model）が提唱されるようになっている．

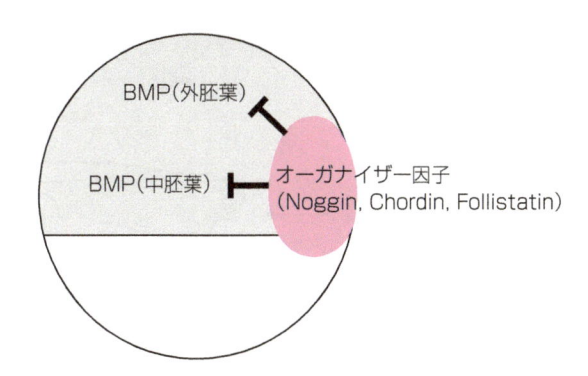

図8.9 神経誘導におけるBMPと拮抗因子によるデフォルトモデル
神経誘導因子Noggin, Chordin, FollistatinはBMPと結合してBMPの腹側化や表皮化を抑制することにより，神経化をひき起こす．

8.3 シュペーマンオーガナイザーの領域特異的な誘導能

シュペーマンオーガナイザーの神経誘導能は，発生が進むにつれて質的に変化することが知られている．原腸胚の発生が進むにつれ，原口背唇部から分化した脊索前板と脊索は胞胚腔の天井にそって進み，動物極背側に**原腸蓋**（archenteric roof）を形成する．マンゴルド（O. Mangold）[19]は，後期原腸胚の原腸蓋を動物極側（前部）から原口背唇部（後部）にそって4つに分け，初期原腸胚の胞胚腔に移植した．その結果，最も前部の断片からは平均体[20]をもつ頭部，次の断片からは平均体や目，前脳などをもつ頭部，3番目の断片からは後脳，そして最も後部の断片からは背側胴部や尾部中胚葉が誘導された（図8.10）．初期原腸胚の原口背唇部は頭部を含む完全な二次胚を誘導できるのに対して，後期原腸胚では原口背唇部はすでに胴部もしくは尾部しか誘導できず，原腸蓋も前部から後部にかけて頭部，胴部といった領域特異的な誘導を示すようになるのである．このような誘導能の質的な変化に対応して，この時期のオーガナイザーを，頭部組織を誘導できる**頭部オーガナイザー**（head organizer）と胴部を誘導する**胴部オーガナイザー**（trunk organizer）とに区別してよんでいる．また，最近の研究から尾部を誘導する**尾部オーガナ**

[19] H. Mangold の夫，シュペーマンの弟子．

[20] 大部分の有尾両生類において認められる幼生器官の一種．目とえらの間の左右に認められる外胚葉性の棒状の突起．

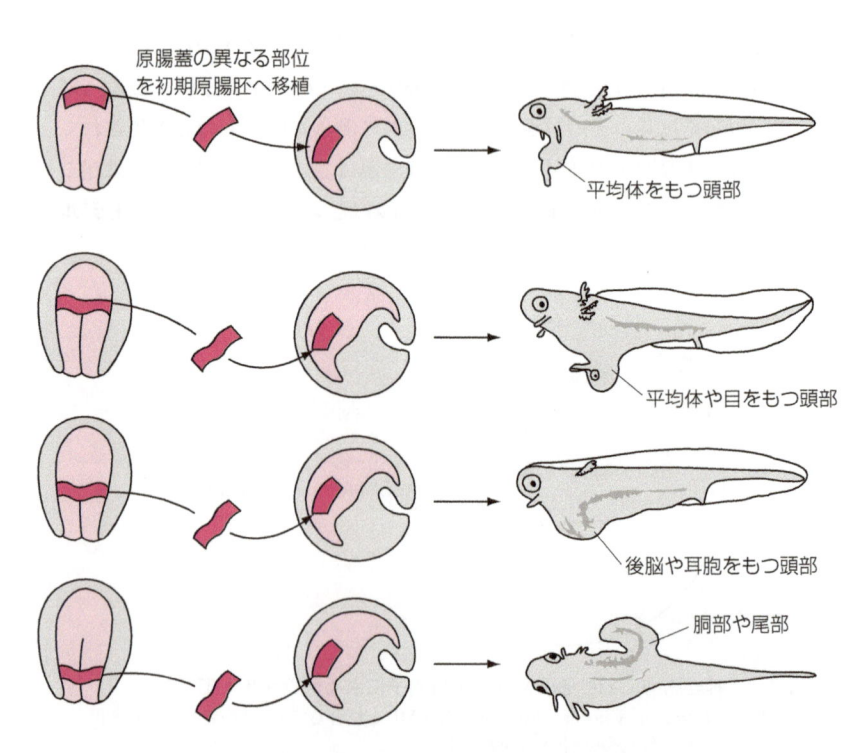

図8.10 イモリ原腸胚後期における領域特異的な二次胚誘導
後期原腸胚の原腸蓋において前部領域は頭部を，後部領域は尾部を誘導する傾向が強い．（Mangold, 1933 より）

イザー（tail organizer）の存在も見つかっている．さらに，オーガナイザーの誘導能の変化は両生類だけでなく，魚類や鳥類でも明らかにされている．このような機能の異なるオーガナイザーが単独あるいは複合的に誘導することにより，最終的には前後軸にそって明瞭な部域性をもつ脊椎動物の背側構造が形成されてくるのだろう．

Column

脊椎動物は仰向けのエビ？

　19世紀前半（ダーウィンの「種の起原」よりも前）に活躍したサン＝チレール（E. G. Saint-Hilaire）という人物は，オマールエビの軟組織の比較解剖学から，背腹軸における中枢神経・体幹筋・腸管・心臓の順は節足動物と脊椎動物で逆転しており，その意味で脊椎動物はエビを仰向けに歩かせているようなものだ，と主張したそうである．しかし，この主張は当時解剖学の権威であったキュヴィエ（G. L. Cuvier）にこてんぱんに批判されてしまったという．一世紀半の後，分子生物学を用いた研究からこの主張があながちまちがいではなかった証拠が見つかっている．シュペーマンオーガナイザーではNoggin, Chordinといった背側化因子が腹側化因子のBMP4と拮抗作用する．ショウジョウバエでも，chordinの相同遺伝子sog（short gastrulation）とBMP4の相同遺伝子dppが見つかり，その拮抗関係で背腹軸が決まることがわかったのである．興味深いことに，その発現はアフリカツメガエルと逆転しており，ショウジョウバエの初期胚では背側でdpp，腹側でsogが発現する．しかし，ChordinとSogはどちらも神経化因子として働き，脊椎動物では背側に，節足動物では腹側に中枢神経が形成される．おそらく，Chordin-SogとBMP4-Dppの拮抗関係は進化的に非常に古い時代に確立され，動物界全般で背腹軸のパターン化に利用され続けてきたのだろう．

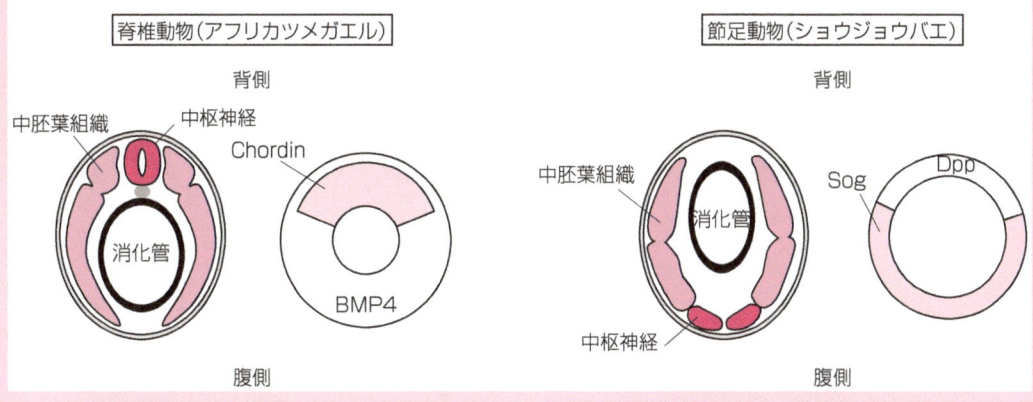

脊椎動物と節足動物における背腹軸構造とChordin-Sog, BMP4-Dppの発現パターン

練習問題

1. 中胚葉誘導を起こさない変異体が見つかったとする．この変異体では中胚葉誘導因子に異常があるのか，その受容体遺伝子に異常があるのかを調べる実験を考案して，その結果と導きだせる結論を考察しなさい．

2. 神経誘導を起こさない変異体が見つかったとする．この変異体では神経誘導因子に異常があるのか，その拮抗因子の遺伝子に異常があるのかを調べる実験を考案して，その結果と導きだせる結論を考察しなさい．

3. ニューコープセンターの成立に表層回転は必要かを考察しなさい．

4. 誘導因子の同定には，アニマルキャップアッセイのように外からその因子を与えて誘導現象をひき起こす実験のほかに，その誘導因子が欠損した突然変異個体で誘導に異常が起こる結果も不可欠である．なぜか考察しなさい．

5. 二次胚を誘導する未知の因子を見つけたとする．この因子が中胚葉誘導活性をもつのか神経誘導活性をもつのか調べる方法を述べなさい．

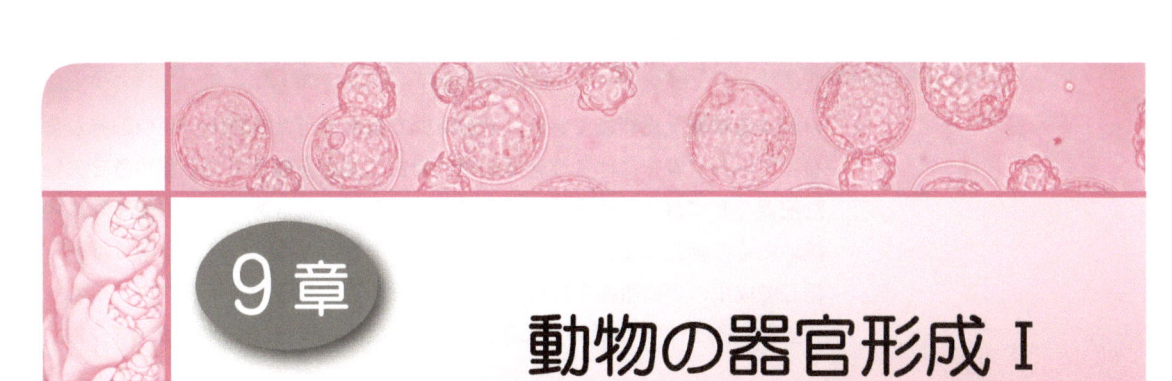

9章 動物の器官形成 I
眼の形成にみる昆虫と脊椎動物の違い

　7章では，ショウジョウバエにおける遺伝子主導型ともいうべき遺伝子の階層的制御による形づくりを見た．一方8章では，脊椎動物において，細胞間あるいは組織間の誘導作用によりしだいに複雑な構造が形成されることを学んだ．9章と10章では，初期発生過程で確立された土台により複雑な形づくりが達成される**器官形成**(organogenesis)を見ていく．9章は，ショウジョウバエにおける成虫原基から複眼の形成と，脊椎動物における中枢神経系の成立とその誘導による眼の形成について述べる．10章は，哺乳類における四肢の形成を述べ，併せて，性によって異なる形態を示す生殖巣の成り立ちについてふれる．こうした器官形成においても，それぞれの生物あるいは器官によって達成される形づくりの違いや共通性を見てほしい．

9.1　ショウジョウバエにおける器官アイデンティティー

　ショウジョウバエ成虫の表面構造，触角，複眼，脚，平均棍(平衡を保つ器官)，翅，生殖器などの器官は，幼虫の段階で**成虫原基**(imaginal discs)として認められる(図9.1)．成虫原基は円柱状の上皮細胞が一層に立ち並んだ

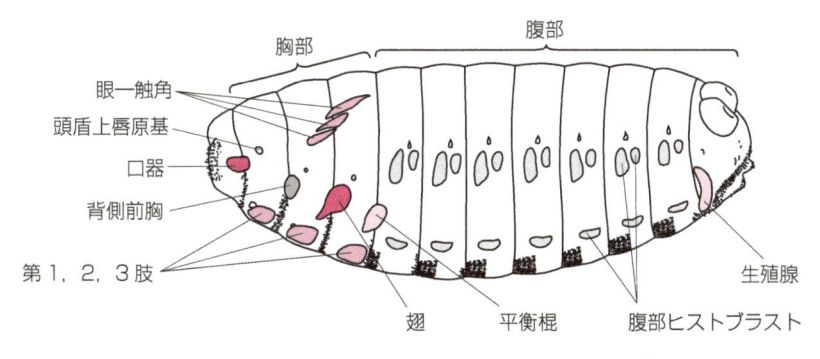

図 9.1　ショウジョウバエ後期胚における成虫原基

いわゆる単層上皮組織であり，1齢幼虫では原基当たり30～80の細胞からなっている．厳密には各細胞は比較的自由に高さを違えてやや整然さを欠いた配置をしており，偽重層上皮組織とよばれることもある．その後，幼虫組織の多くの細胞は変態過程でアポトーシスをひき起こし，成虫原基は増殖分化して成虫の表面組織を形成する．これらの成虫原基のアイデンティティー（7.2節参照）がごく少数の調節遺伝子に規定されていることがわかっている．

9.1.1　ホメオドメインをもつ転写調節因子の役割

ショウジョウバエの体節は少数の転写調節因子群が階層的に発現制御を受けることで形成される．これは一見複雑に見える発生分化過程が少数の調節遺伝子によってシンプルに支配されている可能性を最初に示したものである．事実，その後の研究の広がりにより，このような少数のマスター調節遺伝子による発生分化制御は，植物の花器官形成[*1]や，線虫の前腸形成[*2]，哺乳類の筋肉細胞分化や心臓形成，腎臓形成[*3]などでも認められている．特筆すべきことは，ホメオドメインをもつ転写調節因子にこのような調節機能が付与されていることが多い点である．おそらく，この種のタンパク質は，単に転写因子として特定遺伝子の転写を制御するという性質だけでなく，発生において不可欠な複数の遺伝子群の協調的発現制御や自身へのフィードバック制御[*4]などを効率的に果たせる性質をももっているのだろう．

9.1.2　複眼のマスター調節遺伝子

複眼（compound eye）形成の研究から，器官のアイデンティティー確立にAntp-CやBx-Cとは異なるホメオドメインタンパク質が関与することが示されている．*eyeless*（アイレス）は複眼が形成できない突然変異体の原因遺伝子として同定された遺伝子で，ホメオドメインをもつ転写因子をコードする．この遺伝子は，胚発生期11時間目ごろに，頭部背側上皮に分布する10以上の細胞に発現し，同時にその細胞が上皮から陥入して複眼触角原基をつくる．さらに，*eyeless*を翅や肢など本来働かない場所で異所的に発現させると，そこに複眼を形成することが実験的に確かめられている（図9.2）．したがって，*eyeless*遺伝子は複眼形成に必要な遺伝子群の上位で働き，複眼原基のアイデンティティーを確立するものと考えられる．こうした研究から，このような役割を担う遺伝子を**マスター調節遺伝子**とよぶようになった．

興味深いことに，*eyeless*の相同遺伝子が脊椎動物にも存在する．後述のPax-6という転写因子がそれで，眼の形成に不可欠であることが知られている．ハエの複眼と脊椎動物の眼は形態形成の過程もその構造も大きく異なるが，共通のマスター調節遺伝子を使用しているのである．実際，マウスの*pax-6*遺伝子をハエの*eyeless*突然変異体に導入すると，そのハエは眼を正

[*1] MADSボックス転写調節因子群（2.4.3項参照）による制御が知られている（13.2.2項参照）．

[*2] 転写因子*pha-4*による制御が知られている．

[*3] 筋肉細胞分化では転写因子*myoD*，心臓形成では転写因子*Nkx2.5*，腎臓形成では転写因子*Sall1*による制御が知られている．

[*4] フィードバックによって制御量の値を目標値に一致させるように訂正動作を行うこと．生物システムにおいてよく認められる制御機構．たとえば，ある代謝産物がその生産に働く酵素遺伝子の発現を抑制する場合（フィードバック抑制）などがある．

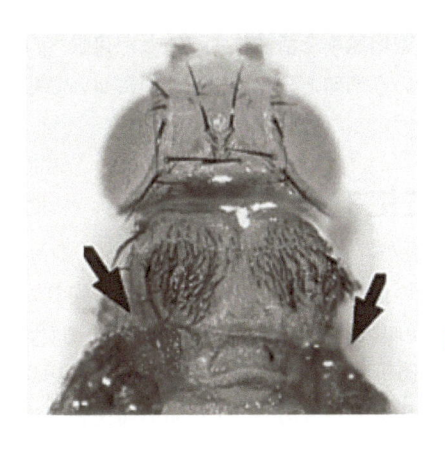

図9.2 *eyeless* 遺伝子の強制発現によって胸部にできた複眼
矢印の部分が複眼．口絵にカラー写真あり．

常に形成する．おそらく，脊椎動物と節足動物の先祖が分かれる前から光受容組織を形成するためのマスター調節遺伝子として機能していたのだろう．

9.1.3 器官アイデンティティーの決定

ショウジョウバエではほかにも，肢や**触角**（antenna）を規定する *Distal-less* や *homothorax*，翅を規定する *vestigial* などのマスター調節遺伝子が次々に明らかにされた．これらの器官のアイデンティティー決定に関する分子反応経路は，*eyeless* をモデルとして非常に詳しく研究されている．Eyeless と前後して働く転写因子のヒエラルキーが明らかになっているほか，アイデンティティー決定の時点で，Notch や Hedgehog（Hh）などのシグナル分子が関与することがわかっている（図9.3）．さらに，触角と複眼のどちらかを選択

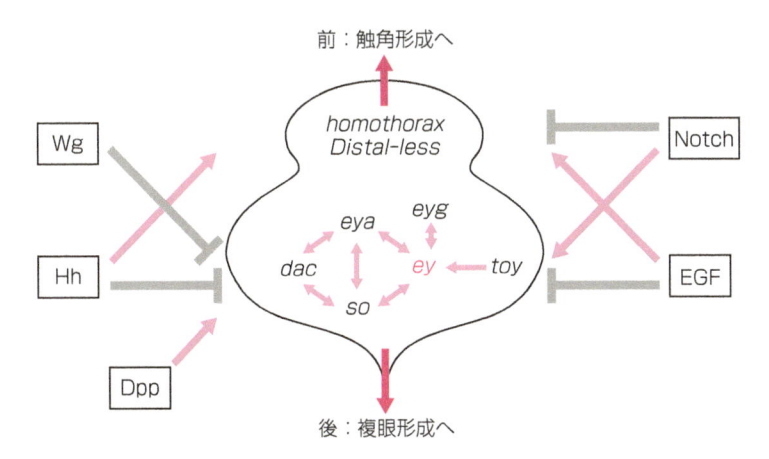

図9.3 *eyeless*（*ey*）とともに働くシグナルと転写因子
ひょうたん形の複眼触角原基のうち，上半分は触角に，下半分は複眼になる．*ey* から赤い矢印で結ばれた各因子は，*ey* とともに働き，複眼のアイデンティティー確立に寄与する転写調節因子．

する二分岐の際に，ある速度以上に細胞増殖率を活性化することが複眼への
アイデンティティーを決定づける，という増殖と分化の相互作用についても
明らかとなっている．

9.2　ショウジョウバエにおける複眼形成

　多くの昆虫は複眼をもち，それは個眼という小さな目の複合体である．ショウジョウバエの場合，複眼は約800個の個眼が蜂の巣状（六方格子）に並ぶことによって成っており，おのおのの個眼は22個の細胞からできている（図9.4）．ショウジョウバエ（猩々蠅）の名の由来となっている複眼の鮮やかな赤色は色素が各個眼の間に六方格子状に沈着したもので，各個眼の間に光が漏出して情報が混合してしまうのを防いでいると考えられている．このように微細な組織（個眼）が幾何学的に精密に繰り返される構造は，ショウジョウバエの他の器官ではもちろん，他の動物の器官にも見られない．

　複眼は発生メカニズムが詳細に解明されてきた代表的な材料である．その理由として，次のことなどが挙げられる．

① 複眼の結晶的構造が軽微な形態異常を増幅して可視化させるので，遺伝子機能の微弱な変化を鋭敏に反映すること
② 複眼は生命維持に必須の器官ではなく，どのような異常が生じても個体は生存して成虫まで至ること
③ 特殊な形態にもかかわらず，それを制御するさまざまな遺伝子は複眼特

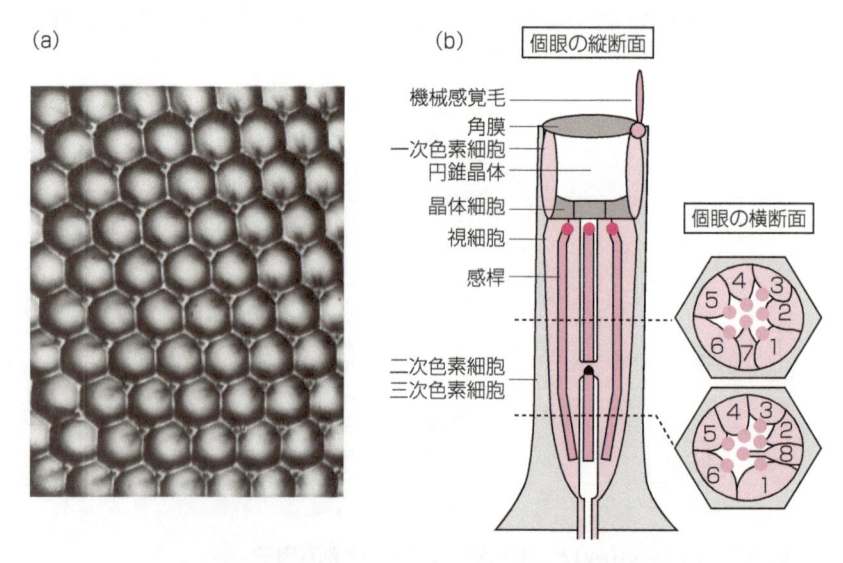

図9.4 ショウジョウバエの複眼における六方格子状の個眼の並び(a)と，個眼を構成する細胞(b)
〔(b)は，澤本和延，岡野栄之，御子紫克彦，『実験医学増刊号 Vol.11 No.12』，羊土社(1993)より〕

異的なものではなく，むしろ多くの動物の器官発生において普遍的な形態形成・増殖分化シグナルが活用されていること

9.2.1 複眼の形態形成

3齢幼虫の初期に，複眼原基の後端に形態形成溝という背腹方向の溝がひとつでき，これが徐々に前方に向かって移動して，蛹初期までの2日間のうちに複眼原基全体を通過する．この溝の真下では偽重層上皮の厚みが圧縮されており，各細胞の高さが揃って細胞間相互作用が活性化されていると考えられる．そしてこの溝の通過直後から細胞分化が起き始める（図9.5）．したがって，複眼原基の前方は未熟で後方は成熟しているといった発生ステージの勾配が存在しているところがユニークな特徴である．実際，各個眼には8個ずつの光受容神経細胞（R1–R8）が存在するが，形態形成溝から後方へ向かって，これらを徐々に分化させてゆく個眼の前駆体（プレクラスター）が並ぶ．形態形成溝に近い位置から順にR8，R2/R5，R3/R4，R1/R6そして最後にR7という順序で光受容神経細胞が分化していく．R1〜R6細胞はヒトの桿体細胞[*5]に相当し，R7とR8がヒトの錐体細胞[*6]に相当する．この分化は細胞系譜とは無関係で，分化途上の細胞が隣接する未分化細胞に働きかける細胞間相互作用によって規定される．また，細胞増殖制御という点では，やはり細胞間相互作用の結果，形態形成溝の真上でG1期に斉一化されており，その前後で1回ずつほぼ同調化した細胞分裂が観察される．

[*5] 脊椎動物の網膜を構成する視細胞のひとつ．視物質を含む外節が桿状をしているのでこの名前がついている．

[*6] 桿体細胞とともに網膜を形成する細胞のひとつ．視物質を含む外節が円錐状をしているのでこの名前がついている．

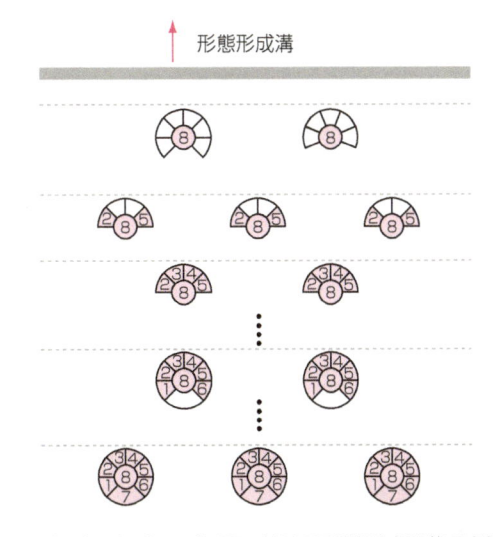

図9.5 ショウジョウバエの複眼における形態形成溝後ろ側の細胞分化
形態形成溝は矢印方向へ進む．数字は光受容細胞の型を示す．

9.2.2 複眼形成における細胞間相互作用

複眼形態に異常を見せる突然変異体やエンハンサートラップ[*7]突然変異体，さらに，ある突然変異体と遺伝的相互作用[*8]をする突然変異体の遺伝子解析から，細胞間相互作用を担うシグナル分子が多数同定されている．

(1) Sevenless

Sevenlessは膜貫通型の受容体チロシンキナーゼであり，多くの光受容神経細胞の前駆細胞(R3/R4, R7, R1/R6)と，レンズをつくる非神経細胞の円錐細胞で発現している．この受容体のリガンド[*9]は膜結合型のBride of Sevenless(Boss)で，拡散しない．BossはR8細胞のみで発現するため，R8細胞と接触するR7細胞でのみSevenlessが活性化し，紫外線感受性のロドプシン(ロドプシン3とロドプシン4)[*10]を発現させる．このために昆虫は紫外領域を見ることができる．一方，*sevenless*や*boss*の突然変異体ではSevenlessが活性化されないためR7細胞は円錐細胞になってしまい，紫外領域を見ることができない．

R7細胞とR8細胞の場合のように，細胞間でどの遺伝子がどう働いているのかという問題は，それぞれの因子の突然変異体と野生型との遺伝的モザイク(4.3.2項参照)個体をつくることによって答えをだすことができる．たとえばR7細胞以外の細胞が*sevenless*突然変異体となっているモザイク状態(*boss*はすべての細胞で正常)を局所的につくり上げると，R7細胞におけるロドプシン3と4の発現量は変わらないことが組織観察からわかるので，R7細胞以外の細胞ではSevenlessは必要ないことが証明される．

(2) Notch

形態形成溝の後ろ側に導かれる個眼のプレクラスター800個は，整然とした六方格子をつくるために適切な間隔を保ってつくられるべきで，混み過ぎていても空きすぎていても正常な個眼の配置をつくれない．その調節に効くシグナル分子のひとつが**Notch**で，細胞膜結合型リガンドDeltaやSerrateの受容体である．Notchの突然変異体ではプレクラスターの距離が近いものが現れて間隔にばらつきが生じ，個眼配列の整然さが失われる．このような細胞間シグナルの機能を**側方抑制**(lateral inhibition)[*11]とよぶ．側方抑制は，隣接細胞が自分と同じ細胞にならないように防ぐしくみで，他の組織でも神経細胞を一定間隔でつくる際などに重要な役割を果たし，Notchがその中心的役者である．複眼におけるNotchにはさらに別の役割も知られている．ひとつは，形態形成溝のすぐそばでR8細胞を分化させる働き，もうひとつは，より分化の進んださらに後の領域において背側と腹側の個眼の向きが対称になるように回転させる働きである．

(3) Hedgehog(Hh)

分泌タンパク質**Hedgehog(Hh)**は形態形成溝の後方で発現し，前側に

[*7] エンハンサーの近くに外来遺伝子が挿入されると，その支配下で転写が制御されることがあり，エンハンサートラップとよぶ．遺伝子発現を検出しやすいリポーター遺伝子をトランスポゾンに組みこみ，ゲノム中を転移させて個々の系統を確立し，遺伝子発現を検出できる．

[*8] ある遺伝子の突然変異体表現型の程度が，他の遺伝子の突然変異によって影響されること．緩和させるものを抑圧突然変異(サプレッサー)，悪化させるものを増強突然変異〔エンハンサー(遺伝子発現を調節するエンハンサーとは異なる)〕，両者を合わせて修飾突然変異(モディファイヤー)とよぶ．

[*9] リガンドはあるタンパク質と特異的に結合する物質のことをいうが，慣用的に受容体に結合して刺激を与える分子に対して使う場合が多い．タンパク質の場合と有機化合物の場合とがあり，後者の場合，アゴニストとよぶこともある．拮抗する物質はアンタゴニストとよぶ．

[*10] 明暗の識別(薄明視を含む)に関与する視細胞に含まれる視物質のひとつ．

[*11] たとえば，ショウジョウバエのニューロブラスト(神経芽細胞)の分化では，未分化細胞のなかからニューロブラストに分化した細胞が周りの細胞へニューロブラスト分化抑制シグナルをだす．その結果，ニューロブラストにならなかった細胞は表皮に分化する(4.1.2項参照)．

拡散して形態形成溝の上に Dpp の発現を誘導する．この Dpp 発現（すなわち形態形成溝）が前方へシフトしてゆくのに必要であり，これが起きないと複眼は最終的には分化しないが，溝の後方ではもはや Hh シグナルは必要とされない．Dpp は，形態形成溝の細胞を G1 期で停止させるために，細胞周期の斉一化と以後の細胞分化のタイミングに必要であるが，やはり溝の後方では必要とされない．一方 Wg シグナルは，溝の背腹末端付近で発現し，Hh シグナルと拮抗して溝の前側への進行を適度に抑え，早熟分化を防いでいる．

9.3 脊椎動物における中枢神経系の形成

一方，脊椎動物ではシュペーマンオーガナイザーからの誘導により背側に**中枢神経系**（central nervous system）が，さらにその中枢神経系の誘導により眼などの器官が順次形成される．中枢神経系は脳と脊髄からなり，外胚葉に由来する**神経板**（neural plate）から形成される．神経板が現れた時期から**神経管**（neural tube）が形成されるまでの時期を**神経胚**（neurula）とよぶ．

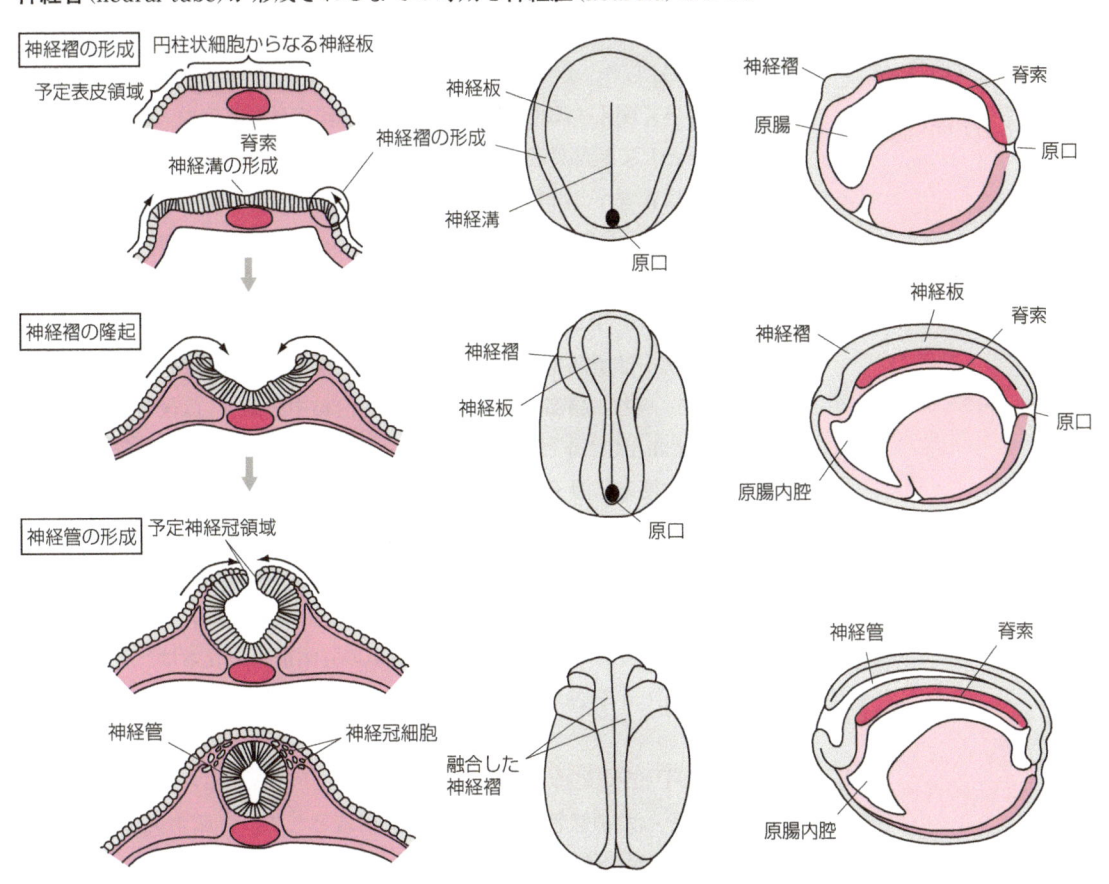

図 9.6 アフリカツメガエルにおける神経管の形成
は外胚葉，は中胚葉，は内胚葉．

原腸形成運動の結果，脊椎動物では背側正中線に脊索をもつ構造となる．胚表層の外胚葉細胞は裏打ちする脊索中胚葉により誘導を受け，胚の背側表層に明瞭な板状の構造をもつ神経板をつくる．発生が進むとともに神経板の周囲の外胚葉が隆起して神経褶（しゅう）となり，まもなく両側の神経褶が背方正中で合わさることにより神経管となる（図9.6）．この神経管は，前後軸にそったパターンと背腹軸にそったパターンをもち，それぞれ異なる因子によって誘導されることがわかり始めている．

9.3.1 中枢神経の前後軸のパターン化

中枢神経系は前後軸にそって，前から**前脳**(forebrain)，**中脳**(midbrain)，**後脳**(hindbrain)，**脊髄**(spinal cord)といった領域特異性を示す．この前後軸にそったパターン化は，原腸陥入以前にすでにオーガナイザーの2つの領域として始まっている．予定脊索前板域はホメオボックス遺伝子の*goosecoid*(*gsc*)で特徴づけられ，オーガナイザーの深部に認められる．一方，予定脊索域は別のホメオボックス遺伝子 *Xnot* もしくは *floating head*(*flh*)*12 で特徴づけられ，オーガナイザーの外側に認められる．原腸形成運動によって最も早く陥入する頭部内胚葉とそれに続く脊索前板の一部は頭部オーガナイザーとして頭部外胚葉に作用し，頭部神経系を誘導する．遅く陥入した細胞集団は脊索へと分化し，胴部オーガナイザーとして胴部の中枢神経系を誘導する．

このような前後軸のパターン化を規定する因子として，頭部誘導因子と後方化因子が見つかっており，ここでもそれらの因子が拮抗作用をもつ．頭部オーガナイザーは頭部誘導因子として Cerberus や Dickkopf-1 タンパク質を分泌する．一方，胴部オーガナイザーや沿軸中胚葉*13 は後方化因子として Wnt，Nodal，FGF などを分泌する．Cerberus は Wnt や Nodal に対して結合能をもち，後方化因子と拮抗する．さらに，Cerberus は BMP とも結合してその作用を阻害できるため，後方化を抑制し，かつ神経誘導を促進しているらしい．Dickkopf-1 は Wnt と拮抗するが，BMP に拮抗する能力はもたず，他の因子と協調して後方化を抑制すると考えられている（図9.7）．

また原腸形成の間，オーガナイザー由来の脊索前板と脊索は，神経誘導因子である Chordin や Noggin を分泌し続け，背側外胚葉を神経化している．

9.3.2 中枢神経の背腹軸のパターン化

背腹軸にそった神経管の部域特異的な構造として，背側中央に**蓋板**(roof plate)，その両側には**翼板**(alar plate)*14，その腹側に**基板**(basal plate)*15，そして脊索に近接する最も腹側には**底板**(floor plate)が位置する．原腸形成初期から神経板と脊索は近接し，底板は神経管の腹側，脊索のすぐ上に現れ

*12 アフリカツメガエルでは *Xnot*，ゼブラフィッシュでは *floating head*(*flh*)とよばれている．

*13 脊索の両側に位置する中胚葉．

*14 感覚神経細胞群が発生する．

*15 運動神経が発生する．

9.3 脊椎動物における中枢神経系の形成

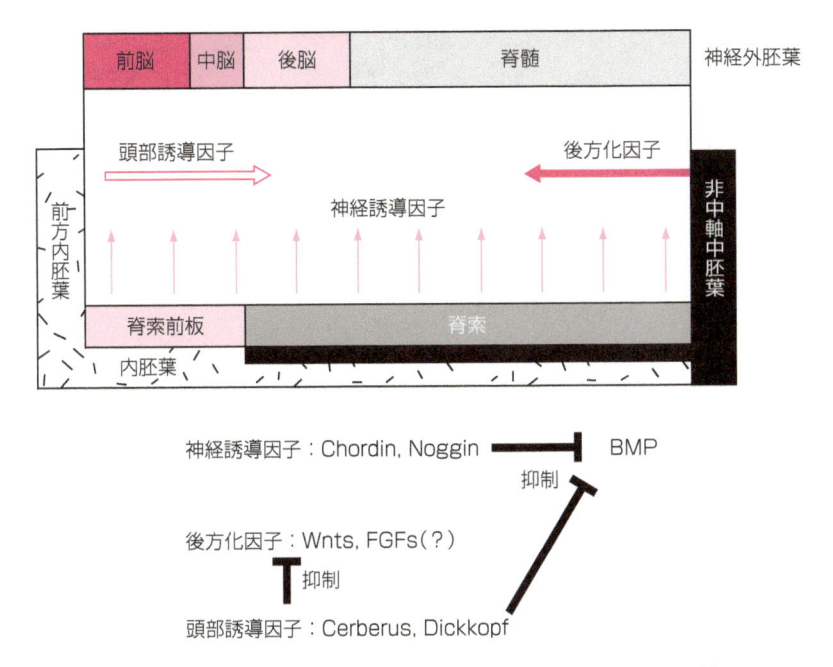

図9.7 中枢神経の前後軸形成に関与するシグナル分子とその働き
図は武田洋幸博士の好意による.

る. 脊索を取り除くと未分化な神経管から底板ができないことと, 逆に, 脊索の移植により未分化な神経管から底板が異所的に誘導されてくることが, ニワトリ胚において確かめられている. また, 基板由来の運動神経も移植した脊索から一定距離離れたところに誘導されてくることも確認されている. すなわち, 神経管の腹側構造は, 脊索から分泌される誘導因子によって濃度依存的に, 高濃度では底板, 低濃度では基板が誘導される.

sonic hedgehog(*shh*)[*16] は, ショウジョウバエ *hedgehog* 遺伝子の脊椎動物における相同遺伝子として見つけられた. この遺伝子は脊索で発現している. 遺伝子導入により Shh を高発現させた培養細胞を未分化神経管と共培養したところ, 底板と運動神経を誘導した. 発現パターンの解析や他の実験的証拠から *shh* は神経管の腹側化を誘導する主要因子と考えられている.

一方, 神経管の背側中央は表皮に接する神経板が合わさって閉じて形成される. 表皮は BMP-4 や BMP-7 を発現しており, これらの BMP タンパク質が背側領域で特異的な遺伝子の発現を誘導することが知られている. 神経管閉鎖後も背側領域は BMP-4,7 を発現し続けるとともに, Dorsalin とよばれる別の TGF-β スーパーファミリータンパク質を発現するようになる. これらの因子は背側の神経冠細胞[*17]などを誘導する活性をもつ. BMP や Dorsalin の神経冠細胞の誘導は Shh の存在で抑制され, Shh による神経管の腹側化の誘導は多量の BMP や Dorsalin で抑制される. 神経管の背腹のパター

[*16] ショウジョウバエの相同遺伝子がクローニングされたときに, コンピューターゲームのキャラクターにひっかけて, ソニックヘッジホッグという名前がつけられた(10.1.3項参照).

[*17] 神経褶に由来し, 感覚神経系および自律神経系のニューロンとグリア, 副腎髄質, 色素細胞, 頭部の骨格組織などへ分化する(10.1.6項参照).

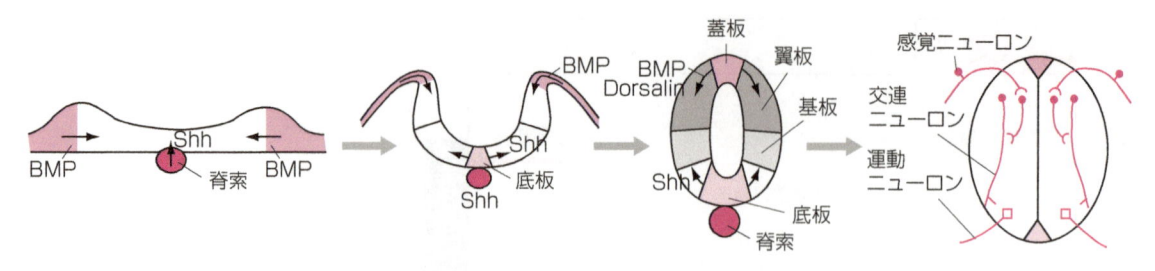

図9.8 神経管の背腹軸形成

ン化はShhとBMPの拮抗作用によりもたらされると考えられている（図9.8）．

9.4 脊椎動物における眼の形成

神経管の前方では3つの膨らみが生じ，前脳，中脳，後脳が形成される．これらの中枢神経系は表皮に働きかけ，肥厚した外胚葉性**プラコード**（placode）を誘導する．眼は前脳と水晶体プラコードから，鼻は前脳と鼻プラコードから，耳は後脳と耳プラコードから形成される．ここでは，神経管による表皮への誘導作用の代表例として，長い研究の歴史をもつ眼の形成を見ていく．

眼の形成は前脳両側の嚢状のふくらみに由来する．このふくらみは**眼胞**（optic vesicle）へと成長し，水晶体プラコードを誘導するとともに，陥入して二層性の**眼杯**（optic cap）を形成する．眼杯に接する水晶体プラコードは陥入して**水晶体**（lens）を形成する．眼杯の内層は**感覚網膜**（sensory retina）となって，光受容器（桿体細胞と錐体細胞）とニューロンを形成し，外層は網膜色素上皮（pigmented retina）となる．脳から眼杯に伸びている管には後に視神経が通るようになる（図9.9）．

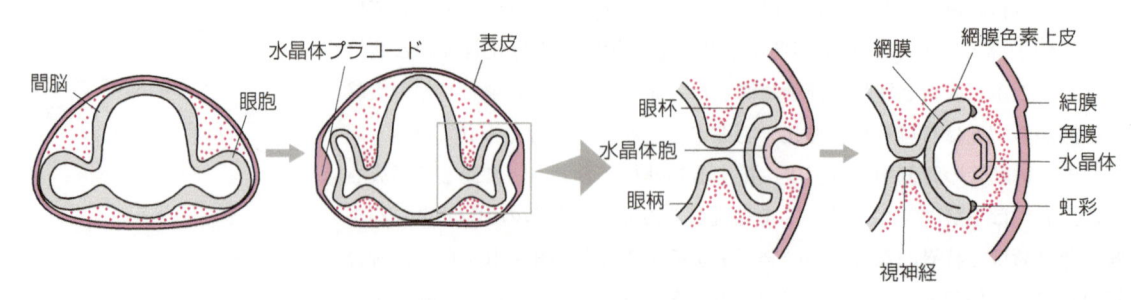

図9.9 眼の形成
（Slack, 2001などを参考に作図）

*18 α，β，γ，δなどの複数クラスからなり，脊椎動物の多くはα，β，γ-クリスタリンから，鳥類と爬虫類はα，β，δ-クリスタリンから構成される．

水晶体ではクリスタリン[*18]とよばれる可溶性タンパク質が盛んに合成されるため，このタンパク質を水晶体の分化マーカーとして詳しい解析が進め

られてきた．こうした研究から，ニワトリのδ1-クリスタリン遺伝子は，眼胞の誘導に伴って水晶体プラコード形成とともに発現され始め，最も初期に発現するクリスタリン遺伝子であることが明らかとなっている．このδ1-クリスタリン遺伝子の全長を含むゲノム DNA をマウス初代培養細胞へ導入したところ，水晶体細胞で特異的に発現することが認められた．このことは，このゲノム DNA の中に水晶体で特異的に発現するために必要な配列があり，それはマウスとニワトリで保存されていることを意味する．その後の解析から，この遺伝子の第3イントロンに水晶体特異的な発現を制御するエンハンサー（2.3.1 項参照）が見つかり，さらに，そのエンハンサーに結合するタンパク質の解析から2つの転写因子 Sox2 と Pax-6 が見つかっている．Sox2 は DNA 結合領域として HMG（high mobility group）ドメイン[19]をもつ転写因子で，Sox ファミリーに属する．Pax-6 はホメオボックスモチーフをもつ転写因子で，Pax 遺伝子ファミリーのメンバーのひとつである．ヒトの遺伝性無虹彩症や，マウスの眼がまったく形成されない突然変異体 *small eye* の原因遺伝子で，最初に見つかった眼の形成に必要な遺伝子として知られている．

水晶体形成過程では，*pax-6* は水晶体誘導が起こる前から，予定水晶体領域を含む広範囲の頭部外胚葉で発現している．眼胞が頭部外胚葉に接触すると *sox2* が接触領域で強く発現する．*pax-6* と *sox2* をともに発現している領域が肥厚して水晶体プラコードになる．水晶体プラコードの陥入に伴いこれら2つの転写因子が協調して働き，δクリスタリンが発現するようになる．

*19 酸可溶性の非ヒストンタンパクのうち，電気泳動において高移動を示すタンパク質から見つかった相同性の高い領域（10.3 節参照）．

練習問題

1. 9.3.2 項で，底板が脊索により誘導されることを述べた．移植操作により別の脊索を本来の脊索の近くに植えた場合，底板は2つできるだろうかあるいは1つの大きな底板ができるだろうか．またそのとき基板とそれに由来する運動神経はどのように誘導されてくるのか考察しなさい．

2. ショウジョウバエの複眼と脊椎動物の眼は相同器官ではないが，*eyeless* と *pax-6* の相同遺伝子がマスター調節遺伝子として働いている．このことから，これらのマスター調節遺伝子が複眼や眼の形成にどのような役割をもつと考えられるか述べなさい．

3. マウスで眼の形成に異常をもつ突然変異体が見つかった．この原因遺伝子が *pax-6* の制御下（下流）にあるのか，*pax-6* を制御する（上流）のものなのかを調べる方法を考察しなさい．

10章 動物の器官形成 II 四肢と生殖腺の形成

この章では，動物の発生過程において，最も研究が進んでいる肢形成および生殖腺形成について見ていく．

10.1 肢形成

肢は独立器官であり，胚全体に影響をおよぼすことなく実験操作が可能であるため，パターン形成のモデル系としてさまざまな知見が得られている．

10.1.1 四肢の発生

前肢と後肢をそれぞれ一対ずつもつ四足動物の間では，四肢の発生過程はきわめてよく似ている．将来四肢になる部位は，**肢芽**[*1](limb buds)とよばれ，胎子の体側に出現する．初期の肢芽は，間葉[*2]の塊を表皮がおおっている構造をとり，それが体から外に向かう方向（近位−遠位軸）に伸張し，その構成細胞が骨や筋肉に分化することによって四肢形成が進行する．四肢の骨格構造と結合組織のすべては肢芽の間葉から形成されるが，筋形成は，肢芽の成長が運命づけられる直前に，筋節[*3]から肢芽へ移動してくる筋芽細胞が発生中の肢芽に定着することによって行われる．その移動を誘導する化学的シグナルは，**肝細胞増殖因子**（hepatocyte growth factor：HGF）と考えられている．このことは，次の実験的根拠に基づいている．

① HGF は肢芽形成前の間葉で発現しており，そのレセプターである c-Met は筋節で発現している．
② *hgf* や *c-met* 遺伝子ノックアウトマウスの胎子では，肢芽への筋芽細胞の移動が起こらないので肢芽には筋が発生しない．

四肢の形成には，近位−遠位軸にそった発生過程のほかに，肢の第1指から番号の多い方向（ヒトの場合，親指から小指に向かう方向）に至る軸（これ

[*1] 発生初期の肢．体側に芽状に突出し，内部は側板中胚葉に由来する間葉からなり，表面は後に表皮に分化する外胚葉でおおわれている．

[*2] 細胞外基質に埋もれている細胞集団．細胞どうしがたがいにふれ合うことはあっても密接に接着することはない．胚の大部分を占め，繊維芽細胞，脂肪組織，平滑筋，骨格組織などを形成する．

[*3] 体節の背側部分に位置する皮節の内側にあり，筋芽細胞とよばれる増殖性の細胞集団からなる．筋節は，いくつかの筋芽細胞の小集団に分かれて分節化した骨格筋を形成し，その後隣接する肢芽にも移動して四肢の筋肉を生じる．

は体の前後軸に相当する）や，手の甲側から掌側に向けての軸（体の背側－腹側軸に相当する）にそった発生過程が含まれる（図10.1）．したがって，四肢の形成はそれぞれの軸にそったパターン形成としてとらえることができる．

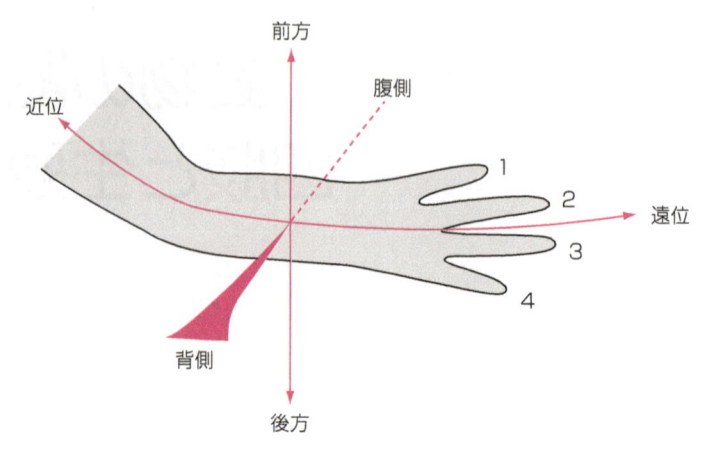

図10.1 肢の解剖学的軸

10.1.2 肢の近位－遠位軸にそったパターン形成

肢芽形成は，体側の側板中胚葉[*4]の円状領域である肢フィールド[*5]の隆起から始まる（図10.2）．その開始は，四肢の中胚葉自身に発現している**繊維芽細胞成長因子**（fibroblast growth factor：**FGF**）ファミリーのうちFGF10に

[*4] 神経管や脊索などの中軸器官をはさんで，その両側に形成される体節とその側方の中間中胚葉よりも外側部に位置する，薄いシート状構造をとって広がる中胚葉．消化管の平滑筋と間充織，体壁，肢芽，咽頭弓，血液，心臓などを形成する．

[*5] 肢を形成する能力をもった細胞集団．正常発生では，肢フィールドの中心にある細胞だけが肢となるのに使われる．もしその細胞が除去されても，周りの細胞が中心部の細胞にとって代わることができる．肢フィールド全部の細胞が除去されると肢は形成されない．

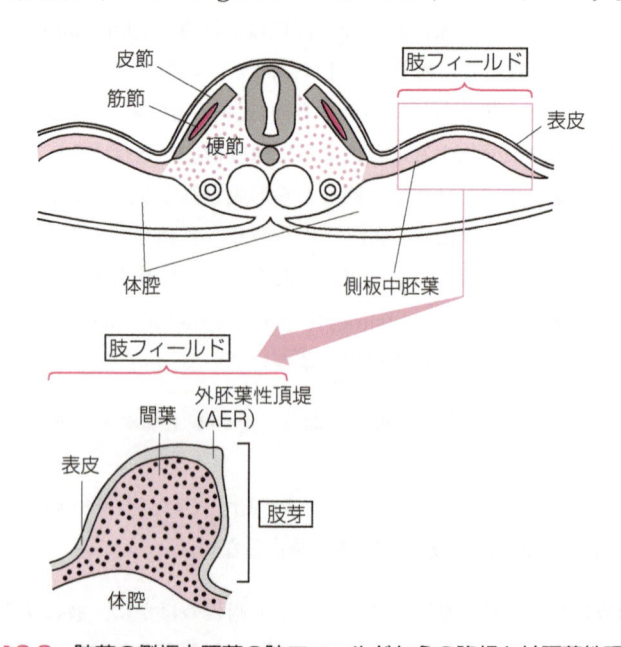

図10.2 肢芽の側板中胚葉の肢フィールドからの隆起と外胚葉性頂堤の形成

よって誘導される．FGF10 は，ごく初期の中間中胚葉*6 と側板中胚葉に存在し，肢芽の形成直前には肢芽フィールドの側板中胚葉に限定される．FGF10 を徐々に放出するビーズを肢フィールド外域に移植しても新たに肢芽が誘導され，さらに fgf10 遺伝子ノックアウトマウス胎子では四肢形成が起こらないことから，FGF10 が四肢の発生に必須であることが実験的に示されている．また，肢芽の隆起は肢フィールドの中心にある間葉細胞が活発に増殖することによって起こる．この間葉からの誘導によって，その上の表皮の遠位端は肥厚して**外胚葉性頂堤***7（apical ectodermal ridge：**AER**）が形成される（図 10.2）．AER は肢芽の成長の制御に重要な役割を果たし，発生の特定の時期にこれを取り除くと肢芽の先端部分が欠失し遠位部の短縮した肢ができてしまうことから，肢の近位-遠位軸を決定する能力をもつことがわかる（図 10.3）．また，肢芽形成のより早い時期に AER を取り除くと，より多くの構造が欠失することから，近位-遠位軸にそった肢芽のパターン形成は順序だって決定されていることがわかる．

*6 体節と側板中胚葉との間にある細胞集団．この組織から腎臓や生殖腺が形成される．

*7 肢芽の形成の際に見られる表皮組織の特殊な形態のひとつ．肢芽の密に凝集した間葉細胞をおおう表皮の一部が肥厚し，肢芽の背腹境界線に堤状に隆起した外胚葉性の構造のことを指す．外胚葉性頂堤とそれにおおわれた間葉との間には，肢芽の形態形成に必要な相互作用（上皮間葉相互作用）が存在する．

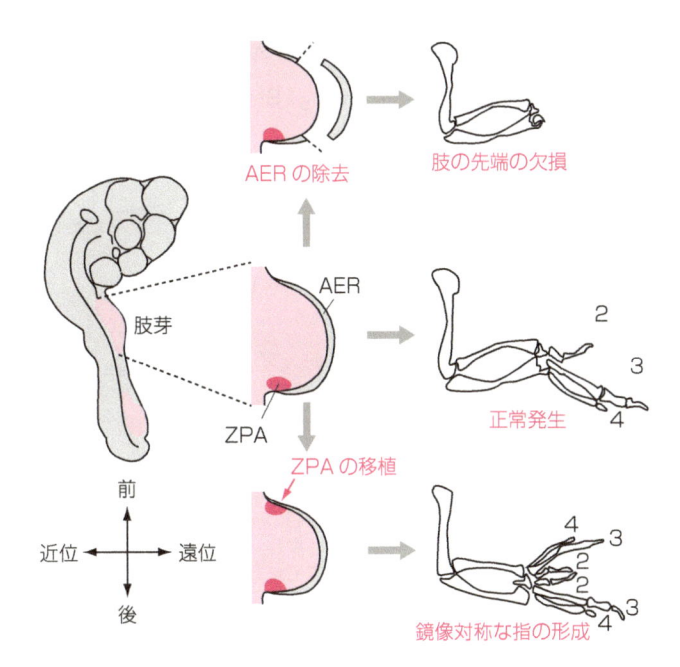

図 10.3　肢の発生における外胚葉性頂堤（AER）と極性化活性域（ZPA）の役割

AER は肢の近位-遠位軸を決定し，ZPA は前後軸の決定に重要である．AER を除去すると肢の先端部の欠損が起こり，ZPA を肢の肢芽の前方端に移植すると二重後方化肢が形成される．（鏡像対称な指の形成）．

10.1.3 進行帯による肢の遠位方向への成長

AER 直下の肢芽先端部領域に増殖能の高い間葉細胞集団があり，それによって肢芽の遠位方向への成長が制御される．このような間葉細胞集団を**進行帯**(progress zone)とよぶ．進行帯は AER との相互作用によって増殖を続けるが，その一部の細胞はそこから離脱し，近位部側にとどまる．そのような細胞は，離れる直前に肢芽の各種の構造に順番に特異化されると考えられている(進行帯モデル，pregress zone model，図 10.4)．一方，AER 自身の生存性維持に間葉からの因子(AER 維持因子)が必要とされることから，肢芽の成長には AER と間葉の双方向からのシグナルが必要であることがわかる．

AER では，*fgf-2*，*-4*，*-8* が発現していること，AER が除去されてもそこに移植されたビーズが FGF を徐々に放出することにより AER の機能を代行し，成長の持続と遠位部でのパターン化を調節できること，そして *fgf-8* を AER 特異的にノックアウトしたマウスでは遠位部での四肢の形成異常が起こることから，これら FGF 群が肢芽の成長に重要な役割を果たす AER からの分泌因子であると考えられる(図 10.4)．一方の間葉から分泌される AER 維持因子のひとつとして，後述する極性化活性域からの分泌因子である**ソニックヘッジホッグ**(Sonic hedgehog：**Shh**)[*8] が明らかにされている．

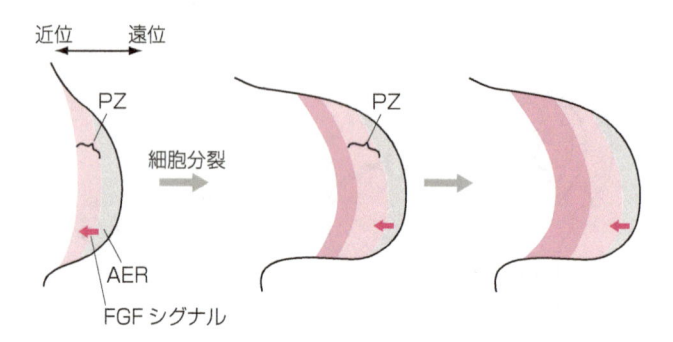

[*8] *shh* 遺伝子は，ショウジョウバエの分節および器官のパターン形成に重要なシグナル伝達分子であるヘッジホッグの，脊椎動物における相同タンパク質をコードしている．Shh は前駆分子として分泌され，自己触媒作用の方法で 2 つに分断される．前駆分子のカルボキシル末端にコレステロールが結合すると，前駆分子のアミノ末端部位はさらに修正され，この時点で活性化したリガンドとなる(9.2.2 項参照)．

図 10.4 肢の発生に関する進行帯(PZ)モデル

進行帯(PZ)細胞は，近位-遠位軸にそって発生運命を特定する FGF シグナルを AER から受け取る．

PZ の細胞の増殖が進行するにつれて細胞の一部は，PZ から離脱し，近位側(胴部側)に留まる．

PZ 内に残った細胞は，引き続き AER からの影響を受けて特定されるようになる．

10.1.4 肢の前後軸にそったパターン形成

肢芽が少しずつ成長してくると，新たな活動活性の中心が肢芽と胴体との境目の後ろ側に現れるようになり，このような領域を**極性化活性域**(zone of polarizing activity：**ZPA**)とよぶ．この領域を肢芽の前後軸の前方に移植すると，前方組織からも肢構造が形成され，肢全体の構造は，両端に後ろ側の特徴をもつ鏡像対称(二重後方重複 double-posterior duplication)になる．

つまり，ZPA は肢の後ろ側を決めることで，前後軸の領域を決め，さらにそれは AER の維持に重要な役割を果たす（図10.3参照）．ZPA は拡散性の形態形成物質の源であり，それが高濃度の領域では後方の指を，低濃度領域で前方の指を特異化する．この重複した肢芽に含まれる指の数は，2つのZPA間の距離に比例して増加する．つまり，その距離が長くなればZPA拡散濃度の低い領域が増加することから前方の指が多く形成されることになる．

ZPA に由来する拡散性の形態形成物質は，分泌タンパク質である Shh と考えられている．Shh は ZPA 領域に発現している．Shh 産生細胞塊や Shh を徐々に放出するビーズを ZPA 移植実験と同様に移植すると重複肢が誘導され，その過剰肢の性質は投与する Shh 量によりある程度制御できる．低濃度の Shh を投与すると前方指をもつ肢が形成されるのに対して，高濃度では前方指と後方指のいずれも誘導される．Shh は AER の維持においても必要とされ，前後軸にそったパターン形成においても重要な役割を果たす．

10.1.5 肢の背腹軸にそったパターン形成

3つの軸のなかで，おもに，爪などの表皮特異化の編成において認められる肢の背腹軸にそったパターン形成が最も理解されていない．しかし，ノックアウトマウスの研究などから次の点が明らかにされてきている．

① *Wnt7a* や *lmx1* ノックアウトマウスは両側が腹側の肢をもち，またそれらの遺伝子を腹側で強制発現させると両側が背側となるマウスが生じることから，**Wnt7a**[*9] と **Lmx1**[*10] は肢の発生において背側化シグナルとして作用する．

② *en-1* 突然変異マウスでは，両側の背側化した肢をもつ．腹側外胚葉が **En-1**[*11] を欠失しているため，*wnt7a* 遺伝子の発現が全体的に起こったと考えられる．つまり，*en-1* は腹側状態を規定している（図10.5）．

[*9] 胚発生に伴う形態形成において，細胞間コミュニケーションの手段として使われている分泌性シグナル分子 Wnt ファミリー因子のひとつ．Wnt7a は肢芽間葉に背側の特質を与える，表皮からのシグナル因子である．

[*10] Wnt7a の作用によって産生される転写調節因子．肢の背腹軸にそったパターン形成に関与する．肢の背側中胚葉で発現し，背側の特異化に必要かつ十分な役割を果たす．

[*11] 肢の腹側外胚葉に発現し，背側では中胚葉，外胚葉のいずれでも発現しない転写調節因子．*radical fringe* 遺伝子の発現を抑制して外胚葉性頂堤の形成に導く．また，*wnt7a* 遺伝子の発現を抑制し肢の腹側領域の形成に関与する．

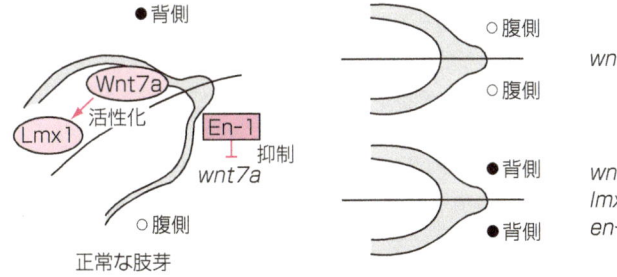

図10.5 肢芽の背腹パターン形成

背腹パターンは，背側外胚葉から分泌される Wnt7a によって制御される．背側では，Wnt7a は中胚葉の Lmx1 転写因子を活性化し，腹側では，Wnt7a は腹側外胚葉において En-1 によって抑制される．図右に示すように，これら遺伝子の機能喪失あるいは異所的な過剰発現変異体では，両側とも背側または腹側の表現型を示す．

10.1.6 肢の成長

肢の成長は，前述したように進行帯の細胞がAERからのシグナルを受けて増殖することによって行われる．成長の進行とともに，進行帯から細胞が絶えず脱落し，こうした細胞は増殖を停止して細胞分化を起こし，軟骨（後に大部分は硬骨となる）などの肢の骨格と血管系を形成する．また，肢芽の近傍にある体節[*12]に由来する筋節から，筋芽細胞が肢芽に移動して筋肉を形成する．神経冠[*13]細胞も発生中に肢芽に移動して，グリア細胞や色素細胞を生じる．このように，四肢という1つの器官の形成には，3つの肢オーガナイザーであるAER，進行帯そしてZPAが肢の中に決定されること，この3つの軸にそった発生の過程が協調して働くことが重要である．指の形成においては，特定の時期に起こる指と指の間の細胞群の死を誘導するプログラム細胞死（アポトーシス，4.3節参照）が重要な役割を果たしている．

10.2 生殖腺の形成

生殖腺は雌雄で形態的および機能的に異なり，雌では卵巣，雄では精巣とよばれる．生殖腺の発生は性決定と密接に関連する．ここでは，哺乳類の生殖腺の発生と性決定機構について見ていく．

[*12] 神経管をはさんで対になって存在する中胚葉の細胞塊で，沿軸中胚葉の分節化によって生じる．体節から，脊椎になる硬節，骨格筋を形成する筋節，そして皮膚の真皮の形成にかかわる皮節が形成される．ショウジョウバエの体節形成との違いに注意（7章参照）．

[*13] 神経管の真上，背部表皮の下に正中線にそって位置する索状の外胚葉性細胞集団．発生が進むにつれて，胚体内に広く移動して，色素細胞，数種のニューロンおよびその支持細胞，内分泌組織，そして頭部に広く存在する間葉組織など，非常に多くの異なる組織を形成する．

> **Column**
>
> ### 四肢の形態形成と細胞死
>
> 四肢の形態形成は，3つの軸にそって形成される種々の軟骨の特異的な形づくりを基盤とする．この過程では，骨を最終的な形に整え，骨間に関節を形成するのに細胞死が重要な役割を果たしている．さらに指と指の間の柔組織細胞の細胞死によって，一本一本の指が隔てられる．四肢で起こる細胞死は，壊死ではなくプログラム細胞死（アポトーシス）によってひき起こされ，前方壊死帯（anterior necrotic zone）および後方壊死帯（posterior necrotic zone，先端要素を形成），そして，中間壊死帯（internal necrotic zone，尺骨と橈骨を分離）および指間壊死帯（interdigital necrotic zone，指を隔てる）の領域に限定される．このようなアポトーシスを起こす領域の特異化には，BMP群（BMP2，BMP4，BMP7）が関与している．また，Noggin，Chordin，FollistatinなどのBMP因子も肢芽に発現しておりBMP活性を阻害し，bmp遺伝子の発現を限定することによって細胞死の調節因子として作用する．noggin遺伝子のノックアウトマウスでは融合した骨が認められるだけでなく関節の異常形成が起こることから，Nogginは関節の確立にも重要な働きをもっていることがわかる．BMP拮抗因子であるGremlinは，肢においてはBMPと相補的なパターンで発現しており，BMP活性を調節する働きをもつ．また，Gremlinを人為的に過剰発現させると細胞死を阻害して柔組織の融合（指が結合組織で融合する）による合指症をひき起こす．

10.2.1 未分化生殖腺の発生

未分化生殖腺(生殖堤, genital ridge)は腎臓と同様に中間中胚葉に由来し,後腎[*14]形成の場所ではなく前方の中腎[*15]の存在する領域において発生する.その後,受精後 9.5 日から体幹部に現れ,体腔に向かってやや突出するようになる(図 10.6).体腔側に裏打ちしている上皮細胞によって索状構造(性索[*16], sex cord)が形成され,その直下の間葉に向かって成長し始める.この間に**ウォルフ管**(中腎管, Wolffian duct)と**ミュラー管**(中腎傍管, Müllerian duct)の 2 種類の管が出現する.将来,生殖細胞になる始原生殖細胞は,原腸形成時に,羊膜ヒダ[*17](amniotic fold)後方の胚体外中胚葉に出現し,そして尿膜基部に進入した後,9〜10 日に後腸へ入り,さらに腸間膜にそって移動して 11〜13 日頃に生殖堤に達する.始原生殖細胞が生殖堤の性索内に進入すると生殖腺形成が開始される(図 10.7).

[*14] 哺乳類の腎臓は,沿軸中胚葉(のちの体節)と側板中胚葉の間に発達する中間中胚葉から発生する.中間中胚葉から,まず前腎と中腎が頭方から尾方へと形成され,最後に,最も後方部分に後腎が形成される.後腎が発達して成体の腎臓となる.

[*15] 中胚葉からの腎臓形成において,前腎に次いで現れ,その後方に位置する腎臓.後腎の発達後には,雄では精巣上体として残存するが,雌では退化する.

[*16] 雌雄の生殖堤において,その表面をおおう生殖上皮が増殖し原基中に伸長してできた索状構造.一次性索と二次性索があり,前者からは精巣の精細管が,後者からは卵巣の卵胞が分化する.

[*17] 受精後 7 日目に原条後方と胚体外外胚葉の移行部において外胚葉と中胚葉の突起として形成される.このヒダの胚に近い側が羊膜となる.

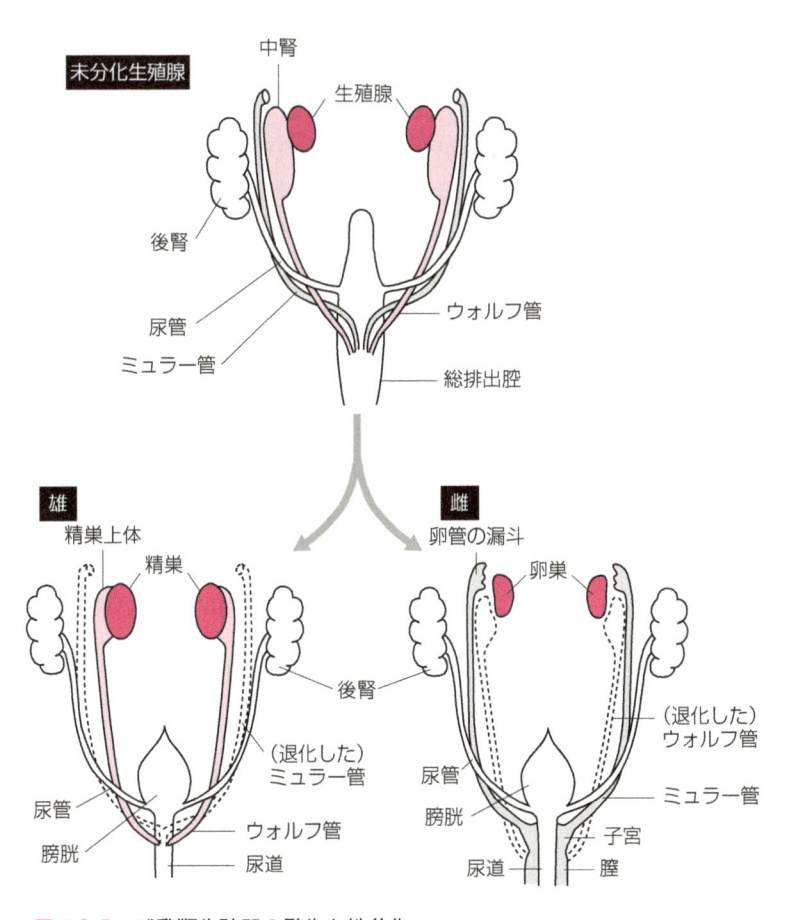

図 10.6 哺乳類生殖器の発生と性分化
生殖腺の発生途上で未分化の段階ではウォルフ管とミュラー管の両方が存在している.しかし,雄性生殖器の発生が進行するとミュラー管が,そして雌性生殖器の発生の進行によってウォルフ管が退化する.

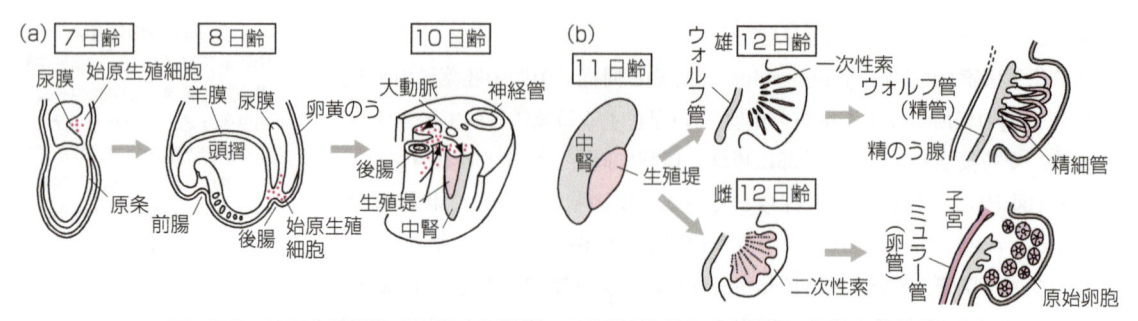

図10.7　始原生殖細胞の出現と生殖堤への移動(a)および生殖堤の発生と性分化(b)

10.2.2　雄性生殖腺

雄胚の生殖堤に出現する一次性索は，その内側に始原生殖細胞が存在するようになり，その細胞の外側をセルトリ細胞[*18](Sertoli cells)がおおうような構造を取ることによって**精細管**[*19](seminiferous tubules)を構成するようになる(図10.7)．一方，精細管と精細管のすきまに存在する間葉からライディッヒ細胞[*20](Leydig cells)が分化する(図10.8)．精細管はウォルフ管と連結し，発生中の生殖腺は短くなり被膜に囲まれて**精巣**(testis)を形成するようになる．セルトリ細胞からはやがて**ミュラー管抑制物質**(Müllerian inhibitory substance：**MIS**)が分泌されるようになり，ミュラー管の退行が促される．ライディッヒ細胞からはテストステロン[*21](testosterone)が分泌されるようになり，それによってウォルフ管から**精管**[*22](ductus deference)や**精のう腺**[*23](seminal vesicle)が形成される(図10.7)．出生後，始原生殖細胞は，精細管内でセルトリ細胞の影響を受けて精原細胞となり，精子形成過程を経て精子となる(図10.8)．

10.2.3　雌性生殖腺

雌胚の生殖堤は，**卵巣**(ovary)へと分化する(図10.9)．精巣形成の場合とは異なり，生殖堤内に形成される一次性索はただちに退行し，その代わりに表面上皮が再び増殖を開始して間質組織中に分散して二次性索が形成され，生殖堤の表層部分が皮質となる．この性索は始原生殖細胞と皮質上皮細胞からなるが，やがて索構造は消失する．始原生殖細胞から分化した卵原細胞は，分裂・増殖を繰り返した後に卵母細胞に分化し，その周囲を，皮質上皮細胞由来の1層の扁平な卵胞上皮細胞がおおうようになり，原始卵胞が形成される．その後，卵胞の発達とともに，その中の卵母細胞は成長し，さまざまな発達段階にある卵胞を含む皮質と髄質が形成されて卵巣となる．雌ではウォルフ管は退化し，ミュラー管からやがて卵管，子宮および膣近位部が形成される(図10.7参照)．

*18　精巣の精細管内で，精細胞とともに精上皮細胞を構成する体細胞．精細胞を保持し，その栄養と代謝に関与することから支持細胞としての役割を果たす．アンドロジェン結合タンパク質やインヒビンなどを生産する内分泌機能をもつ．

*19　精巣内の精巣小葉内に存在する直径0.2〜0.4 mmの非常に長い細管．管内は精細胞とセルトリ細胞からなり，精子形成が行われる．

*20　精細管と精細管の間を埋める間質に存在する内分泌細胞で，アンドロジェンを合成分泌する．

*21　雄性ホルモン作用を有するアンドロジェンの代表的なホルモン．主として，精巣のライディッヒ細胞から分泌されるが，副腎皮質や卵巣でも合成される．

*22　精巣上体管に続く小管で，精索内を直管に近い状態で上走して腹腔内に入り，尿道に開口する．精巣上体尾部に貯留した精子を尿道に導く輸送路であると同時に貯蔵場所でもある．

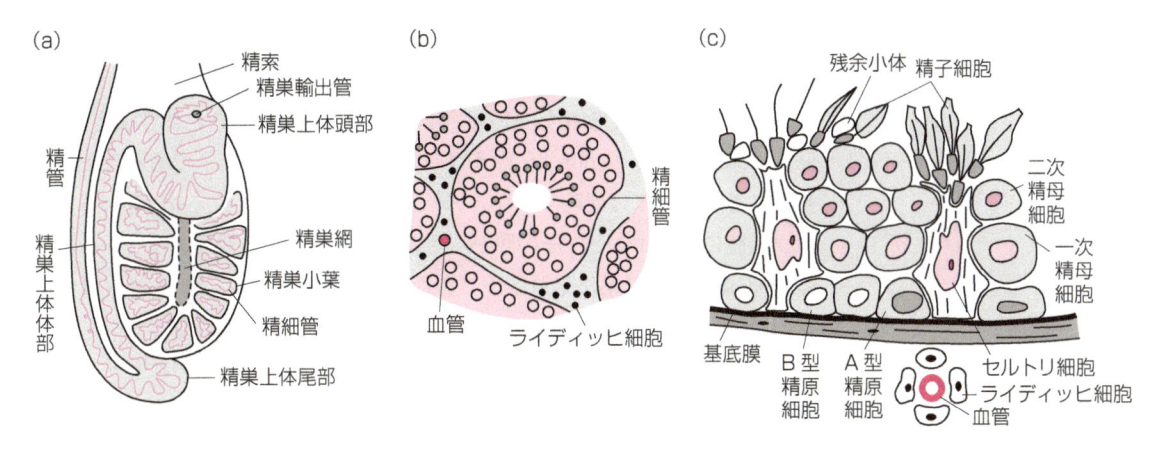

図 10.8　精巣および精細管の断面像(a, b)と精細管の内部拡大像(c)
(a)精巣内の精細管内で形成された精子は，その管腔内を移動して，精巣輸出管を通って精巣から精巣上体へと移動し，精巣上体尾部に貯留される．(b)精細管内壁から管腔に向けて精子形成過程の進行した生殖細胞が存在する．管腔には精子が散見される．精細管と精細管の間隙には間質細胞であるライディッヒ細胞が認められる．(c)精子形成過程にある一連の生殖細胞とその支持細胞であるセルトリ細胞が，精細管内部に観察される．

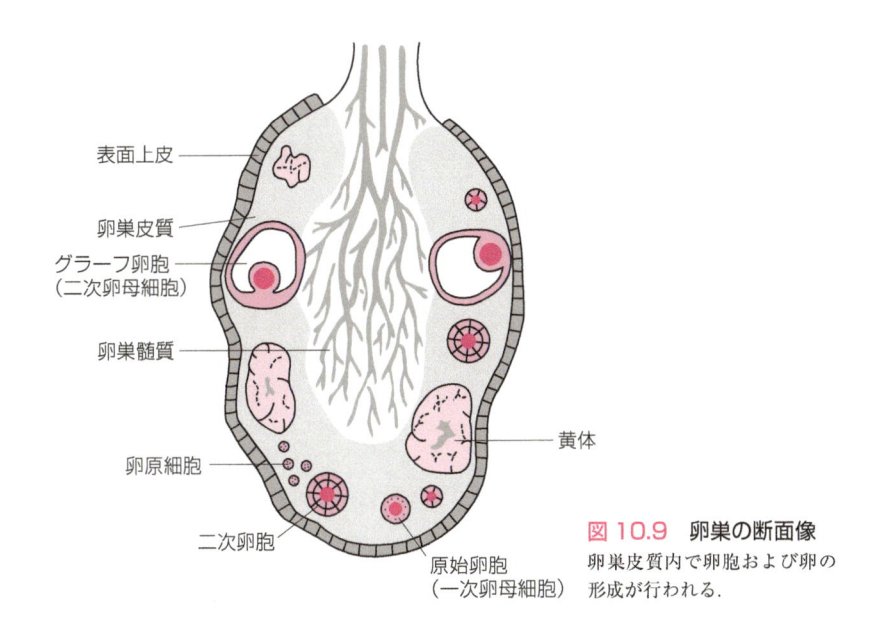

図 10.9　卵巣の断面像
卵巣皮質内で卵胞および卵の形成が行われる．

10.3　哺乳類の性決定

　哺乳類では，XX という性染色体をもてば雌が誕生し，XY 性染色体をもてば雄が誕生する．つまり，生殖腺が精巣になるのか，卵巣を形成するのかは性染色体の構成に依存する．性染色体構成が異常なヒトにおいても，たとえば XXY 個体(クラインフェルター症候群)や XO 個体(ターナー症候群)の性

* 23　精管膨大部の外側に突出した器官である．分泌腺は平滑筋によって囲まれており，尿道頭部付近に開口部がある．精のう腺から分泌される精のう腺液は前立腺液とともに精漿を構成している．

はそれぞれ雄と雌の表現型を示すことから，Y 染色体に精巣決定にかかわる遺伝子が存在し，この遺伝子産物が**精巣決定因子**（testis-determining factor：**TDF**）と考えられた．1990 年に，ヒトで **SRY**（Y 染色体性決定領域，sex-determining region of Y）が TDF をコードする遺伝子であることが明らかにされた．ほぼ同時にマウス Sry 遺伝子も単離された．Sry 遺伝子を雌マウス胚に導入すると，その胚から生まれる産子に精巣形成が起こることから，Sry 遺伝子が精巣決定遺伝子であることが確認された．また，Sry 遺伝子は HMG（high mobility group protein）ボックス[*24] タンパク質をコードしていることから，転写調節因子として標的遺伝子に結合することにより，その遺伝子の転写を促すと考えられる．

Sry 遺伝子は，マウスでは胎子期に一過的発現を示し，その発現は受精後 10 日目に始まり，11.5 日目に最大となり 13 日目ごろまでに消失する．Sry 遺伝子は，性決定機構におけるマスタースイッチの役割を果たしている．このスイッチがオンになると，おそらく Sry は **DAX1** という遺伝子の機能を不活性化するように働くと考えられている．DAX1 遺伝子は，X 染色体上にあり Sry と同じ時期に発現してそれと拮抗的に作用すると考えられている．XY 個体では Sry によって DAX1 の発現は抑制されるが，XX 個体では Sry は発現していないので，DAX1 の発現が持続されて卵巣形成が誘導される（図 10.10）．

[*24] 細胞核内に存在する非ヒストンタンパク質がもつ DNA 結合構造．HMG タンパク質に見いだされた DNA 結合の構造モチーフが，Sry をはじめとして遺伝子情報の発現を調節するさまざまな因子に広く存在することが明らかになり，HMG ボックスと呼称されている（9.4 節参照）．

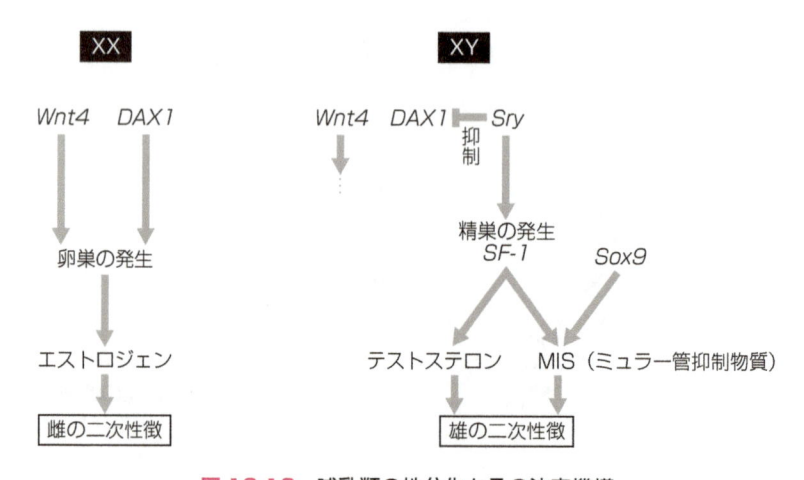

図 10.10　哺乳類の性分化とその決定機構

Sry が発現すると雄性化するが，雄性化にはセルトリ細胞から分泌される MIS や **SF1**（steroidogenic factor-1）遺伝子が機能する必要がある．MIS はミュラー管の退縮に特異的に働き，一方，SF1 は精巣分化の時期に発現し，MIS 遺伝子やライディッヒ細胞でのテストステロン合成に関与する遺伝子を活性化する．テストステロンは活性型のジヒドロテストステロンに代謝されて，

雄性外性器の分化や二次性徴の発現を誘起する．セルトリ細胞での MIS 遺伝子の発現を直接調節している遺伝子として，**SOX9**(*Sry-related HMG box gene 9*)遺伝子が明らかにされている．SOX9 遺伝子は HMG ボックスを有する常染色体上の遺伝子であり，その発現は雄胎子生殖腺で高く，雌胎子生殖腺では低いことがわかっている．その HMG ボックスの塩基配列に異常が生じると，雄ではなく雌性への性転換が起こる．また，SOX9 遺伝子発現は Sry タンパク質によって促されると考えられている．

卵巣への分化誘導には，DAX1 遺伝子発現のほかに，**Wnt4** 遺伝子が重要な役割を担っている．正常発生では，Wnt4 は生殖堤で発現し，その発現は雄では減少するが，雌では持続される．Wnt4 ノックアウトマウスでは，卵巣組織において本来精巣で発生するライディッヒ細胞の分化が起こることから，卵巣形成過程で，Wnt4 はライディッヒ細胞分化を抑制し，エストロジェン[*25] 産生を行う顆粒層細胞や卵胞膜細胞の発生分化に関与していると考えられている（図 10.10）．

[*25] 雌動物の発情を誘起し，副生殖器の発育と機能を促進する作用をもつホルモンの総称．おもに，卵胞，黄体，胎盤などで産生され，少量ではあるが，副腎や精巣でもつくられる．

練習問題

1 四足動物における外胚葉性頂堤の形成と，肢形成におけるその役割を説明しなさい．
2 四足動物の肢形成過程における進行帯モデルについて概説しなさい．
3 四足動物の肢形成過程における極性化活性域の役割を説明しなさい．
4 マウス生殖堤内に雌の始原生殖細胞が入ると，その後原始卵胞が形成される．その形成過程を説明しなさい．
5 Sry 遺伝子の発現によるマウス胎子の雄性化について簡潔に述べなさい．

11章 動物の配偶子形成と受精

　配偶子の最終的な成熟はほとんどの器官形成が終わった成体で起こる．そのため，**精子形成**（spermatogenesis）や**卵形成**（oogenesis）は個体発生の最も遅い段階で起こるととらえられがちである．しかしながら，**生殖細胞**（germ cell）は発生のきわめて早い段階で運命決定を受け，体を構成する**体細胞**（somatic cell）[*1]とは別の運命をたどることがわかっている．発生初期における生殖細胞はきわめて少数であるため，解析が困難であったが，生殖細胞の形成に必要な遺伝子が数多く見つかり，近年急速に研究が進んでいる．

[*1] 生殖細胞と区別する意味で，生殖細胞以外の細胞を総称して体細胞とよぶ．

11.1 始原生殖細胞

　生殖細胞は，細胞質に特徴的な顆粒の存在，細胞膜の強いアルカリフォスファターゼ[*2]活性，グリコーゲンに富んだ細胞質といった，体細胞と異なる特徴をもつ場合が多い．これらを手がかりとして，ショウジョウバエやカエルでは母性由来の細胞質によって生殖細胞が決まる，つまり，卵母細胞に蓄えられた特定の母性細胞質を受け継いだ細胞のみが生殖細胞へと分化することがわかっている．一方，マウスでは，母性の細胞質によらず，原腸胚期において原条の後方で生殖細胞が生じることが知られている．

[*2] アルカリ側のpHでリン酸化合物から無機リン酸を遊離させる活性をもつ．

　どちらの場合も生殖細胞は生殖巣外が起原であり，マウスやカエルではアメーバ様自律運動により生殖原基まで移動する．完成した生殖巣内に位置する以前の生殖細胞をとくに**始原生殖細胞**（primordial germ cell）とよぶ．

　ここでは，受精卵や胚の顕微操作が容易で，生殖細胞を欠損する突然変異体を用いる研究が進んでいるショウジョウバエを中心に，魚類，カエル，マウスにおける始原生殖細胞の成立様式の違いを見ていく．

11.1.1 ショウジョウバエの始原生殖細胞

　ショウジョウバエでは，胞胚期以前に胚の後端（後極）に**極細胞**（pole cell）

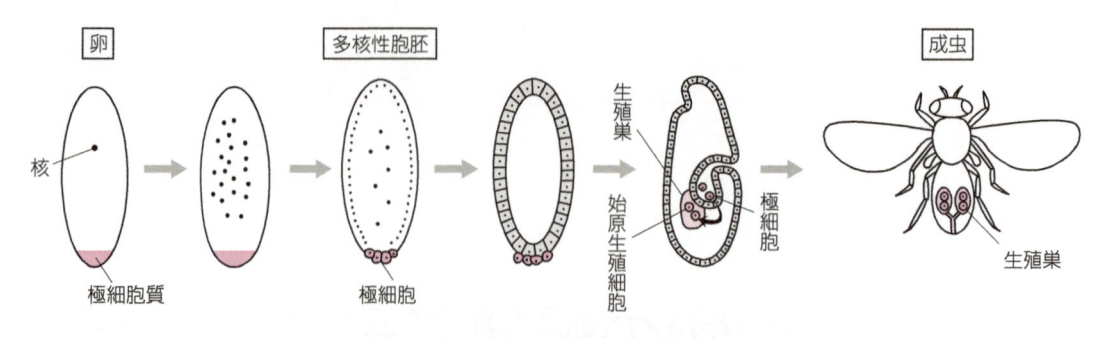

図 11.1 ショウジョウバエの極細胞から生殖細胞への分化

が形成され，それが生殖細胞に分化する（図 11.1）．この極細胞には多数のミトコンドリアや**極顆粒**(polar granule)を含む**極細胞質**(pole plasm)が認められる．卵割期に極細胞質を同じ時期の卵の前端（前極）に移植すると，本来なら体細胞ができる場所に生殖細胞まで分化する極細胞を誘導できる．極細胞質以外の細胞質にこのような能力はない．極細胞質のこの能力は卵母細胞にまでさかのぼることができることから，極細胞質が母性因子として卵後端に蓄えられ，卵割によりその細胞質を受け取った細胞が将来生殖細胞へと運命決定を受けると考えられる．

この極細胞質構成要素の遺伝子として，腹部体節を欠失し極細胞も形成されない母性突然変異体[*3]から，*osker*（*osk*），*tudor*（*tud*），*vasa*（*vas*）が見つかっている．これらの遺伝子は卵形成過程で発現し，*osk* mRNA は卵母細胞の後極に局在するのに対して，*tud* と *vas* の mRNA は広く卵母細胞全体に分布する．卵形成の進行に伴い後極で Osk タンパク質が翻訳されると，Tud と Vas タンパク質が後極に局在するようになり，極顆粒が観察され始める．また，卵形成期に *osk* mRNA を卵母細胞の前極に注入すると，そこに極顆粒が形成され，前極に極細胞が出現する．これらの結果から，Osk タンパク質が Tud と Vas タンパク質の局在に働き，極顆粒を卵の後極につくらせるものと考えられる．Tud は RNA 結合能をもち，極顆粒以外にもミトコンドリアに認められる．卵後極に紫外線を当てると極細胞の形成が阻害されるが，この極細胞の形成阻害を回復させる分子としてミトコンドリアの large ribosomal RNA（mtlr RNA）が見いだされている．Tud の機能は mtlr RNA を極顆粒に局在化させるものと考えられる．一方，*vas* は線虫や脊椎動物でも相同遺伝子が見つかり，生殖細胞での発現が認められているため，生殖細胞の成立に不可欠な因子であると推測されているが，その機能は未知である．

さらに，腹部体節を欠失するが極細胞は形成する母性突然変異体から，*nanos*（*nos*）遺伝子が見いだされている．*nos* mRNA も卵形成過程で極顆粒に局在する．この遺伝子を欠損した雌が生む卵は腹部形成異常により致死と

*3 変異をもつ雌が生んだ卵の発生において，その表現型が認められる突然変異体．卵に蓄えられた母性因子の異常によりひき起こされ，精子によってもたらされる遺伝子型の影響を受けない．

なる．*nos* 欠損の極細胞を正常胚へ移植して調べたところ，生殖細胞に分化できないことが明らかになった．Nos は RNA に結合して翻訳を抑制する機能をもつことから，生殖細胞への分化には特定遺伝子の翻訳が阻害されることが必要であると考えられる．

以上のように始原生殖細胞の成立と維持には多くの遺伝子が必要である．極顆粒に局在する他の分子を含めて，おおよその概略を図 11.2 に示す．

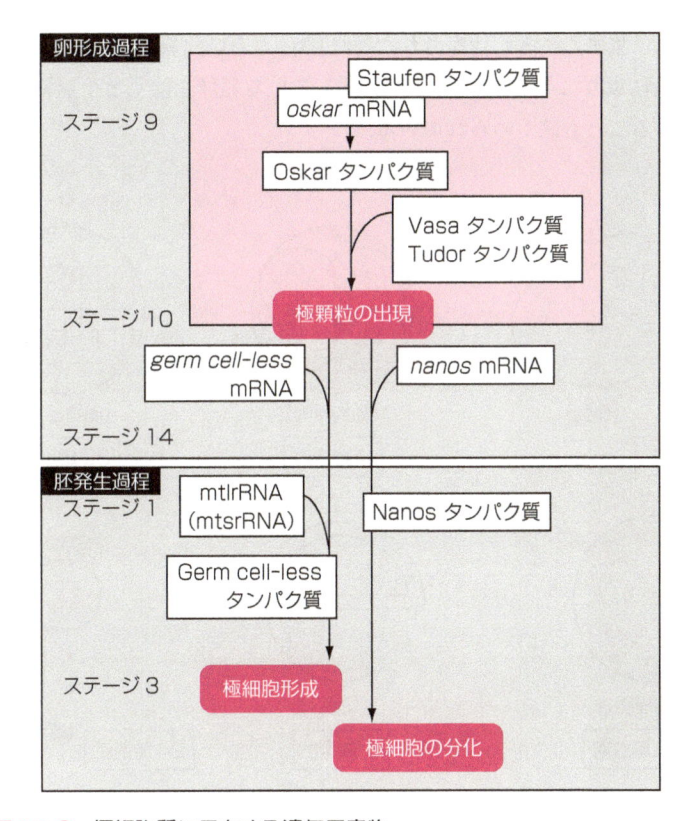

図 11.2　極細胞質に局在する遺伝子産物
oskar mRNA が卵母細胞の後極に局在し，そこで Oskar タンパク質が合成されることにより，Vasa, Tudor タンパク質，そして mtlrRNA や *nanos* などの mRNA が局在化する．（図は小林悟博士の好意による）

11.1.2　魚類およびカエルの始原生殖細胞

カエルでも古くから受精卵の植物極に特徴的な顆粒があり，それが少数の細胞に受け継がれること，その細胞が生殖原基に移動することが観察されていた．植物極のこの領域に紫外線を当てることで生殖細胞ができなくなることから，この領域の細胞質が**生殖細胞質**（germ plasm）だと考えられている．この細胞質に多数のミトコンドリアや生殖顆粒とよばれる特徴的な顆粒が認

められ、カエルの *vas* や *nos* 遺伝子の産物が生殖細胞質の領域に局在することも確かめられている．カエルもショウジョウバエと同様に母性因子により生殖細胞が決まり，おそらくは共通の構成成分をもつものと考えられる．

魚類では生殖細胞質は見つかっていなかったが，最近の研究からゼブラフィッシュでも母性因子により生殖細胞が決まると考えられるようになっている．ゼブラフィッシュの *vas* 遺伝子の mRNA が受精直後の第一卵割面に局在し，それが卵割を経て特定の少数の細胞にのみ受け継がれ，その細胞が生殖原基に集まることが観察された（図11.3）．さらに，4細胞期の胚を用いて，顕微手術によりこの *vas* mRNA が局在している領域を除くと生殖細胞ができなくなることも確かめられている．

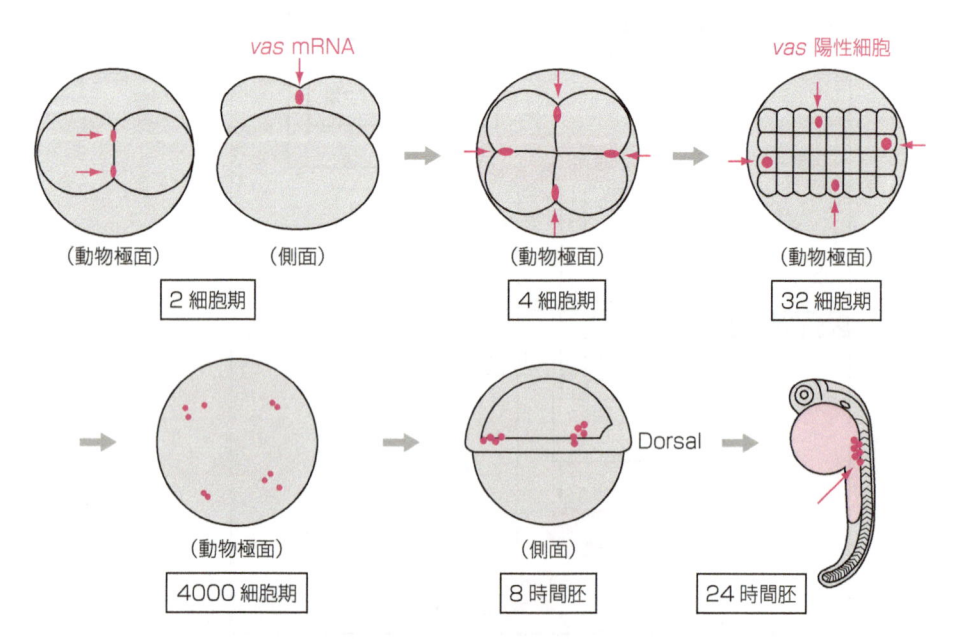

図 11.3　ゼブラフィッシュの生殖細胞質から生殖細胞への分化
（Yoon ら，1997 などを参考に作図）

11.1.3　マウスの始原生殖細胞

マウスの受精卵中には生殖細胞質に相当するような細胞質は見いだされていない．しかし，生殖細胞には強いアルカリフォスファターゼ活性が認められ，nuage[*4] とよばれる細胞顆粒も観察される．これらを手がかりにすると，原腸胚中期（受精後 7.25 日）の原条後方の胚体外域に生殖細胞が見つかるが，これ以前の発生段階では認められない．原腸形成直前（受精後 6.5 日）の胚体から取りだした細胞 1 つを別の胚へ移植してその運命を追跡すると，原条が形成される領域の近くで，子孫細胞の一部が始原生殖細胞に分化する細胞は

[*4] 電子顕微鏡で電子密度の高い構造として認められる．生殖顆粒に相当すると考えられている．

見つかる．しかし，子孫細胞すべてが始原生殖細胞になる細胞は見つからなかった．このことから，マウスの始原生殖細胞は母性因子で決まるのではなく原腸胚中期までに運命決定を受けるものと考えられる．移植実験の結果，始原生殖細胞への分化は，生殖細胞が初めて認められる胚体外域でのみ起こることから，胚体外域細胞群因子*5 により非自律的に決定されると考えられている．

*5 分泌型因子や細胞表面因子が想定されている．

始原生殖細胞の成立様式がショウジョウバエやカエルとは異なるものの，マウスからも vas や nos の相同遺伝子が見つかっている．相同遺伝子のひとつ nanos3 のノックアウトマウスでは始原生殖細胞がなくなることも確かめられている．生殖細胞は次世代をつくる重要な細胞であるため，その成立と維持のための基本的な制御機構は保存されていることが予想される．共通する遺伝子の存在はそれを示唆している．

11.2 マウスの精子形成

精子形成の一連の過程はショウジョウバエからマウスまで，共通性が高い．精子形成は，生涯を通じて，**精原幹細胞**（spermatogonial stem cell）*6 の自己再生によって維持され，**精原細胞**（spermatogonium，複数形 spermatogonia）の有糸分裂により増殖する．分裂回数は生物種によって決まっており，一定の回数を分裂した後，**精母細胞**（spermatocyte）へ分化し減数分裂に入る．1つの精母細胞から4つの**精子細胞**（spermatid）が形成され，これらが変態して**精子**（spermatozoon，複数形 spermatozoa）となる．ここでは研究の進んでいるマウスを例にとって精子形成過程を見ていく．

*6 哺乳類の場合は卵に幹細胞が認められないため，生殖系幹細胞（germ-line stem cell）ともよばれる．後述のように，A型精原細胞の一部が幹細胞の機能をもつと考えられている．

マウスの精子形成は**精巣**（testis）の小葉に収められている精細管の中で進む．精細管の内腔は生殖細胞とそれを支持する**セルトリ細胞**（Sertoli cell）からなる精上皮でおおわれ，最も外側に精原細胞が位置し，内部へ向かって精母細胞，精子細胞，精子へと発達段階が進む（図 10.8 参照）．セルトリ細胞どうしは，減数分裂の第一分裂に入る前の精母細胞と前期太糸期の精母細胞を分ける形で，血液精巣関門（blood-testis barrier）*7 とよばれる密着結合を形成する．また，精細管と精細管との間を埋める間質*8 にはテストステロンを分泌し精子形成を支持する**ライディッヒ細胞**（Leydig cell）が存在する．

*7 精細管の内腔と基底膜側での物質交換を制限する障壁をいう．この障壁により，精母細胞からの精子形成に最適な環境が保持される．

精子形成は，精原細胞の有糸分裂から精母細胞の減数分裂によって精子細胞が生じるまでの**精子発生**（spermatocytogenesis）と，精子細胞が精子に変態する**精子完成**（spermiogenesis）の2つの過程からなる．

*8 特定の機能をはたす組織・器官のなかで，その機能遂行を中心的に担う細胞・組織の集合である実質を栄養的・構造的に支える細胞・組織．

11.2.1 精子発生

始原生殖細胞は生殖原基へ移動した後，体細胞の性に依存して精子もしくは卵へとその運命が決まる．マウスでは移動後すぐに雌の生殖細胞は減数分

裂に入るのに対して，雄の生殖細胞はいったん細胞周期のG1期で分裂を停止し，出生後再び有糸分裂を始める．

　精原細胞は形態的特徴からA型，中間型，B型に分類される．A型精原細胞は精細管の基底膜に接する場所に位置し，最も未分化な精原細胞である．移植実験や細胞培養実験などから，A型精原細胞には幹細胞としての機能をもつものともたないものが存在すると考えられている．A型精原細胞は有糸分裂を繰り返し，中間型精母細胞，B型精原細胞へと分化した後，さらに有糸分裂を行うことによって一次精母細胞を生じる．一次精母細胞は，DNA含量を2倍に増加した後，減数分裂の第一分裂を行うことによって，二次精母細胞となる．さらに続いて起こる第二分裂で丸い半数体の精子細胞がつくられる(図11.4)．精原細胞から精子細胞へと分化を続ける細胞は，分裂の間に完全に分離することなく細い細胞質架橋でつながった網状構造を形成し，分化に伴って精細管の内腔に向かって移動する．

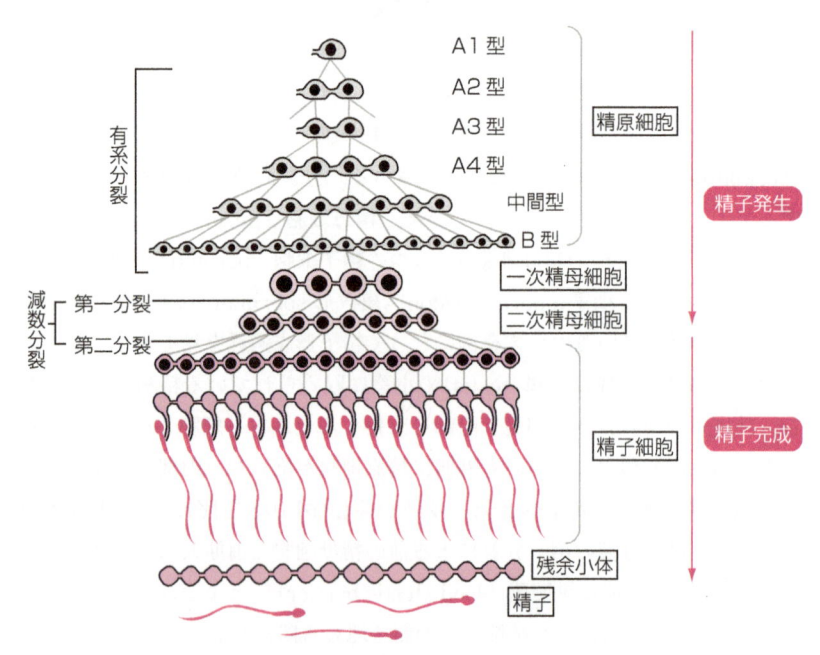

図11.4　精子形成過程—精原細胞から精子へ
(Bloom and Fawcett, 1975 を参考に作図)

11.2.2　精子完成

精子完成には次の4つのおもな過程がある．

① ゴルジ体が融合して受精に重要な役割を果たす先体の形成
② 中心体[*9]から精子の運動に必要な尾部の形成

＊9　2個の中心小体からなる．それぞれの中心小体は，3本の微小管が1組になり，その9組が筒状に配列した中空構造になっている．中心体は，細胞分裂時に重要な役割を担っている細胞内小器官であり，鞭毛を派生する母体となることも知られている(3.1.2項参照)．

③ 精子の推進エネルギーを供給する多数のミトコンドリアが集まっている ミトコンドリア鞘の形成
④ 核タンパク質であるヒストンのプロタミンへの置換によって，クロマチンが凝縮しDNAが層状に折りたたまれる過程

精子完成が終わりに近づくと，精子細胞は，大部分の細胞質を残余小体として残して，精細管腔へ放出されて精子となる（図11.5）．

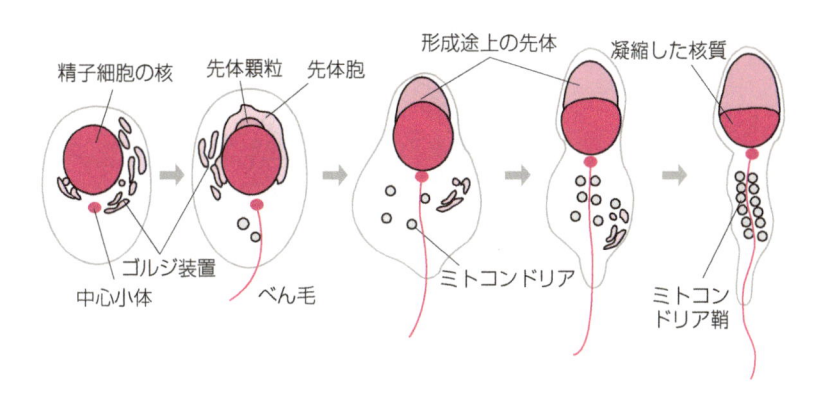

図11.5 精子完成過程─精子細胞から精子への変態

11.3 マウスの卵形成と成熟

ショウジョウバエとマウスの卵形成に見られる相違点として，ショウジョウバエでは幹細胞により生涯にわたり卵形成が維持されるのに対して，マウスの卵原細胞は幹細胞としての能力をもっていないことがあげられる．したがって，マウス1個体がつくりだすことのできる卵の最大値は一次卵母細胞の数で規定される．しかし，どちらの卵母細胞も長い減数分裂過程をへて巨大化すること，不等分裂により1つの卵母細胞から1つの卵細胞がつくられること，体細胞との相互作用により卵形成が進行することなど，共通項も多い．ここではマウスを例に卵形成過程を見ていく．

11.3.1 卵形成

雌性生殖腺の原基となる生殖堤では，**一次性索**（sex cord）[10] は形成されるが，萎縮退行する．一方，生殖堤の皮質上皮は増殖を続け，始原生殖細胞を取りこんで二次性索を形成し，生殖堤から卵巣の基本構造が完成する．ここで，始原生殖細胞は**卵原細胞**（oogonia）へ分化する．何回かの有糸分裂を繰り返した後，一部は**一次卵母細胞**（primary oocyte）となり，減数分裂を開始する．一次卵母細胞になることができなかった卵原細胞は消滅し，残った一次卵母細胞は第一分裂前期で休止状態に入る．卵母細胞で起こる減数分裂

[10] 爬虫類，鳥類，哺乳類の生殖巣原基において，表面をおおう生殖上皮が増殖して原基中に伸長してできた索状構造．一次性索からは精巣の精細管が，二次性索からは卵巣の卵胞が分化する．

は，精子形成の場合と異なり，第一分裂前期が非常に長いという特徴をもつ．これは第一分裂前期の複糸期に達すると，卵母細胞の分裂はいったん停止し，成長期に入るためである．

一次卵母細胞の周囲を一層の扁平な卵胞上皮細胞が囲むようになると，原始卵胞が形成される（図11.6）．原始卵胞内の一次卵母細胞は成長を始めるが，その一部のみが最終の成長段階に到達し，残りの大多数の一次卵母細胞は原始卵胞内にとどまるか，成長の途上で退行する．

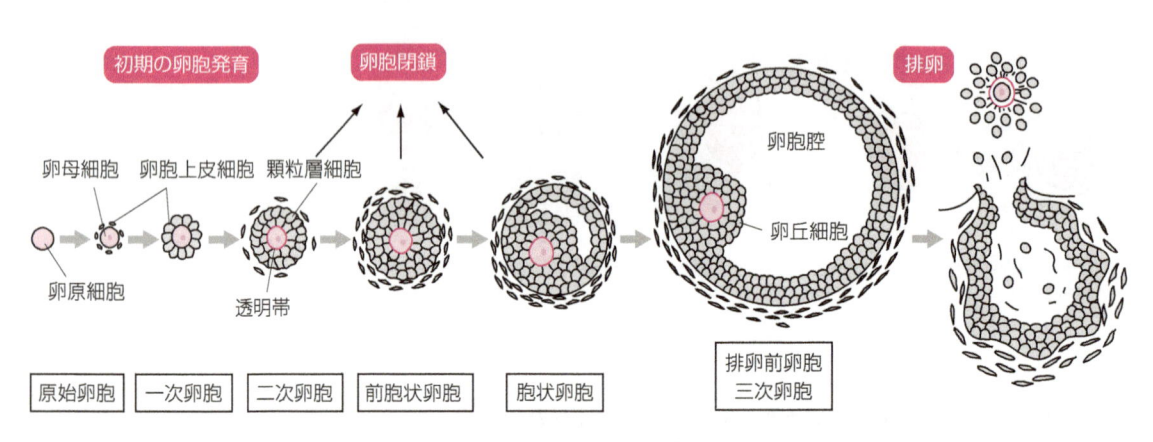

図 11.6 卵胞発育と排卵
〔岡村均，『岩波講座 現代医学の基礎 5 生殖と発生』，岩波書店（1999）より〕

11.3.2 卵母細胞の成長

成長を開始した一次卵母細胞の核はしだいに大きくなり，**卵核胞**（germinal vesicle）とよばれるようになる．卵細胞質も体積を増加するようになり，一次卵母細胞の直径がおよそ 12～15 μm であるのに対して，最終の成長段階の卵母細胞の直径はおよそ 80 μm 前後にまで成長する．この間，第一分裂前期の複糸期で停止したままである．この過程で，卵核胞ではRNAが，卵細胞質ではタンパク質が活発に合成されるようになる．十分に成長したマウス卵母細胞では，体細胞の 200 倍のRNAと 1000 倍のリボソームが，そして肝細胞の 50～60 倍のタンパク質が含まれているといわれている．

11.3.3 卵胞形成

一次卵母細胞の成長とともに，周囲を囲んでいる原始卵胞の卵胞上皮が形態的変化と活発な増殖を開始する．原始卵胞の扁平な卵胞上皮は，立方状になり，その外周は基底膜に包まれて**一次卵胞**（follicle）になる．一次卵胞内の一層の卵胞上皮細胞は活発に増殖し，卵母細胞を何層にも取り巻くようになる．また，**透明帯**[*11]（zona pellucida）が卵母細胞と卵胞上皮細胞との間に出現する．このような卵胞を二次卵胞とよび，重層化した卵胞上皮細胞をとく

[*11] 哺乳類の卵を包んでいる透明な膜で，その成分はおもに硫化糖タンパク質である．

[*12] 二次卵胞の初期に，卵胞は周囲の結合組織の細胞，すなわち繊維芽細胞と膠原繊維によって同心円状に取り囲まれるようになる．これを卵胞膜という．卵胞の発達に伴って卵胞膜は，上皮様細胞からなり毛細血管がよく発達した内卵胞膜（theca interna）と，外側のおもに繊維芽細胞やコラーゲン繊維からなる外卵胞膜（theca externa）とに分かれる．

に**顆粒層細胞**(granulosa cells)という．基底膜の外側には**卵胞膜**(theca folliculi)[*12]が形成される．さらに，顆粒層細胞間の所々に間隙が出現し，それぞれの間隙が合体し，その中を液成分で満たしている**卵胞腔**(follicular vesicle)[*13]が形成される．卵胞腔はしだいに拡張するようになり，一次卵母細胞は何層もの顆粒層細胞に囲まれた状態で卵胞の一方に押しやられる．つまり，顆粒層細胞で囲まれた卵母細胞が卵胞腔に突出した形になる．この突出した部分を**卵丘**(cumulus)と称し，その部分の顆粒層細胞を**卵丘細胞**(cumulus cells)という(図11.6)．

11.3.4　卵成熟と減数分裂の完了

個体が性成熟期に達すると，性周期(estrus cycle)を繰り返し，黄体形成ホルモン(LH)[*14]の血中濃度が一過的に高くなる．この作用によって，卵胞内で十分に成長した一次卵母細胞の一部は減数分裂を再開する．卵母細胞の分裂は極端な不均等分裂で，半数の染色体を含む小さな細胞の**第一極体**(polar body)を囲卵腔[*15]に放出する．第一極体の放出を完了した卵母細胞を**二次卵母細胞**(secondary oocyte)とよぶ．二次卵母細胞は，その後ただちに第二分裂を開始し，中期に到達すると，ここで再び減数分裂を休止する．

[*13] 卵胞腔ができた卵胞を胞状卵胞という．

[*14] 下垂体前葉から分泌される性腺刺激ホルモンのひとつで，精巣および卵巣でのホルモン産生細胞を刺激する．雄では，精巣のライディッヒ細胞からのアンドロジェンの合成分泌を促進する．雌では，卵巣に作用し，排卵誘起，黄体形成および黄体でのホルモン合成と分泌の促進を行う．

[*15] 透明帯と卵細胞との間の空間．

Column

卵成熟促進因子(Maturation Promoting Factor)とMPF

2001年のノーベル医学生理学賞は細胞周期調節機構の業績で，アメリカのハートウェル(L. Hartwell)とイギリスのナース(P. Nurse)とハント(T. Hunt)に贈られた．この細胞周期の制御にはMPF(MitosisもしくはM-phase Promoting Factor)が中心的因子として働く．ハートウェルとナースは酵母の細胞増殖突然変異体を用いた研究から，MPFの構成要素であるサイクリン依存性キナーゼを発見した．また，ハントはカエルやウニの受精卵の卵割における細胞周期の研究からサイクリンタンパクを発見した．この2つのタンパク質の複合体がMPFとしての活性をもち，細胞周期のG2期からM期への制御を行っていることが明らかになった．この因子は，実は，日本からアメリカに渡り，カナダのトロント大学で研究を進めた増井禎夫によって発見された卵成熟促進因子と同じものだったのである．増井らはアフリカツメガエルの卵母細胞が減数分裂を再開して受精可能になる過程(卵成熟, oocyte maturation)を研究して，卵母細胞内に卵成熟を促進させる因子があることを見つけ，これを卵成熟促進因子(Maturation Promoting Factor)と名づけた．卵成熟促進因子を精製したところ，その因子は2つのタンパク質から成り立っており，一方はサイクリン依存性キナーゼと相同なもの，もう一方はサイクリンタンパク質と相同なものだったのである．同じであることが判明して以降，MaturationをMitosisもしくはM-phaseに読み替えて，MPFとよばれるようになった．異なる2つの研究，酵母の細胞周期とカエルの卵成熟の研究が融合することにより，真核生物の細胞周期に必要な因子が明らかにされたのである．残念なことに，卵成熟研究の立役者，増井禎夫はノーベル賞を受賞することはできなかったが，日本人によってなされた優れた科学業績を記憶にとどめておいてほしい．

11章 動物の配偶子形成と受精

この段階で卵母細胞は受精可能の状態になっている．一次卵母細胞が受精可能な状態になる過程を**卵成熟**（oocyte maturation）とよぶ．この卵成熟はサイクリン依存性キナーゼとサイクリンタンパク質の複合体，MPF（卵成熟促進因子あるいはM期促進因子）により制御される．卵成熟を完了した卵母細胞は卵胞から放出され（**排卵**，ovulation），卵管内に誘導される．ここで精子の進入を受けることによって，卵母細胞は減数分裂を再開し，姉妹染色分体が分離して第二極体を放出する．胎子期の卵巣内で始まった減数分裂は**第二極体**の放出によって完了する（図11.7）．

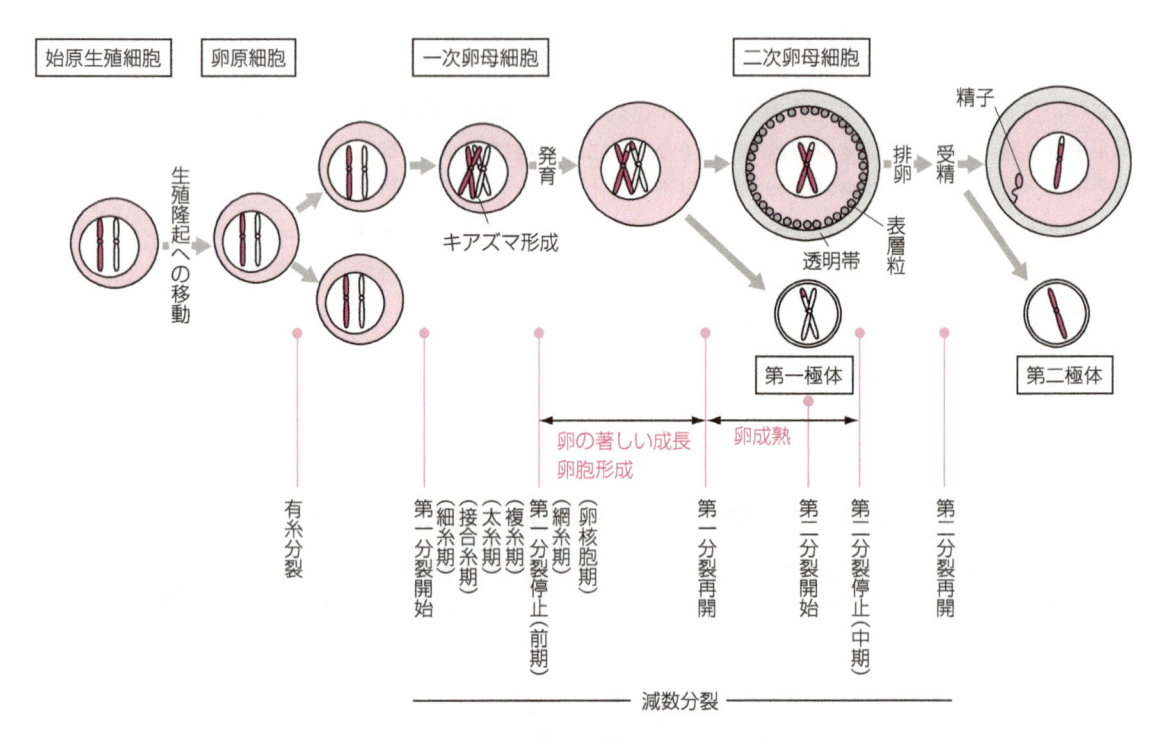

図11.7 卵形成と成熟―卵原細胞から二次卵母細胞へ

11.4 マウスの受精

受精（fertilization）とは，雌雄の配偶子である卵と精子が融合して**接合子**（zygote），つまり受精卵となるまでの過程をいう．受精によって，半数体の父親と母親由来の遺伝情報を受け継いだ新しい二倍体（2n）の遺伝子構成をもつ受精卵がつくられ，それは新たな個体へと発生を開始する．

11.4.1 受精能獲得

交尾によって雌の生殖器内に射出された0.5～100億もの精子は，**子宮**（uterus）内を経由して受精が行われる**卵管**（oviduct）の膨大部までそれぞれ

の器官の収縮運動や精子の運動性によって到達する．卵管膨大部に到達する精子の数は著しく減少し，およそ数百となる．

　射出精子が受精部位に到達するまでの過程で受ける精子の機能的変化として**受精能獲得**(capacitation)現象がある．精子は，受精能獲得現象を起こして初めて卵へ進入することが可能となる．射出直後の精子は，形態学的にも完成されており，活発な前進運動を示すにもかかわらず，受精する能力をもたない．その理由のひとつとして，射出直後の精子の表面は**精巣上体**(epididymis)[*16]や副生殖腺からの分泌物によって被膜されていることがわかっている．この物質は受精能獲得抑制因子とよばれ，その実態は不明であるが，精子が雌性生殖道内を移動していく間に精子表面から徐々に除かれる．おそらく，精子膜中のコレステロール含有量の低下によって誘導される膜の流動性の高まりが，受精能獲得に重要な要因となっていると思われる．

11.4.2　先体反応

　第二分裂中期で分裂を停止した二次卵母細胞が排卵され，卵管膨大部で受精する．排卵された卵母細胞は，その透明帯の周りを多数の卵丘細胞で包まれていることから，受精能獲得精子は，まず卵丘細胞群の間を通過して透明帯表面に達する．

　卵への進入の第一段階である精子の透明帯通過は，受精能獲得精子の透明帯表面への接着から始まる．続いて，透明帯成分のひとつであるZP-3糖タンパク質と精子側のZP-3特異的レセプターとの間の結合によって，精子頭部に**先体反応**(acrosome reaction)[*17]が誘導される(図11.8)．先体反応を起

[*16] 精巣でつくられた精子は，精巣輸出管によって精巣外にでて精巣上体へ移送される．精巣上体は頭部，体部そして尾部からなる．精子は，精巣上体内部の非常に細く長い迂曲した精巣上体管を頭部から尾部へと移動する．尾部に到達した精子は射精されるまでの間ここで貯留される．

[*17] 精子頭部の細胞膜とその直下にある先体の外膜が部分的に融合し，胞状化を起こして，精子頭部にある先体胞内のさまざまな酵素を含む内容物を外部に放出する現象．

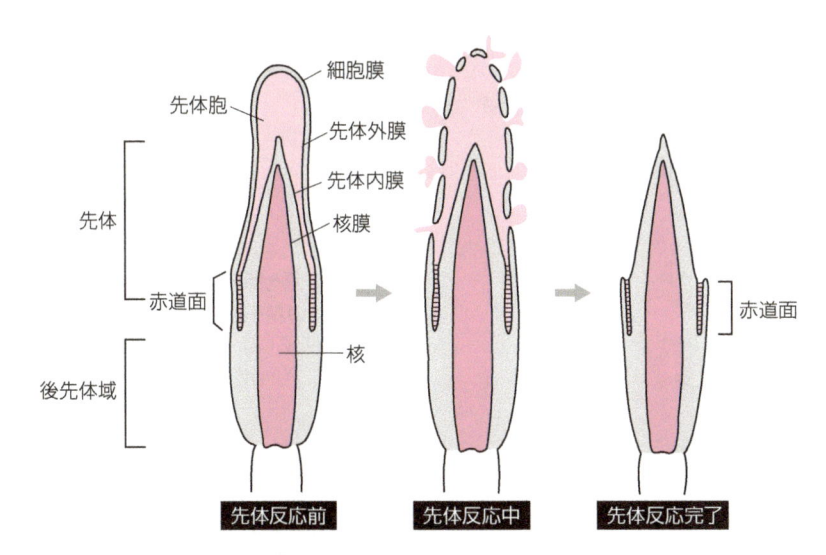

図11.8　精子の先体反応
細胞膜と先体外膜の膜融合によって先体が崩壊し，先体胞内容物が放出される．

こした精子は，放出された酵素の働きなどによって透明帯を通過できるようになる．

11.4.3 精子進入による卵細胞内の変化

透明帯を通過した精子は囲卵腔に入り，それからその頭部の赤道面で卵細胞膜に接着し，融合することによって卵細胞内に取りこまれる．精子の卵細胞質への結合・融合は，精子の透明帯通過に比べて種特異性は低い．

卵細胞内への精子進入刺激で卵の発生開始の引き金となる一連の事象が誘導される．これを**卵の活性化**(activation)という．

まず，卵細胞膜直下に存在している表層粒が囲卵腔に向かって開裂し，その内容物が**開口分泌**(exocytosis)によって囲卵腔に放出される．これを**表層粒反応**(cortical granule reaction)とよぶ（図11.9）．この内容物中に含まれている複数の酵素の働きで透明帯および卵細胞膜の性質が変化し，卵細胞質内へ精子が進入できなくなる．これらの変化をそれぞれ**透明帯反応**(zona reaction)と**卵黄遮断**(vitelline block)とよび，いずれも**多精子進入**(polyspermy)に対する拒否機構として働く．

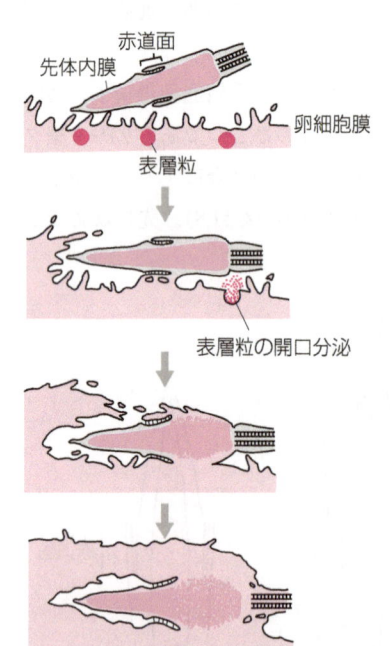

図 11.9 精子と卵の融合による卵細胞内への精子進入の初期過程
表層粒の開口分泌によって内容物が放出される（表層粒反応）．(Yanagimachi, 1994を参考に作図)

また，表層粒反応とほぼ平行して，減数分裂の第二分裂中期で停止していた分裂が再開する（図11.10）．この分裂再開には，卵細胞質内の遊離 Ca^{2+} 濃度の顕著な上昇および下降の繰り返し（カルシウムオシレーション）が必要とされる．

Ca²⁺濃度の上昇によって第二分裂中期から分裂が再開されると,この場合も極端な不均等分裂を起こすことによって,半数の染色体を含む非常に小さな細胞である第二極体を放出し,減数分裂を完了する.

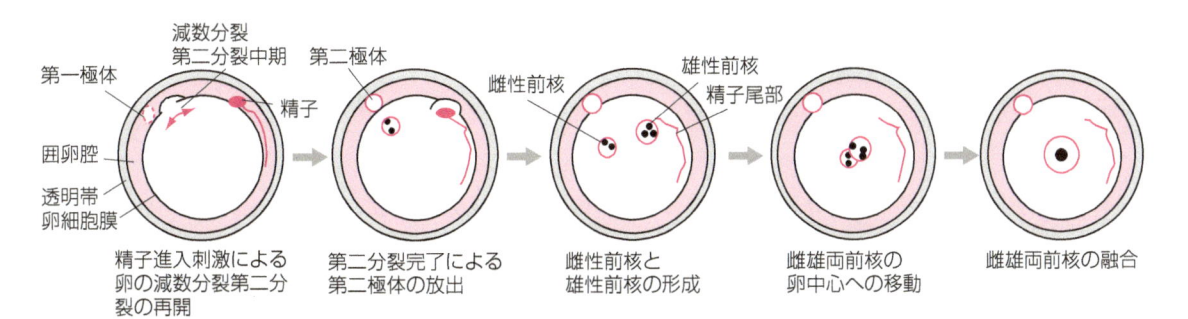

図 11.10 精子の透明帯通過以後の受精過程

11.4.4 前核形成

卵細胞質内に進入した精子の頭部は膨化し,核膜の消失が起こる.続いて,精子進入の3時間後ごろに精子頭部DNAの周囲に核膜が形成されるようになる.ほぼ同時期に,第二極体の放出から残った卵細胞質内の染色体DNA周囲にも核膜形成が起こる.こうして,同じ卵細胞質内に精子由来と卵由来の半数体の核,**雄性前核**(male pronucleus)と**雌性前核**(female pronucleus)が形成される.雌性前核は第二極体の近傍に位置し,雄性前核の近傍には精子尾部を観察することができる(図11.10).

形成された雌雄両前核では,ほぼ同時にDNA複製がはじまり,このころから両前核は次第に卵細胞質中央部に向けて移動し,それぞれの前核は**融合**(syngamy)する.雌雄両前核の融合によって,受精は終了する.

練習問題

1 ショウジョウバエには,腹部体節を欠失し極細胞も形成しない突然変異体と,腹部体節は欠失するが極細胞は形成する突然変異体がいる.これらの変異体から生殖細胞の成立過程にはどのような段階があると考えられるか考察しなさい.

2 生殖顆粒の構成要素を概略し,その顆粒が果たす役割を考察しなさい.

3 精子形成と卵形成において,生殖細胞の発達の違いを考察しなさい.

4 精巣と卵巣の形態的類似点を述べなさい.

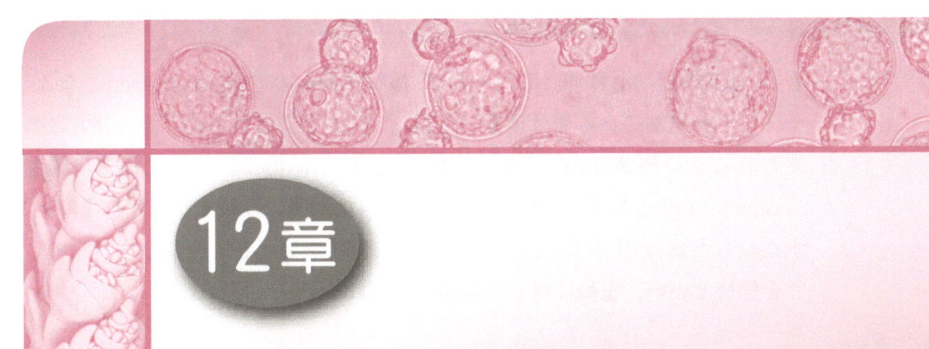

12章 植物の初期発生と栄養成長

　動物では，胚発生の段階で，どの領域の細胞から将来どのような器官が形成されるのかが決められている．しかし，植物は，生涯を通して新しく器官（根，茎，葉）をつくり続け，生活環の後期には，初期に形成されたものとは形態的にもまったく異なる形態をとる．植物の場合，胚においても，成熟した個体においても，発生の中心となる「場」が存在し，それは**分裂組織**（meristem）[*1]とよばれる．

　植物細胞は，細胞壁を介して，隣り合った細胞どうしが強固に連結されている．この細胞壁の存在のために植物細胞は動物細胞とさまざまな点で区別される．まず，植物細胞は細胞壁の中に閉じ込められているため動くことができない．また，細胞壁により空間的な位置が決められており，その位置情報を得て，分化と伸長を行わなければならない．位置情報とは，植物個体全体のなかでその細胞の位置を示す情報で，位置情報によって細胞は，ときには表皮や内部組織，ときには分裂領域となる．この章では，被子植物（5.1.3項参照）に焦点を絞って，植物の初期発生と栄養成長期の発生について考えてみる．

12.1 植物のシュート

　典型的な維管束植物[*2]は，地上部に**茎**（stem）と**葉**（leaf）を，地下部に**根**（root）を形成する（図12.1）．葉や茎は**茎頂分裂組織**（shoot apical meristem：**SAM**）[*3]の働きにより成長し，根は**根端分裂組織**（root apical meristem：**RAM**）[*4]の働きにより成長する．また，植物体を通して維管束系が存在し，水や栄養分を植物体全体の組織へと供給している．

　1本の茎と，そのまわりに規則的に配列する複数の葉からなる単位を植物学上は**シュート**（shoot）とよび，いわゆる枝がその一例である．植物体に最初につくられる若いシュートを幼芽といい，未熟な若い茎と複数の若い葉を

[*1] 細胞が分裂して新しい細胞をつくる能力のある植物体の特定の領域．茎頂，根端，形成層などに存在する．

[*2] 緑色植物中の一亜門で，植物体中に維管束をもつ植物の総称．

[*3] 茎頂に存在する頂端分裂組織．茎頂には，茎および側生的に葉を形成する栄養期茎頂と，花序あるいは花を形成する生殖期茎頂とがある．

[*4] 根の端に存在する分裂組織．根端の最先端部分に存在する根冠の内側に位置する．

もつ．幼芽が展開して伸長したものが，植物体最初の主軸(main axis)となる．シュートの先端にある芽は**頂芽**(terminal bud)とよばれるが，茎の側方につくられる芽を**側芽**(lateral bud)といい，種子植物では一般に側芽は**腋芽**(axillary bud)として発生する．腋芽とは，葉が茎に接続する部分のすぐ上，すなわち葉腋(axil)に発生する芽である．側芽が展開して伸長した「枝」のことを側枝といい，主軸に対して側軸とよばれる．

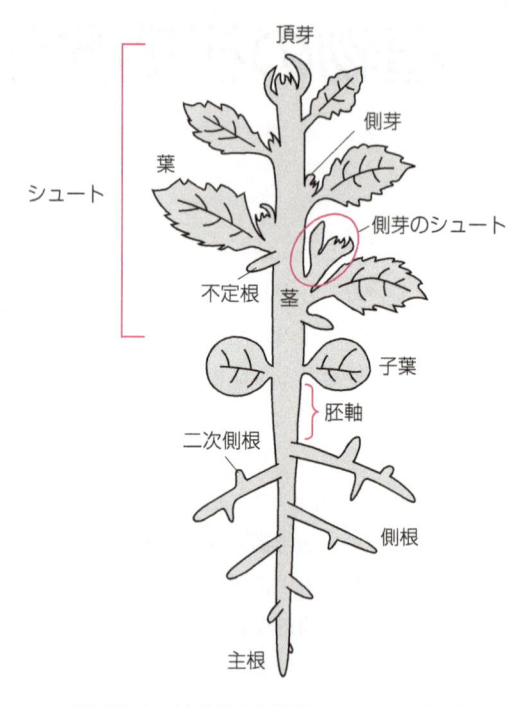

図12.1 植物体の外観とシュートの概念

12.2 植物の胚発生と種子形成

花粉親に由来する精核(n)が母親の**胚珠**(ovule)内の卵細胞(n)と受精して，2nの受精卵が形成される．受精卵は細胞分裂を繰り返し，やがて胚を形成する．この過程を胚発生という．被子植物において胚発生は通常胚珠内で起こり，種子形成過程の一部としてとらえることができる．

成熟した種子中の胚は，ラン科のようにきわめて未熟な状態の胚から，すでに幼芽に数枚の葉原基が形成されている胚まで，植物の種類によってその発達の程度がさまざまである．一般に胚発生が終わるころに**子葉**(cotyledon)[*5]，胚軸，幼根が明瞭となり，子葉から幼根までを通して，維管束に分化する前形成層(procambium)が見られる．そして胚軸の上端，双子葉植物であれば2枚の子葉の基部の間に，茎頂分裂組織がつくられる．ま

[*5] 種子植物の個体発生で最初につくられる葉．胚発生で第一節に生じる．その後に生じる普通葉とは異なった特異な形質になることも多い．

12.2 植物の胚発生と種子形成

た，幼根の先端のすぐ上には根の頂端分裂組織(根端分裂組織)が形成される．

双子葉植物(dicotyledon)[*6]は普通2枚の子葉をもつのに対して，**単子葉植物**(monocotyledon)[*7]では1枚である．イネ科では種皮と胚乳から養分を吸収する**胚盤**(scutellum)が地下に残り，子葉の一部に相当すると考えられる部分が地上にでる．この地上にでてくる部分を**子葉鞘**(coleoptile)という．

一般に受精卵の最初の細胞分裂は不等分裂であり，花粉管が侵入してきた珠孔側に大きな基部細胞を生じる．この大きな細胞からは胚柄(funicle あるいは suspensor)が分化し，もうひとつの頂端細胞からは胚が発生する(図12.2)．胚柄は胚と母体の組織をつなぎ，胚への養分の移行にかかわる器官であると考えられている．頂端細胞は8細胞期まで分裂した後，各細胞の縦分裂により内側と外側の細胞層が確立される．この時期は原表皮期とよばれる．さらに分裂を繰り返して球状型胚を形成した後(球状胚期)，心臓型胚期と魚雷型胚期を経て胚が完成する．心臓型胚期には2つの子葉原基が生じる．このように胚発生の初期には，頂端から基部に向かう軸と，内側から外側へ向かう放射軸が確立する．

[*6] 被子植物において2枚以上の子葉を胚発生期に形成する植物種の総称．

[*7] 被子植物において胚発生期に1枚しか子葉を形成しない植物種の総称．

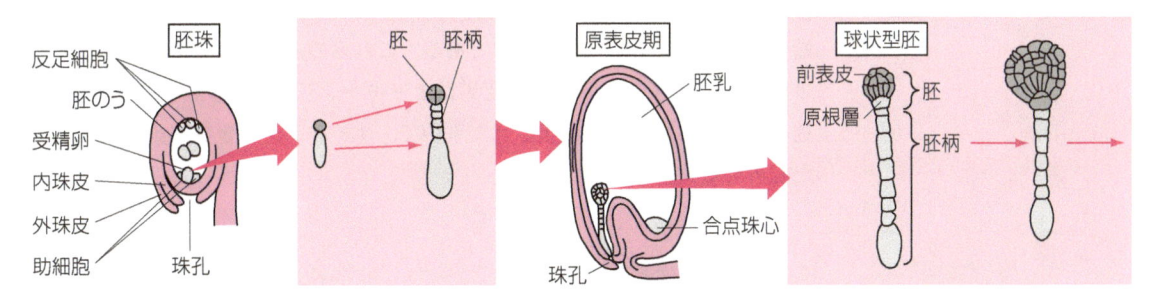

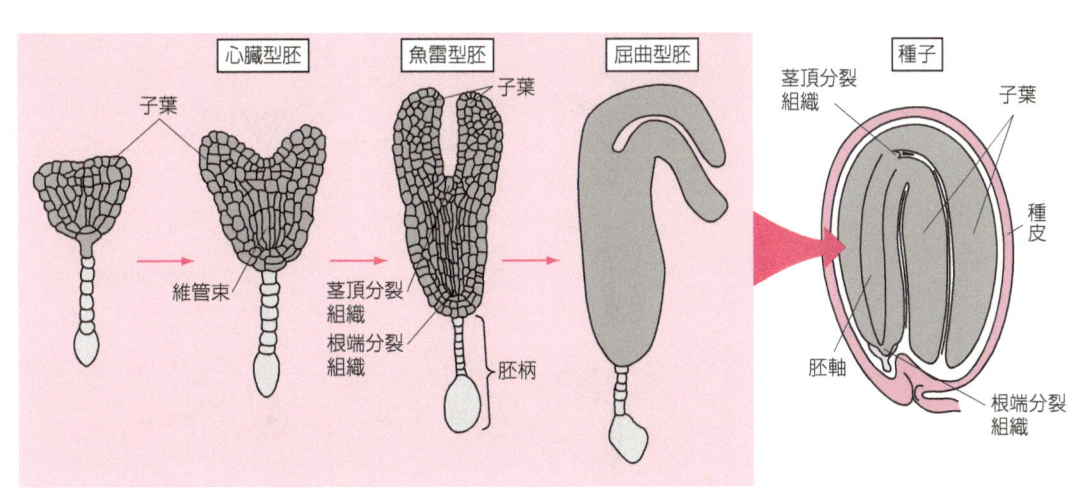

図12.2 シロイヌナズナの胚発生
胚発生は雌性配偶体の中で始まり，受精にひき続いて胚珠の中で進行する．胚はいくつかの段階を経て子葉を形成する．

*8 胚とともに種子を構成する組織で，発芽の際に胚に養分を与える．被子植物では重複受精により3nの核に由来する胚乳が形成される．

種子形成の際に，胚珠内の2つの極核は，花粉親に由来するもうひとつの精核と受精して核相が3nの**胚乳**(endosperm)*8を形成する．しかしこの胚乳は完成した種子の中に常に存在するものとは限らず，種子が成熟する前に衰退してその存在が認められなくなってしまう植物種も多い．このような胚乳のない種子を無胚乳種子といい，胚乳が成熟した種子中に認められる種子を有胚乳種子という．無胚乳種子はマメ科の種子など，子葉に養分を蓄えられるものが多い．また，無胚乳種子をもつ植物は双子葉植物に見られ，単子葉植物の種子は通常，有胚乳種子である．

種子が発芽して，幼植物体が成長を始めると，**芽ばえ**(seedling)とよばれるようになる．しかし，胚と芽ばえは本質的には同じであり，発生的には連続している．

胚発生期の頂端から基部に向かう軸の確立に関与する遺伝子がシロイヌナズナではいくつか知られている（図12.3）．シロイヌナズナの芽ばえで，ある特定の領域が欠けてしまう突然変異体が選びだされており，たとえば，頂端部の子葉が欠けた *gurke* 突然変異体，中央部の胚軸を欠いた *fackel* 突然変異体，子葉のみで基部の欠けた *monopteros* 突然変異体，そして胚軸のみで末端部の欠けた *gnom* 突然変異体である．これらの遺伝子のいくつかがすでに単離されており，*monopteros* 変異はオーキシン（3.4.4項参照）のシグナル伝達に関与する遺伝子が破壊されたもので，オーキシンの極性移動に異常をきたしている．

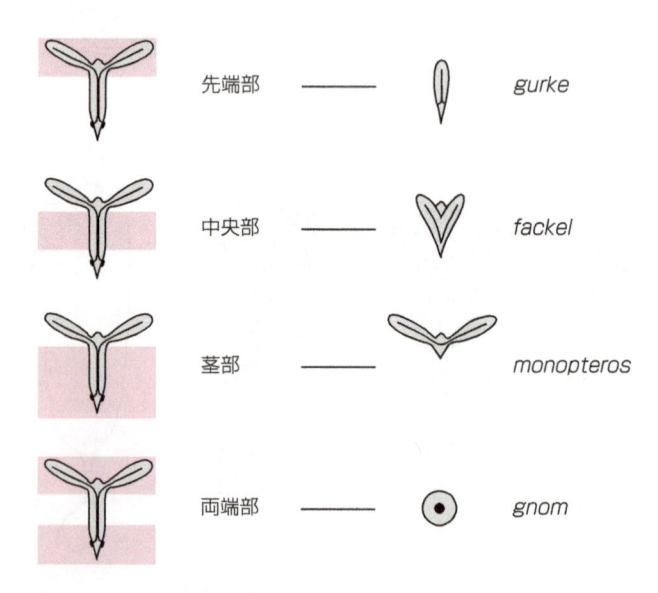

図12.3 シロイヌナズナの胚発生の突然変異体
野生型の幼植物体のうち色をつけた領域が突然変異体では欠失している．

12.3 茎頂分裂組織

すでに述べたように，植物の地上部であるシュートは茎頂分裂組織の働きにより成長する．この茎頂分裂組織では，分裂組織にあるすべての細胞が細胞分裂活性をもつが，分裂の速度は分裂組織内の位置により少しずつ異なる．分裂組織中央領域にある**中央帯**(central zone：**CZ**)の分裂速度は遅く，その周辺領域に相当する**周辺帯**(peripheral zone：**PZ**)にある細胞は高い分裂活性を示す．PZの細胞分裂の速度は，新しく形成されつつある器官での細胞分裂速度とほぼ同じである．CZの細胞分裂は分裂組織を維持するように細胞を補充し続け，一方でPZの細胞分裂は直接器官形成に関与する(図12.4)．

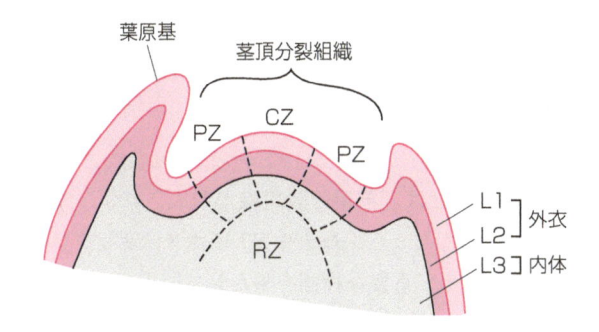

図12.4　茎頂分裂組織の拡大図
L1層とL2層からなる外側の層を外衣，L3層を内体という．これとは別に，分裂組織の中央領域は中央帯(CZ)，その周辺領域は周辺帯(PZ)とよばれる．

被子植物の茎頂分裂組織の細胞は，CZにおいてもPZにおいても層構造をとっている．表層を外衣(tunica)，その内側を内体(corpus)とよぶ．外衣は2層の細胞層からなり，外側からL1層(L1 layer)，L2層(L2 layer)とよばれる．外衣は層に垂直な方向に垂直分裂のみを起こし，L1層L2層ともに細胞のシートとして形成される．内体はL3層(L3 layer)ともよばれる．内体の細胞はあらゆる方向に分裂するため3次元的な細胞集団を形成する．

シロイヌナズナやトウモロコシの突然変異体の解析から，茎頂分裂組織の形成と維持に働くいくつかの遺伝子が同定されている．トウモロコシの*Knotted1*(*Kn1*)変異体は葉に瘤(knot)を形成し，葉脈が不規則に歪んだ奇妙な形態を示す(図12.5)．この変異体では，*kn1*と名づけられた転写調節因子をコードするホメオボックス遺伝子の発現場所がうまく制御されないために，分裂組織様の組織が瘤として異所的に形成される．*kn1*ホメオボックス遺伝子はシュートの分裂組織のL2層とL3層で特異的に発現する．トウモロコシの*kn1*と同じ機能を担うシロイヌナズナの*Shootmeristemless*(*STM*)遺伝子も分裂組織において特異的に発現する．この*STM*遺伝子の機能を欠

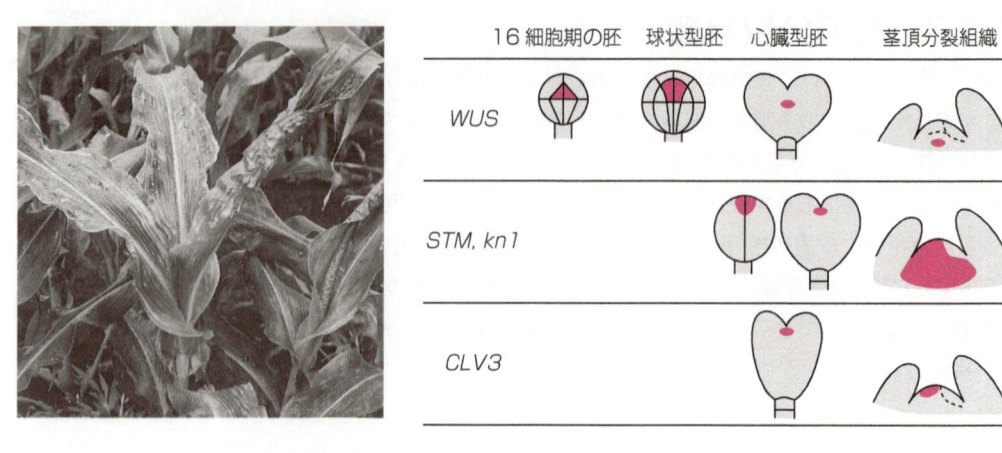

図 12.5　トウモロコシ Knotted1（KN1）突然変異体と茎頂分裂組織で機能するいくつかの遺伝子の発現パターン

胚発生時と茎頂分裂組織での WUSCHEL（WUS），Shootmeristemless（STM），kn1，CLAVATA3（CLV3）の遺伝子発現領域に色をつけた．〔KN1 変異体の写真は "Mutants of Maize", Cold Spring Harbor Laboratory Press (1997) より〕

いた突然変異体 stm では，茎頂分裂組織が形成されず，子葉の展開までで個体の成長が止まってしまう．kn1 や STM ホメオボックス遺伝子は茎頂分裂組織の形成にきわめて重要な役割を果たしている．

　kn1 や STM 遺伝子のほかにも，シロイヌナズナの WUSCHEL（WUS）ホメオボックス遺伝子が分裂組織の形成に重要な役割を担う遺伝子として知られている．この遺伝子の発現は CZ 帯の内体部分のごく限られた細胞でのみ発現する．WUS の発現する細胞は，植物における幹細胞として機能し，分裂組織を形成する細胞群を順次生みだしていく．そのため，WUS 遺伝子の発現は，植物において運命決定のされていない細胞が生みだされているかどうかのマーカーとして用いられている．

　シロイヌナズナでは，clavata（clv）突然変異体が野生型よりも多くの器官を形成する．この clv 変異体では分裂組織のサイズが野生型に比べて大きくなっている．分裂組織のサイズが大きくなることにより，そこから形成される器官の数が多くなる．clv 変異体には 3 種類の突然変異体（clv1, clv2, clv3）が知られている．いずれも同じ表現型を示すが，CLV1, CLV2, CLV3 の各遺伝子本来の働きは異なっている．これら 3 つの遺伝子はそれぞれ細胞膜結合型のレセプタープロテインキナーゼ[*9]，CLV1 と二量体を形成するタンパク質，CLV1 レセプターに結合するリガンドをコードしている．CLV3 は外衣で，CLV1 と CLV2 は内体で発現し，これら 3 種のタンパク質の相互作用により分裂組織の領域が決定される．したがって，これら 3 つの遺伝子のどれかに異常が起こると，分裂組織の領域が正しく決定されず，大きな分裂組織が形成されてしまうらしい．

*9　細胞膜に局在し，膜の外に受容体ドメインを，内部にリン酸化酵素部位をもつ，膜貫通型のタンパク質．細胞外からの特定のシグナルを細胞の内側へ伝達する役目を果たす．

12.4 器官形成

植物の器官形成は，分裂組織から各器官の**原基**(primordium)[*10] が形成されることから始まる．分裂組織からの原基形成のパターンが植物個体のおおまかな外観を決定し，原基から各器官が適切に形成されることで個体発生が進んでいく．胚発生の初期段階で植物個体の上下軸が決定されるが，とくに葉などの側方器官の形成時に，**向背軸**(dorsoventral axis)というもうひとつの重要な軸形成が行われる．

12.4.1 原基からの葉の形成

葉は分裂組織から最初に葉原基として形成される．葉原基は葉への分化に先立って分裂組織の傍らに独立したコブとして認められる．葉の原基から成熟した段階までの順序を示した番号が，各段階の葉につけられている．**葉間期**(plastochron)は，ある葉原基が形成されてから次の葉原基が同じ状態に形成されるまでの時間を指す．たとえば，葉間期1(P_1)は葉原基が形成された最初の段階のことをいう．P_1 は次の葉原基が形成されると P_2 になり，さらに次の葉原基が形成されると P_3 となる．このようにすべての葉が葉間期段階を経ながら発生する．成熟葉の葉間期段階は種によって異なり，トマトでは P_{20}，トウモロコシでは P_{10} である．

茎頂分裂組織は規則正しく原基を形成する．原基が形成されているときでも分裂組織は成長し続けるので，分裂組織の成長に伴って側方器官の原基は水平方向にも，またシュートの軸にそって下方向にも移動して，新しい原基と分離される．この器官の配置は**葉序**(phyllotaxy)[*11] とよばれ，葉序は輪生状であったり，らせん状であったりさまざまである．

12.4.2 葉の構造と形態形成

葉は茎の周りに規則的に配列し，光合成を行う．植物体と外界の間の CO_2 と O_2 の交換や蒸散を積極的に行う．緑色で光合成を行う葉を普通葉というが，普通葉には原則的に**葉身**(lamina, blade)，**葉柄**(petiole)，**托葉**(stipule)がある．双子葉植物では托葉は2枚である．しかしこれら3つの要素のうち，1つもしくは2つ欠く葉も多い．1つの葉で葉身がひとつにまとまっているものは，単葉とよばれる．葉身が複数の部分に分かれている葉を複葉といい，分かれている葉身のひとつひとつを小葉(leaflet)という．

葉脈とは，組織としては葉の**維管束**(vascular bundle)を指し，器官としてはその維管束のある部分全体を漠然と表す．つまり，維管束のある部分の上下のふくらみも含めて葉脈とよぶことが多い．

すでに述べたように葉原基は茎頂分裂組織から発生する．まず，葉原基発生にかかわる細胞の分裂と肥大によって，茎頂の外側にややふくらみを生じ

[*10] 個体発生においてある器官が形成されるとき，その器官が形態的，機能的に成熟する以前の段階をよぶ．植物においては，分裂組織から器官が分化する途中で，まだ胚的状態にあるときを原基とよぶ．

[*11] 葉の茎面における配列様式を葉序といい，1つの節につく葉の枚数に基づいて輪生葉序，対生葉序，互生葉序などに分けられる．

る．その後，先端部分の細胞とその下方の細胞が分裂を繰り返し，葉原基は縦方向に伸長する．次に，葉原基両側の将来葉の縁をつくる方向に葉の周縁分裂組織が分化して，葉の周縁成長を行う．このようにして葉の原型が形づくられると，その後は，葉原基を構成する細胞がそれぞれ分裂，肥大を繰り返して葉の形が完成する．イネ科の植物などの単子葉植物では，葉原基の基部に分裂組織が残って，この部分の細胞数が増加することによって，最初に突起した部分を押し上げるようにして葉原基が伸長する．

分裂組織のほうに向いている面を**向軸側**（adaxial side）とよび，背側としてとらえ，分裂組織とは反対側の面は**背軸側**（abaxial side）とよび，腹側としてとらえている．向軸側と背軸側の2つの面にはたがいにさまざまな違いが存在する．P_1のような発生のごく初期には向軸側の細胞は背軸側の細胞に比べてサイズが小さく，液胞化が進んでいない．P_2になると明確な向背軸にそったパターン形成が観察される（図12.6）．

向背軸の違いは，トライコーム（trichome，毛状突起）や気孔（stoma）[*12]の配置といった表皮細胞（epidermis cell）の個性にも影響を与える．気孔は孔辺細胞（guard cell）によって囲まれて開閉を行い，CO_2とO_2の出入りを調節し，光合成と呼吸にかかわる．一般的に気孔は背軸側に多く存在する．

葉では表皮細胞の下に**葉肉**（mesophyll）がある．葉肉細胞は光合成を行う柔細胞から構成されており，葉緑体を多く含むことが特徴である．葉肉細胞には柵状柔細胞（palisade parenchyma cell）と海面状柔細胞（spongy parenchyma cell）がある．柵状柔細胞は向軸面に形成され，柵状柔細胞と下面表皮の間に海面状柔細胞が存在する．維管束はこの海面状柔細胞の層の中に存在する．水などを通道する**木部**（xylem）は向軸側に，栄養分などの通道

[*12] 高等植物の地上部，とくに葉の表皮に多く存在する構造で，孔辺細胞の間に生じる小隙をよぶ．気孔は炭酸同化，呼吸，蒸散作用において空気や水蒸気の通路となる．

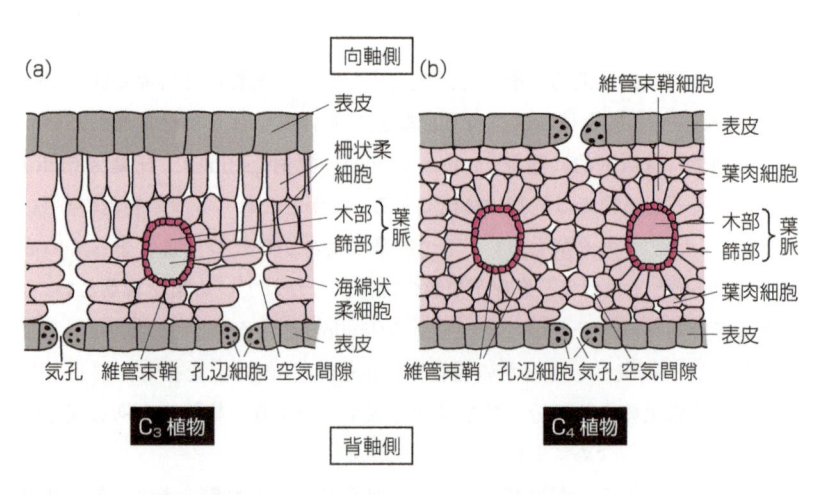

図12.6 葉の横断面
C_3植物（a）とC_4植物（b）の葉の横断面の比較．図の上方が向軸側で下方が背軸側になる．

する**篩部**(phloem)は背軸側に配置される．非常に小さな葉脈でなければ，葉脈では維管束を1層の柔細胞が取り囲んでいる．これを**維管束鞘**(bundle sheath)という．維管束鞘は通常葉緑体をもたない柔細胞からなるので，葉肉の細胞と維管束の細胞とは直接には隣接しない．

シロイヌナズナの優性の突然変異体 *phabulosa* では，葉の背軸側の特徴がなくなり，葉の両側から腋芽が形成される．つまり *phabulosa* 変異体の背軸側の葉は向軸側化されている．*PHABULOSA* 遺伝子はホメオドメインとジンクフィンガー[*13]をもつ転写因子をコードしており，野生型の植物では P_0，P_1 を通して発現し，P_2 になると葉の向軸側のみに発現が限定される．*phabulosa* 変異体では，この遺伝子発現が背軸側でも発現していて，この背軸側における異所的な発現が葉全体を向軸側化させる原因となったと考えることができる．つまり *PHABULOSA* 遺伝子はもともと葉の向軸側の発生に必須の遺伝子である．このような葉の向背軸の決定にかかわる遺伝子は，キンギョソウやトウモロコシなどでも知られている．

光合成で植物が CO_2 を利用して最初につくる物質は炭素3つの化合物(3-ホスホグリセリン酸)だが，トウモロコシなどでは最初の産物が炭素4つの化合物であることが知られており，前者を **C_3 植物**，後者を **C_4 植物**とよんでいる．トウモロコシのような C_4 植物では，維管束鞘が二重で，そのひとつは C_3 植物と共通の形質を示すが，もうひとつは比較的大きな柔細胞からなる維管束鞘細胞として分化し，**環状葉肉**(kranz)とよばれる(図12.6)．環状葉肉をつくる維管束鞘細胞には葉緑体が豊富に含まれている．

12.4.3 茎の構造と維管束の分化

茎は普通，植物体の地上部にあって，地上部を支え，物質の通道に役立つ．ジャガイモの塊茎(tuber)のように，茎が貯蔵器官となる植物も多い．

茎の表皮は，植物体をおおう部分で普通は1層の細胞層からなる．一般に表皮細胞どうしは，植物体の表面をすきまなくおおって，外界の影響が植物体内に直接にはおよばないように保護している．茎の表皮の内側には**皮層**(cortex)と**中心柱**(central cylinder, stele)があり，皮層は表皮と中心柱の間の部分を指す．皮層はそのかなりの部分が柔細胞からなり，細胞間には空気間隙が豊富である(図14.6参照)．皮層と中心柱の境界には**内皮**(endodermis)[*14]が形成される．

双子葉植物の中心柱では，木部を茎の内方側，篩部を外方側にしてセットとなり，このセットが数本から多数放射状に配列して維管束を形成する．中心柱の維管束以外の部分はおもに柔細胞からなり，とくに中心柱の維管束の内側の部分の柔細胞からなる領域を**髄**(pith)とよんでいる．木部を構成する細胞は，水や無機養分を移動させる．これに対し，篩部を構成する細胞は，

*13 zinc-finger. DNA結合領域がとる立体構造のひとつ．4個のシステインにより2価の亜鉛イオンを配置する．

*14 皮層の最内層に形成される鞘状組織．一般的に根では形成されるが，茎では形成されない場合もある．内皮の細胞の細胞壁はしばしば木化し(カスパリー線)，細胞壁間の物質の通過を遮断する．

12章 植物の初期発生と栄養成長

*15 茎および根の木部と篩部の間にある分裂細胞の列をいい，並層分裂して内外にそれぞれ二次木部および二次篩部を形成する．

有機養分を移動させる．**形成層**（維管束形成層，cambium）[*15] は裸子植物と双子葉植物に見られ，一般に木部と篩部の間に分化する．

12.4.4 根の構造と形態形成

　根は発生の位置などの違いからいくつかに区別される．胚に形成される最初の根は幼根とよばれる．幼根が伸長してできる根は直根とも，主根ともよばれる．側根は，根が側方につくる根であり，もとの根を主軸とすれば，側根は側軸となる．根以外の器官に発生する根を不定根という．

　根は普通，植物体の地下部にあって植物体を支え，水や無機塩類の吸収を行い，物質の通道に役立つ．貯蔵のための貯蔵器官となるものも多い．サツマイモの塊状根は横にはう茎からの不定根が肥大してできた貯蔵器官で，「いも」のすべての部分が根である．サツマイモやダリアのように貯蔵器官となる根は貯蔵根（storage root）とも塊状根（tuberous root）ともよばれる．このような根は栄養繁殖に役立つ．建物の壁面をはい登るツタの茎では，多数の不定根があり，植物体を壁面に密着させる役割をもっている．ほかにも根には，ガジュマルなどの支柱根，寄生植物の寄生根，気根，収縮根など，さまざまな機能をもつものがある．

　根は多数が集まって根系（root system）をつくる．根系には大きく2つのタイプがある．ひとつは直根系で，直根が長く下方に伸長し，これに多数の側根を生じ，さらに側根から側根を生じていく根系をいう．もうひとつはひげ根系で，直根はあまり発達しないか，あるいは枯れてしまうが，胚軸や茎から多数の**不定根**（adventitious root）[*16] を生じる根系をいう．直根系をもつ植物は双子葉植物に比較的多く，ひげ根系は単子葉植物に多い．

　根の先端付近は根端（root apex）とよばれ，最先端をおおっている部分が根冠（root cap），根冠におおわれたところが根の根端分裂組織RAMで，この根端分裂組織のすぐ上に根の若い部分がある（図12.7）．RAMは，根の新

*16 根以外の器官から二次的に形成される根．挿木はこの性質を利用している．

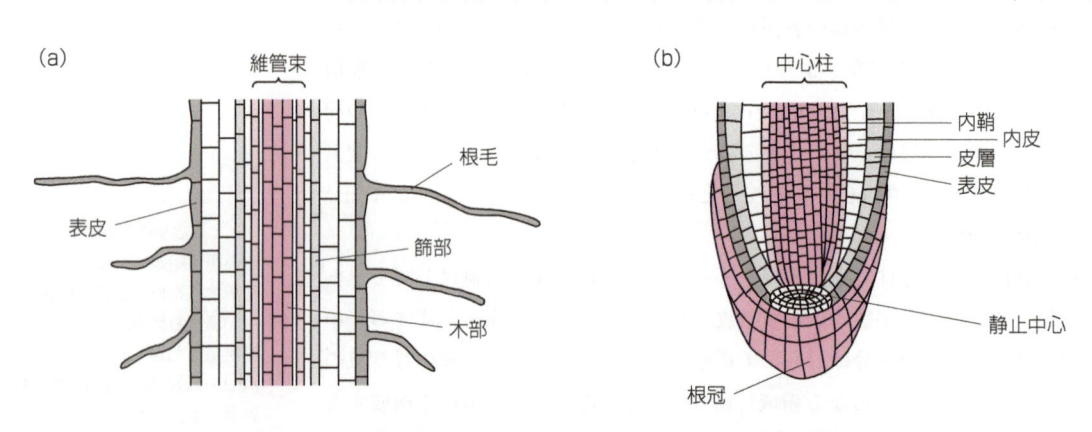

図 12.7　一般的な根（分化領域）の縦断面(a)と根端の縦断面(b)

しく伸長していく部分をつくる細胞から構成されている．植物種によって違いはあるが，一般に，根の分裂組織の少し上の，根の比較的若い部分の表面には根毛が生じる．側根は根毛の生じている部分か，さらに上部に発生する．側根は，シュートに形成される側方器官（葉や腋生分裂組織）とはさまざまな点で対照的である．側根はRAMから離れた部位で発生し，分裂組織から直接つくられるわけではない．

　RAMの中心部には，セントラルセルとよばれる細胞が**静止中心**(quiescent center)[*17]を形成している．静止中心を取り囲むように，一定の速度で細胞分裂を行っている始原細胞(initial cell)が配置する．始原細胞は根の表面に対して垂直な方向に垂層分裂(anticlinal division)[*18]するので，根には長軸方向に並んだ細胞列が見られる．分化した根では，外側から内側へ，表皮，皮層，内皮が並び，内皮の内側に内鞘[*19]があって，さらに維管束組織が発達する．この内鞘と維管束を含めて中心柱とよぶ．内鞘細胞が垂層分裂して新たな側根の原基になる．

12.5 植物の成長と植物ホルモン

茎頂分裂組織は植物体の茎頂部に存在し，トウモロコシやヒマワリのよう

*17 根端分裂組織の中央にある細胞群で，シロイヌナズナでは4個のcentral cellとよばれる細胞で構成される．通常はほとんど分裂せず，周囲の分裂細胞が損傷した場合に代わりに分裂を始めるとされる．

*18 植物体の表面に直角な面に分裂面ができる分裂．これに対して，植物体の表面に平行な面に分裂面ができる分裂を並層分裂(periclinal division)という．

*19 茎または根に見られる内皮のすぐ内側に接する1～数細胞層．根では内鞘の数細胞が並層分裂を行うことにより側根の原基となる．

Column

ジベレリン感受性と「緑の革命」

　矮性とは「草丈が低い」という形質である．矮性は農業上重要な形質であり，日本在来のコムギである「ダルマ」がもつ半矮性遺伝子は，世界のコムギ品種の育成に多大な貢献をしている．矮性の個体は倒れにくくなり，栄養を長い茎ではなく穂に回すことができる．とくにジベレリン非応答性の変異体は，茎の伸長に影響を与えるが，果実や穀粒のサイズに影響を与えない．このような矮性形質により，より多量の肥料を与えることができるようになり，収量の増加が見込めるようになった．「ダルマ」のもつ半矮性遺伝子 Rht1 と Rht2 は，岩手農業試験場において育成された「農林10号」に導入された．第2次世界大戦後に進駐軍要員であったSalmon博士がこの「農林10号」をアメリカにもち帰った．Rht1 と Rht2 遺伝子は，メキシコの国際トウモロコシ・コムギ研究所（CIMMYT）に渡り，ボーローグ（N. Boulaug）により半矮性品種の育成に用いられ，メキシコ・インド・パキスタンなどで大幅な収量の増加を記録し続けた．これが「緑の革命」である．ボーローグはこの功績により1970年にノーベル平和賞を受賞している．Rht1 も Rht2 もともに，ジベレリンのシグナルを受け取ってその信号を次に伝える分子機構にかかわる遺伝子の突然変異体であった．Rht1 や Rht2 と同じトウモロコシの遺伝子に変異が生じた D8 という変異体が知られている．この D8 突然変異も背丈を低くする矮性遺伝子である．イネで「緑の革命」に貢献した矮性遺伝子は sd1 である．sd1 ではジベレリンの生合成にかかわるGA20酸化酵素が壊れている．ジベレリン以外にもブラシノステロイドが植物の背丈にかかわるホルモンとして知られている．このように作物の形態変異は品種改良に利用されてきた．作物の形態形成を分子レベルで明らかにすることでさらなる品種育成が期待されている．

に上へ上へと成長するような植物で機能している．腋生分裂組織（axillary meristem）は葉腋に腋芽を形成し，側枝へと成長する．

茎頂分裂組織はしばしば腋生分裂組織の成長を抑制する**頂芽優性**（apical dominance）という現象をひき起こす．頂芽を切り落とすと下方部にある腋生分裂組織が成長を始め，いくつもの側枝が形成される．トウモロコシが，側枝の発達した祖先野生種のテオシンテから栽培化される過程においても，この腋生分裂組織の成長を抑制する方向に人為選択が加わり，現在のようなほとんど側枝のない形態になったと考えられている．この人為選択のかかった遺伝子の劣性突然変異体 *teosinte branched 1*（*tb1*）では，見かけがテオシンテに類似して，側枝がさかんに形成される表現型を示す．

この頂芽優性には，**植物ホルモン**（phytohormone）[20]のオーキシンが重要な役割を担っている．オーキシンは茎頂部で合成され，下方向に極性輸送されて，腋生分裂組織の成長を阻害している．オーキシンは頂芽優性のほかにも，細胞伸長，不定根の形成，屈光性，重力屈性などにも関与している．また，オーキシンの極性輸送は，花の発生や維管束の分化にも影響を与える．

植物の背丈を制御する重要な植物ホルモンとしてジベレリンがあげられる．幼植物にジベレリンを与えると背丈が伸びる．トウモロコシのいくつかの背丈の低い**矮性突然変異体**では，このジベレリンの生合成がうまくできない例が知られている．このような突然変異体では，外からジベレリンを与えることによって正常に生育できるようになる．また，シロイヌナズナの矮性突然変異体 *gibberellic acid insensitive*（*gai*）は，ジベレリン応答経路（13.1.2項参照）の突然変異体であり，ジベレリンを感受できない．イネの矮性系統を含めて多くの矮性系統が，ジベレリンの生合成や分解過程，あるいはジベレリンのシグナル伝達経路に遺伝的な異常をもつことが知られている．

オーキシンやジベレリンをはじめ，植物ホルモンとして知られているアブシジン酸，ブラシノステロイド，サイトカイニン，エチレンはいずれも植物の発生に深くかかわっている．多くの発生過程はこれら植物ホルモンによって制御されており，そのほとんどの場合において1つ以上のホルモンが関与して相互作用している．

[20] 植物が生産し，植物の成長，分化，発育を調節する植物成長調整物質の総称．

練習問題

1. 植物の胚発生において頂端から基部に向かう上下軸がどのように形成されるか，説明しなさい．
2. 種子における子葉の数と胚乳の有無について，単子葉植物と双子葉植物の違いを説明しなさい．
3. 茎頂分裂組織のシュート形成における役割について説明しなさい．
4. 葉の向軸側と背軸側の構造の違いについて説明しなさい．

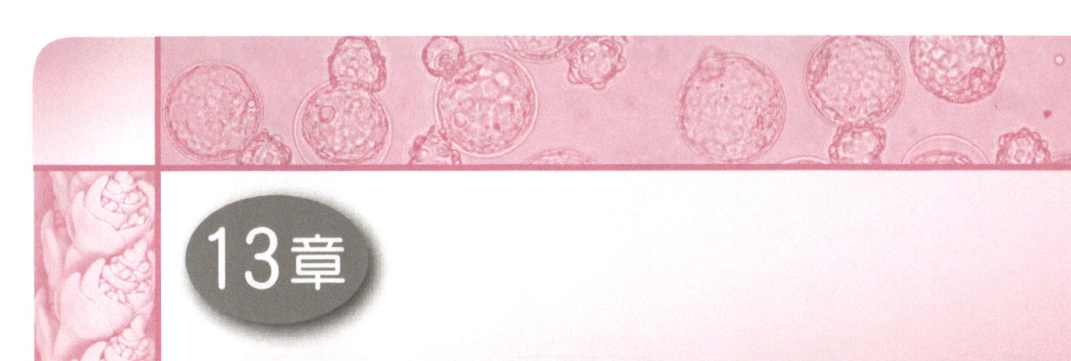

13章 植物の生殖成長と配偶子形成

　動物では胚発生の過程で生殖器官が形成されるが，12章で見たように，植物では胚発生から栄養成長期を通じて，葉，茎，根の3つの器官が形成されるのみで，生殖器官は形成されない．生殖器官の形成は茎頂分裂組織（SAM）の質的な変化を必要とする．この章では，植物の生殖成長過程について見ていく．

13.1 花　成

　発芽した植物は，通常はただちに花を咲かせることはなく，次々と葉をつける**栄養成長**（vegetative growth）を続ける．その後，植物体の加齢や栄養状態などの内的要因，温度や日長などの外的要因の変化に応じて，植物体は花を咲かせる**生殖成長**（reproductive growth）へと移行する．この栄養成長期から生殖成長期への移行を**花成**（flowering）とよぶ．

13.1.1 茎頂分裂組織の転換

　花成はSAM（12.1節参照）の性質が変化することによって起こる．栄養成長期のSAMは栄養分裂組織（vegetative meristem）であり，次々と葉の原基を形成する．栄養成長期へ移行すると，SAMは**花序分裂組織**（inflorescence meristem）へと転換し，葉ではなく花序[*1]や花芽の原基を形成するようになる（図13.1）．植物は，動物のように自由に動いて生育場所を移動できないため，それぞれの生育環境に適応して，子孫を残すための花成の制御機構を進化させてきた．たとえば，温帯地域に適応したコムギ，ダイコン，ホウレンソウなどは，秋に発芽し，冬を経過して春の長日条件で花芽を形成し，花を咲かせる．これらは**長日植物**（long-day plant）[*2]とよばれ，花成誘導は一定期間以上の暗期によって阻害される．長日植物の多くは花成誘導に低温が必要である．低温によって花成が誘導されることを**春化**（vernalization）とよぶ．

[*1] 複数の花をまとめてつける枝．栄養成長期の栄養シュート（1本の茎とそのまわりに規則的に配置される複数の葉からなる単位）に対する生殖シュートのこと（13.2.1項参照）．

[*2] ある一定の長さの暗期（限界暗期）より長い連続した暗期が与えられたとき，花成が抑制される植物．ホウレンソウやコムギなど．限界暗期は種によって異なるが10〜14時間が多い．逆に，花成誘導に一定期間以上の暗期が必要な植物を短日植物という．

13章 植物の生殖成長と配偶子形成

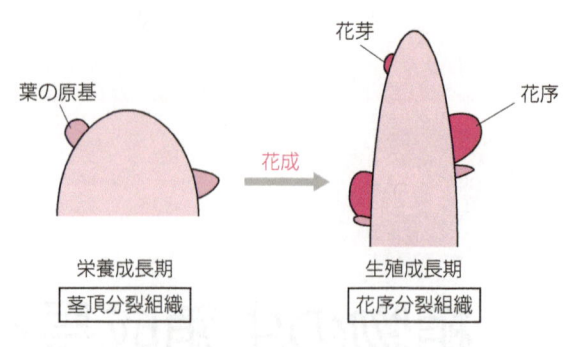

図13.1 栄養成長期の茎頂分裂組織から生殖成長期の花序分裂組織への転換（花成）

13.1.2 花成遺伝子ネットワーク

　長日植物であるモデル植物シロイヌナズナの研究により，花成は4つの遺伝子ネットワーク[*3]によって制御されていることが明らかとなってきた．それらは，光や温度などの環境要因が関与する**日長反応性経路**（photoperiod-dependent pathway）と**春化経路**（vernalization pathway），加齢やホルモンなどの内的要因が関与する**構成的制御経路**（autonomous pathway）と**ジベレリン応答経路**（gibberellin pathway）である（図13.2）．日長反応性経路とは，植物が日長に感応して花成を誘導する遺伝子ネットワークで，光受容体[*4]で感知した光シグナルを体内時計[*5]と照らし合わせることによって日長を計測し，**花成促進遺伝子**[*6]（*FT*）を活性化させる．春化経路は低温に応答して花

*3　生物体内で起こるある現象について，関連する遺伝子群の相互作用関係のこと．

*4　光シグナルを化学シグナルに変換し，発生過程を調節するタンパク質．植物の光受容体として，赤色光と遠赤色光を吸収するフィトクロム，青色光を吸収するクリプトクロムとフォトトロピンがある．

*5　生物時計ともいう．生物の活動は，光などの環境条件を不変にしてもほぼ24時間の周期（概日リズム）で繰り返される．この周期をつくる時計を体内時計という．通常の環境では，光の変化などにより24時間周期に同調される．

*6　栄養成長期の茎頂分裂組織を花序分裂組織へと転換させる機構に関与する遺伝子．その結果，花芽運命決定遺伝子（*LFY*，*AP1*）の発現を誘導する．シロイヌナズナの*FT*，*SOC1*遺伝子などがこれにあたる．

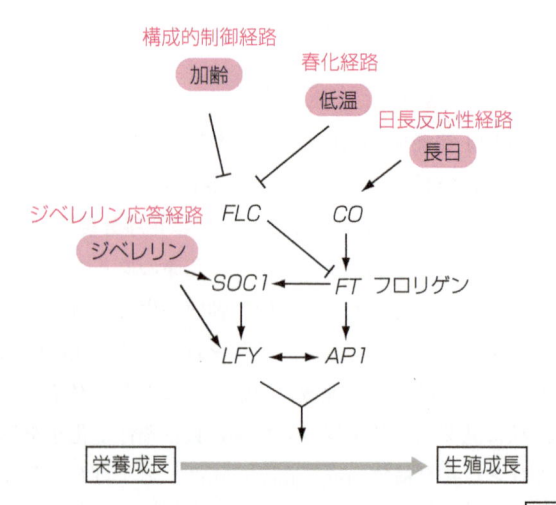

図13.2　シロイヌナズナの花成遺伝子ネットワークモデル
主要な遺伝子のみを示す．

成を誘導させる遺伝子ネットワークで，低温によって**花成抑制遺伝子**[*7]（*FLC*）の働きが弱まることにより，花成促進遺伝子（*FT*）が活性化する．花成促進遺伝子は**花芽運命決定遺伝子**[*8]（floral meristem identity genes, ***LFY, AP1***）を活性化し，茎頂分裂組織の性質を栄養成長から生殖成長へと転換する．一方，構成的制御経路は温度や日長など環境要因に影響を受けない花成制御機構で，加齢とともに花成抑制遺伝子（*FLC*）の働きが抑制される遺伝子ネットワークである．ジベレリン応答経路は，植物ホルモン（12.5節参照）であるジベレリンによって，花成促進遺伝子（*SOC1*）や花芽運命決定遺伝子（*LFY*）を活性化する遺伝子ネットワークである．

　花成に関与する遺伝子の多くは，転写因子あるいは転写調節に関与すると考えられる核タンパク質をコードしており，他の遺伝子の発現を制御する．つまり，花成制御経路は外的シグナルおよび内的シグナルによって，ドミノ倒しのように次々と転写因子群が活性化されていき，最終的にSAMが花序分裂組織へと転換する過程であるといえる．

13.1.3　日長反応性経路

　長日植物であるシロイヌナズナの日長反応性経路では，光受容体が受け取った光シグナルは体内時計を介して*CO*遺伝子発現を誘導し，次いで，*CO*が花成促進遺伝子*FT*を活性化する（図13.3）．COタンパク質は，長日条件では明期の終わり（夕方）に葉の維管束篩部組織で蓄積が見られるが，短日条件では蓄積が見られない．*FT*遺伝子産物は篩管を通って茎頂へ輸送され，茎頂における花芽運命決定遺伝子*AP1*遺伝子の発現を誘導することにより，花成が促進されると考えられる．葉で生産されて茎頂へ運ばれ花成を誘導する物質として，**フロリゲン**（florigen）の存在が古くから知られていたが，その実体は未知であった．現在では，FTタンパク質がフロリゲンの実体であると考えられている．

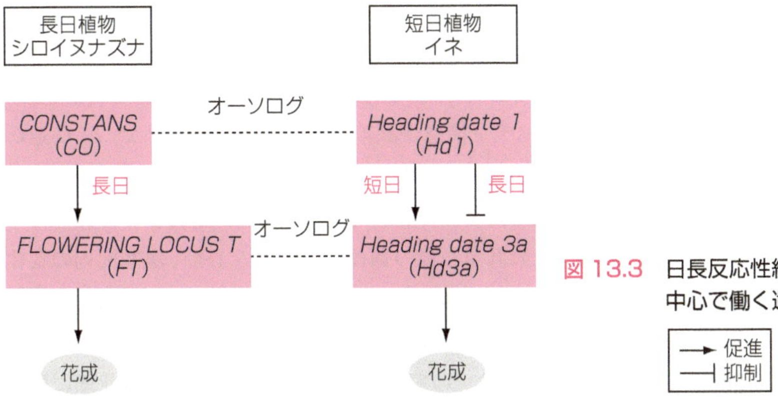

[*7]　栄養成長期の茎頂分裂組織を維持し，花序分裂組織へと転換することを抑制する遺伝子．シロイヌナズナの*FLC*遺伝子などがこれにあたる．

[*8]　花序分裂組織を花芽分裂組織へと転換させ，花器官形成遺伝子を活性化することにより花を生じさせる遺伝子．シロイヌナズナの*LFY*, *AP1*などがこれにあたる．

図13.3　日長反応性経路の中心で働く遺伝子

イネは，花成誘導に一定期間以上の暗期が必要な**短日植物**（short-day plant）である．イネにおいても，シロイヌナズナの*CO-FT*遺伝子に相当する遺伝子*Hd1-Hd3a*が存在し，シロイヌナズナと同じ遺伝子セットが日長反応性に関与することが明らかにされている．ただし，シロイヌナズナとイネでは遺伝子の相互作用のしかたが異なり，長日条件下でシロイヌナズナの*CO*が*FT*を促進するのに対して，イネでは逆に*Hd1*が*Hd3a*の発現を抑制する．さらに，イネでは短日条件下で，*Hd1*が*Hd3a*を活性化することにより花成が促進する．長日植物シロイヌナズナと短日植物イネにおける研究から，植物は祖先を同一とする共通の遺伝子（**オーソログ**, ortholog[*9]）を使いながら，その調節のしかたを変えることで，日長に対する異なる反応性制御機構を適応進化させてきたと考えられる．

[*9] オーソロガス遺伝子ともいう．同一の起源であるが，進化の過程で種分化に応じて分かれていった遺伝子．構造と機能において類似性を保持している場合が多い．

13.1.4　春化経路

長期間の低温によって花成が促進される現象を春化とよぶ．また，低温によって花成が促進される特性を**低温（春化）要求性**（vernalization requirement）とよぶ．低温要求性の植物は，キク科などの例外はあるが，ほとんどが長日植物であり，冬の低温に対する植物の適応戦略の一つと考えられる．つまり，発芽後すぐに生殖成長へ移行してしまうと，冬の低温によって障害を受けてしまうので，それを回避するために，冬の低温期間を栄養成長期の幼植物でやり過ごすというしくみである．春化の効果は低温におかれた期間の長さに応じて増大し，ある期間以上（通常は数週間）の長期間の低温によって飽和状態に達する．これは，野外条件下で，秋に数日間続いた寒い日を冬の到来と思い違いしないために重要である．ひとたび低温を経験し，春化が飽和状態に達した植物は，常温状態に戻しても低温におかれた記憶を維持し，春化の効果は消失しない．

シロイヌナズナでは，春化経路の中心的な役割をする遺伝子は転写調節遺伝子をコードするMADSボックス遺伝子（2.4.3項参照）のひとつ*FLC*である．*FLC*はシロイヌナズナの花成における強力な抑制遺伝子であり，春化処理によって*FLC*遺伝子の発現が徐々に減少していく．それに応じて，花成促進遺伝子（*SOC1*, *FT*）の発現が増大し，花成が進行する．近年，低温によって*FLC*遺伝子座のクロマチン構造が凝縮した状態となることで，*FLC*遺伝子発現が抑制されることが明らかとなってきた．このようなクロマチン構造の凝縮した状態は，細胞分裂を経ても維持されるため，植物体は低温記憶を保持できるのである．この低温記憶の過程は，ゲノムDNA塩基配列の変化を伴わない植物のエピジェネティック[*10]遺伝子発現制御の典型的な例である．この*FLC*遺伝子座のクロマチン構造の凝縮は，生殖細胞系列（germ cell line）[*11]で解除され，次世代の植物体では*FLC*遺伝子は発現状態に戻っ

[*10] DNAの塩基配列の変化による遺伝現象をジェネティックというのに対し，DNAの塩基配列の変化を伴わない遺伝現象をエピジェネティックという．クロマチン構造の変化が原因である（14.1節参照）．

[*11] 配偶子および減数分裂により配偶子を生じる細胞の系譜．

ている.

　コムギやオオムギといったムギ類も，低温要求性をもつ植物として古くから知られているが，*FLC*遺伝子のオーソログは見いだされていない．ムギ類の春化経路で最も中心的に働く遺伝子は，シロイヌナズナ*AP1*遺伝子と相同性の高い花成促進遺伝子であり，低温による何らかのエピジェネティックな制御によってこの遺伝子が活性化され，花成が進行すると考えられている．つまり，ムギ類とシロイヌナズナでは，春化という同様な現象に対して，異なる遺伝子を用いて異なる機構を進化させてきたと考えられる．

13.2　花序と花器官形成

　花成を経ることによりSAMの性質が変化し，葉ではなく生殖器官を分化形成するようになる．花成が起こるときにSAMで何がどのように作用して分裂組織の性質が変化するのかはほとんどわかっていない．ただし，生殖成長へ移行しても，SAMがやはり未分化な細胞群から形成され，新たな器官をつくり続けるという点には変りはない．したがって，12章で見たように，SAMの維持に関与する*CLV*, *WUS*, *KNOX*などの遺伝子は機能している．

13.2.1　花序の形成

　花序(inflorescence)とは，複数の花がまとまってつく枝(生殖シュート[*12])を指す．SAMが転換した花序分裂組織からは，花序が形成されるか，あるいは，**花芽分裂組織**(floral meristem)が形成され，花の器官が分化して花となる．花序分裂組織は，栄養成長期のSAMと形態的に区別できる．多くの植物でSAMは扁平だが，花序分裂組織は縦長の形態を示す．花序分裂組織は，栄養成長期のSAMと同様，未分化な細胞群が分化して新たな器官を形成するという機能は共通しているが，生殖成長期への転換によって多くの遺伝子の発現パターンが変化し，その性質が変化していると考えられる．

　花序分裂組織からは，さらに花序分裂組織がつくられるか，あるいは花芽分裂組織がつくられる．ひとたび，花序分裂組織から花芽分裂組織へ転換したなら，花序分裂組織へ後戻りはできず，花芽分裂組織からは花器官が分化形成される．このように花序分裂組織は，その側生器官として花序あるいは花芽を形成しながら伸長していくが，頂端に花芽を形成するかどうかは，植物種によって異なっている(図13.4)．頂端に花芽が形成されず，どんどん伸長を続ける花序を**無限花序**(indeterminate inflorescence)という．一方，頂端に花芽分裂組織が形成され頂花を生じる花序は，茎の伸長がそこで終了してしまい，**有限花序**(determinate inflorescence)という．シロイヌナズナやキンギョソウは無限花序をつけるが，頂花が形成され有限花序となる変異体が知られており，それぞれ*terminal flower 1*(*tfl1*)および*centroradiallis*

[*12] 花をシュートと見た場合，がく片，花弁，雄ずい，心皮は葉的器官である花葉である．これらを支える短い茎が花床である．がく片と花弁を花被片とよぶこともある．

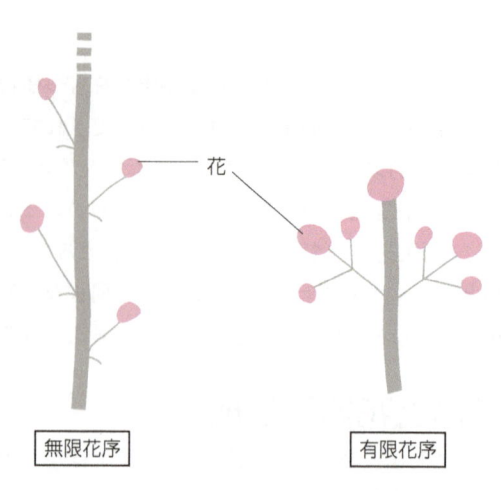

図 13.4 無限花序と有限花序

(cen)と名づけられている．$TFL1$ および CEN 遺伝子の本来の機能は，花芽運命決定遺伝子（LFY, $AP1$）の花序分裂組織での発現を抑制することであると考えられる．驚いたことに，$TFL1$ および CEN は，機能のまったく異なる花成促進遺伝子 FT と非常に相同性の高い遺伝子である．

13.2.2 花器官形成

花芽分裂組織では，花芽運命決定遺伝子（LFY, $AP1$）の働きにより，花器官が分化形成されていく．高等植物（被子植物）の花は，基本的に，whorl[*13]とよばれる同心円状の領域に外側から，**がく片**(sepal)，**花弁**(petal)，**雄ずい**(stamen)，**心皮**(carpel)[*14] からなる（図 13.5）．これら花器官それぞれは，葉が特殊化したものであり，花は，短い茎に変形した葉がついた生殖シュートであると見なせる．雄ずいは花糸と**葯**(anther)からなる．

シロイヌナズナやキンギョソウにおける分子遺伝学的研究により，これら花の各器官のアイデンティティー（identity）[*15] は，クラス A, B, C に分類されるホメオティック遺伝子の働き合いによって決定されることが明らかとなった．つまり，一番外側の whorl 1 ではクラス A 遺伝子が働いてがく片が，その内側の whorl 2 ではクラス A 遺伝子に加えクラス B 遺伝子が働いて花弁が，その内側の whorl 3 ではクラス B 遺伝子とクラス C 遺伝子が働いて雄ずいが，最も内側の whorl 4 ではクラス C 遺伝子のみが働いて雌ずいが形成される（図 13.5）．クラス A 遺伝子とクラス C 遺伝子は，whorl 2 の花弁と whorl 3 の雄ずいの境界で互いに拮抗状態にあり，もし，クラス A 遺伝子活性がなくなると，クラス C 遺伝子活性が whorl 1 までおよぶようになる．実際，クラス A 遺伝子の突然変異体では，クラス A 遺伝子活性がなくなり，代わりにクラス C 活性が whorl 1 まで達し，外側から，心皮－雄ずい－雄ず

*13 花の器官が発生してくる場のこと．シロイヌナズナをはじめ多くの種では，花芽分裂組織の同心円状の領域である．

*14 被子植物の雌ずいを構成する特殊な葉．シダ植物の大胞子葉に相当するが，通常，ひとつひとつが識別できるものではなく，1～数枚が1本の雌ずいを形成すると理解される概念上の器官．

*15 花の器官の identity．分裂組織細胞が，がく片，花弁，雄ずい，心皮のどの器官に分化するかという特性．

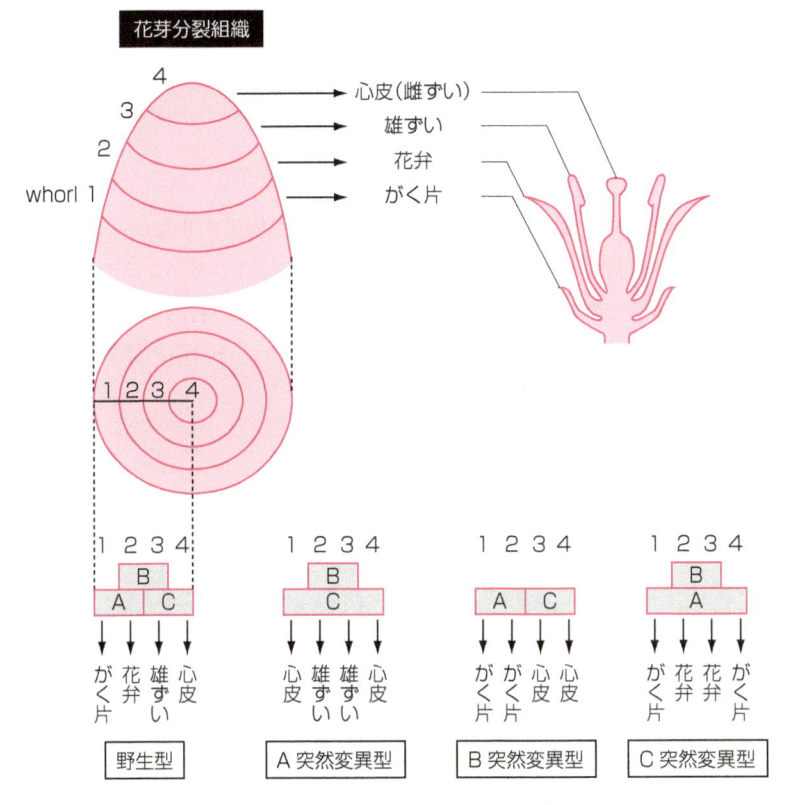

図 13.5 花器官形成の ABC モデル

い-心皮, が形成される. 逆に, クラス C 遺伝子の突然変異体では, クラス C 遺伝子活性がなくなり, 代わりにクラス A 活性が whorl 4 まで達し, 外側から, がく片-花弁-花弁-がく片, が形成される. クラス C 遺伝子はさらに花芽分裂組織の有限性にも関与し, 変異体では, 花の内部に繰り返し花を形成するようになり, いわゆる八重咲きとなる. 一方, クラス B 遺伝子の突然変異体では, 花は外側から, がく片-がく片-心皮-心皮, となる. この A, B, C 遺伝子による花器官形成のメカニズムは,「ABC モデル」とよばれ, 1990 年代から急速に発展した植物発生学における一大トピックスである. 現在ではさらに, これらクラス A, B, C 遺伝子の作用発現にクラス E 遺伝子が必要であることが明らかとなっている. また, 雌ずい内部の胚珠形成に必要なクラス D 遺伝子も同定され,「ABC モデル」は今や「ABCDE モデル」となった.

モデル植物シロイヌナズナにおいて, これらクラス A, B, C, D, E 遺伝子がクローニングされ, クラス A に属する *AP2* を除くすべての遺伝子が, MADS ボックス転写因子 (2.4.3 項参照) をコードする遺伝子であることが明らかになった. このようにマスター調節遺伝子 (7 章参照) であるクラス A, B,

C, D, E 遺伝子が，それぞれの時間軸と位置情報に基づき，下流のさまざまな遺伝子の発現を制御することによって，各花器官が形成されると考えられるが，その詳細はほとんど明らかになっていない．

13.3　配偶子形成と受精

被子植物の雌性配偶体は，雌ずいの子房(ovule)内にある**胚珠**(ovule)の胚のう母細胞が減数分裂して生じた**胚のう**(embryosac)であり，その中の卵細胞が雌性配偶子である．一方，雄性配偶体は，雄ずいの葯内において花粉母細胞の減数分裂によって生じた**花粉**(pollen)であり，その中の精細胞が雄性配偶子である(図 13.6)．

13.3.1　雌性配偶子形成

被子植物の胚珠は 1～2 枚の珠皮をもち，心皮が融合してできた子房の中

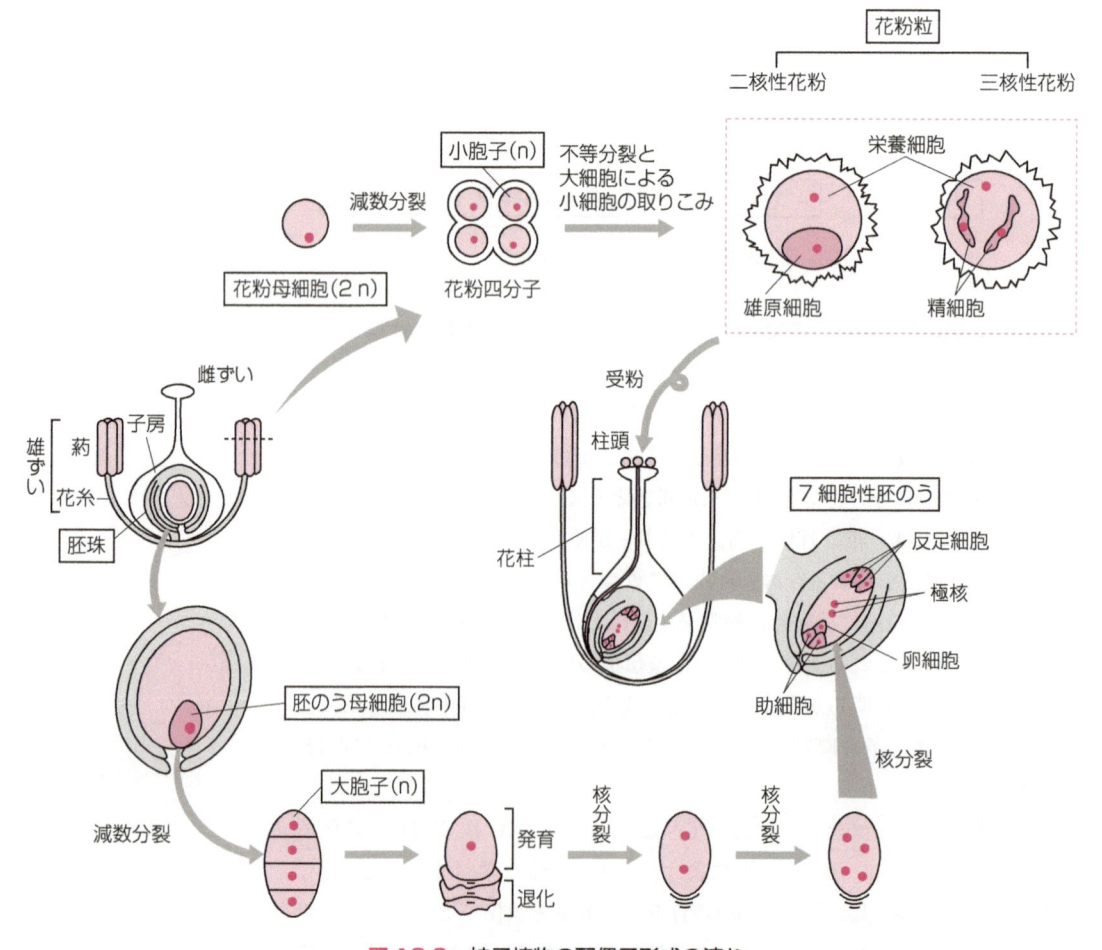

図 13.6　被子植物の配偶子形成の流れ

13.3 配偶子形成と受精

に生じる（図13.7）．胚珠の中の珠心に胚のう母細胞が生じ，これが減数分裂をして，単相(n)の4個の大胞子[*16]である胚のう細胞が生じる．減数分裂の結果生じた4個の胚のう細胞は，合点側から珠孔側へ一列に並ぶが，通常，合点側の1個が胚のうとなり，残りの3個は消失する．被子植物の多くのものでは，胚のう細胞は3回の核分裂を行い，8核となる．その後，細胞質分裂を行いそれぞれ1核からなる1個の**卵細胞**（egg cell），2個の**助細胞**（synergid），3個の**反足細胞**（antipodal）と，2核からなる**中央細胞**（central cell）をつくり，胚のうが完成する．中央細胞の2つの核は**極核**（polar nucleus）とよばれる（図13.6参照）．

*16 シダ植物との対比から，高等植物の胚のう細胞を大胞子という．

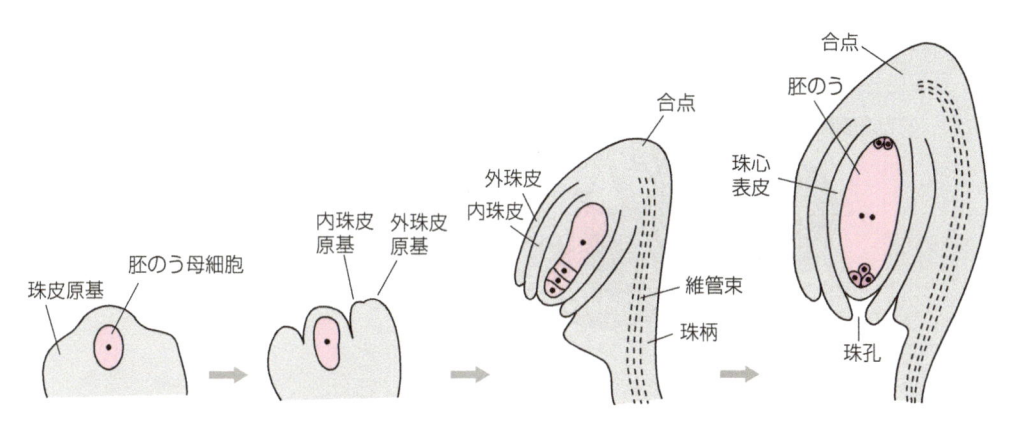

図13.7 胚珠の発達過程（縦断面）
珠孔と珠柄が近接して位置する側生胚珠で，内珠皮と外珠皮が形成される二珠皮性胚珠の場合を示す．維管束を点線で示す．珠心と維管束の結合部位を合点という．

13.3.2 雄性配偶子形成

葯の発達にともない，タペート組織で囲まれた葯室内に分化した花粉母細胞が生じる（図13.8）．花粉母細胞は，減数分裂により核相nの小胞子[*17]4個を生じる（図13.6参照）．小胞子は最初，4個が結合しているため四分子とよばれるが，成熟に伴ってひとつひとつの花粉へと分かれる．未熟花粉は，まず，不等分裂を行って大細胞と小細胞に分かれる．大細胞（栄養細胞）は小細胞を取りこみ，小細胞は**雄原細胞**（generative cell）となる．つまり，大細胞は細胞核（後の花粉管核，pollen tube nucleus）と雄原細胞からなる（図13.6参照）．この段階を，通常，成熟花粉とよぶ．雄原細胞はやがて分裂して2つの**精細胞**（sperm cell）となる．精細胞の形成は，花粉粒が葯内にあるときに起こる場合と，花粉が葯から放出され受粉してから起こる場合がある（図13.9）．前者の花粉を三核性花粉，後者の花粉を二核性花粉とよぶ．

*17 シダ植物との対比から，高等植物の花粉を小胞子という．

図 13.8　葯の発達過程（横断面）

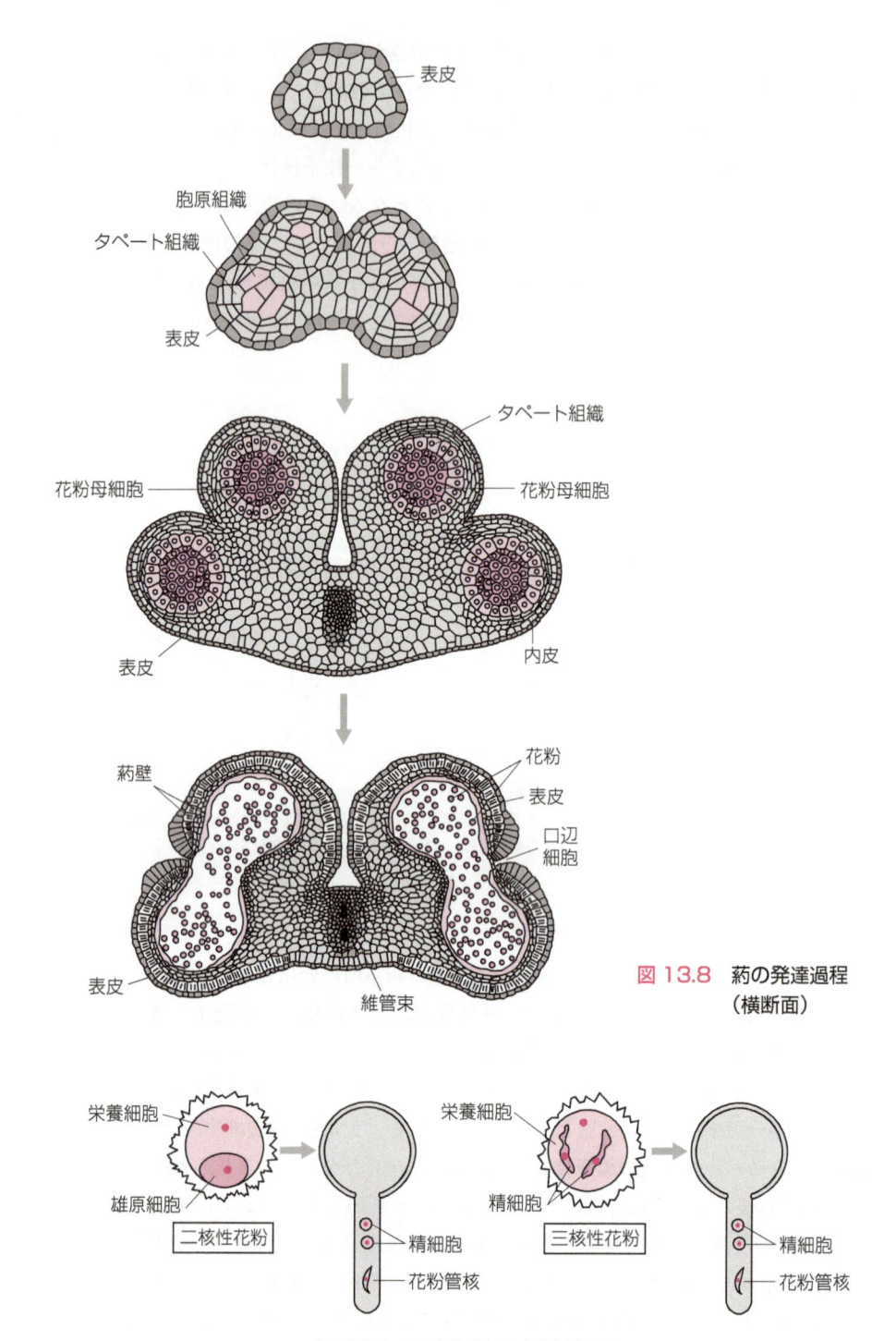

図 13.9　二核性花粉と三核性花粉

13.3.3 受精

雌ずいの柱頭に受粉した花粉は，花柱内へ花粉管を伸長させる．胚珠の珠孔に達した花粉管の先端は，一方の助細胞に入り，そこで裂けて花粉内容物を放出する．助細胞の細胞壁が裂けて，2つの精核（精細胞核）はそれぞれ，卵細胞や中央細胞に移動する（図 13.10）．卵細胞と受精する精核も，中心細

> **Column**
>
> ### 被子植物と裸子植物
>
> 高等植物は被子植物（angiosperm）と裸子植物（gymnosperm）に分けられる．被子植物の花は，がく片，花弁，雄ずい，心皮で構成される．雄ずいと心皮はそれぞれ小胞子および大胞子をつくる胞子葉で，がく片と花弁は胞子をつけない特殊化した葉であるといえる．裸子植物でも胞子葉は存在するが，一般に，がく片や花弁はもたない．裸子植物の胚珠は珠皮が1枚で，胞子葉に着生するが，被子植物のように子房でおおわれることなく露出している．「裸子植物」の名の由来はここにある．裸子植物における大胞子形成は，被子植物と同様に，胚珠の中で生じた胚のう母細胞の減数分裂による．減数分裂の結果生じた4個の胚のう細胞のうち3個が消失し，残る1個が胚のうとなる．胚のうの中には，卵核をもつ卵細胞が数個つくられる．一方，小胞子形成では，被子植物のように葯と花糸からなる雄ずいのような構造体はなく，小胞子のうをつくりその中に花粉母細胞を分化させる．その後は被子植物と同様，花粉母細胞の減数分裂により小胞子を生じる．小胞子は，複数の細胞分裂を行い，雄原細胞と栄養細胞を生じ，花粉となる．そして受粉に伴い花粉管が伸長し，雄原細胞に由来する精細胞を生じる．イチョウなどでは，精細胞ではなく鞭毛をもつ精子が形成され，受精が行われる．裸子植物では被子植物で見られるような重複受精は行われない．「植物の花は葉の変形である」と最初に提唱したのは，ドイツの詩人ゲーテ（J. W. von Goethe）であるといわれている．植物は，「シダ植物→裸子植物→被子植物」と進化したが，高等植物の花は，シダ植物の葉の裏側にある胞子のうが進化の過程で構造と機能を変えることによって生じたと考えられる．被子植物では，胞子葉がシュートの先端に集まり，大胞子葉が集合して心皮からなる雌ずいが進化し，小胞子葉から雄ずいが進化したのだろう．そして，花弁とがく片は，胞子のうを守る葉が変形したものなのだろう．

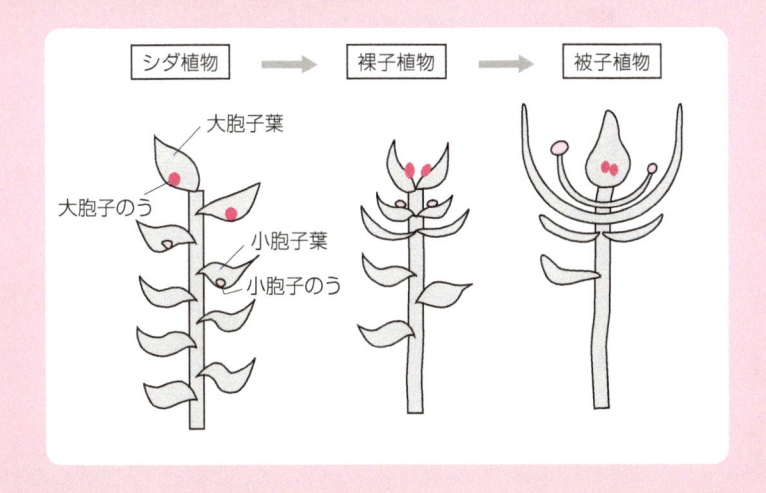

胞の極核と受精する精核も，移動の途中で細胞質が消失し，受精する際は核のみになっている場合が多い．そのため，被子植物では，一般に，花粉由来のオルガネラ（細胞小器官，2.1.4項参照）は子孫へ伝達しない．このように受精は，卵核と精核，極核と精核の2ヵ所で行われ，これを**重複受精**（double fertilization）とよぶ（図13.10）．卵核と精核の受精により**種子胚**（embryo）が形成される．

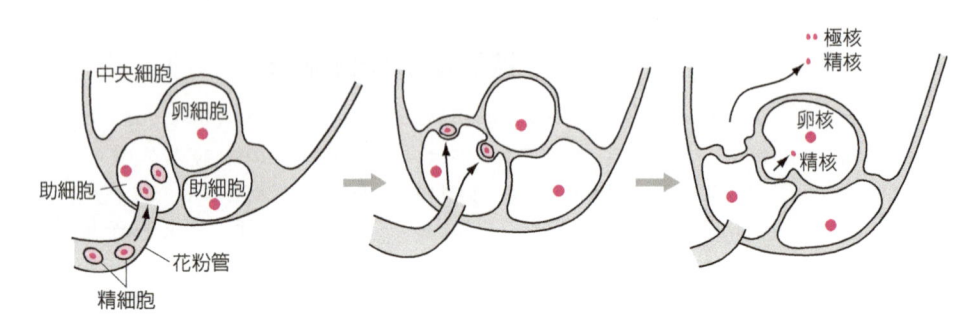

図 13.10　重複受精のしくみ

練習問題

1. 短日植物のキクの開花を遅らせるためにはどのような条件下で栽培すればよいか，また，そのように栽培しているキクを開花させるためにはどのようにすればよいか，説明しなさい．
2. 春化が植物の環境適応の手段であることを説明しなさい．
3. 花がシュートの一種であることを説明しなさい．
4. 植物の配偶子形成における減数分裂はどの組織でどの段階で起こるか説明しなさい．
5. 重複受精とは何か説明しなさい．

14章 動物と植物 発生原理の共通性と特殊性

6章〜11章で見たように，動物の発生は，受精卵の卵割から三胚葉（外胚葉，中胚葉，内胚葉）をつくりだす原腸形成，神経組織をつくる神経形成を経て，個々の器官形成へと進む．動物では，基本的な体制は胚発生期に決定され，大部分の器官の位置と構造が確立する．胚発生期以降の発生は，新たな器官をつくりだすのではなく，主として体制の詳細化と成長からなる（図 14.1）．

一方，12章〜13章で見たように，植物の発生では，胚発生期に生じた茎頂分裂組織が成長の過程を通じて活性を維持し，地上部の葉と茎をつくり続けることにより，体制が完成されていく（図 14.1）．とくに動物と比較して植物のきわ立った特徴は，ある程度体制が完成した後に，生殖器官が茎頂分裂

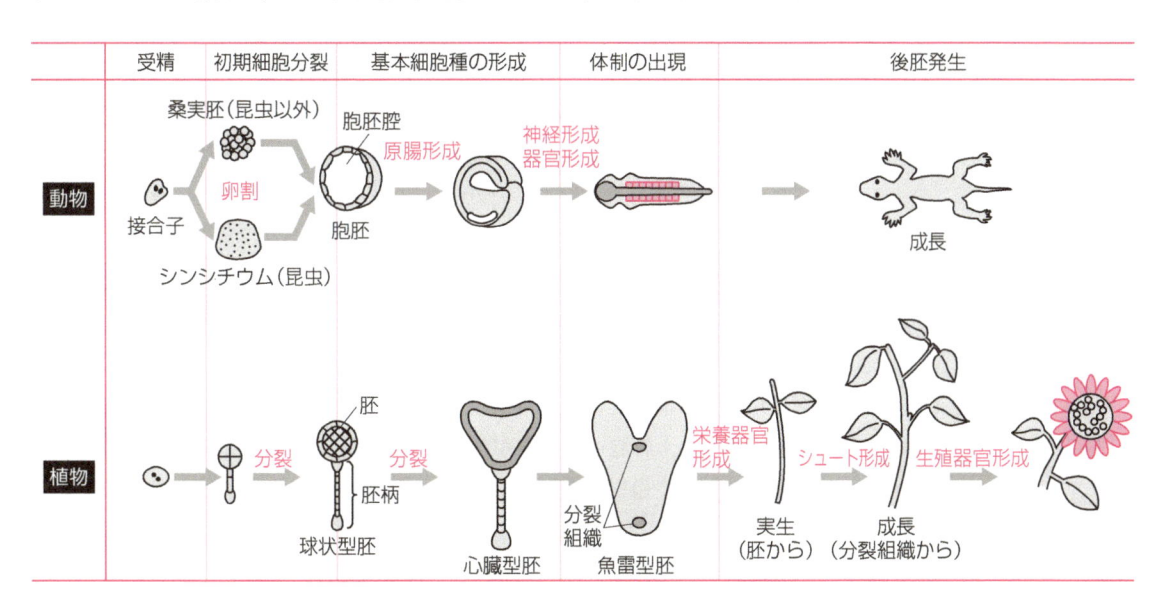

図 14.1 動物と植物の発生を比較した概念図
（Twyman, 2001 などを参考にして作図）

組織から転換した花序分裂組織によってつくりだされるという点である．さらに，植物の形態形成は，植物が生育する環境によって著しく影響を受ける場合がある．

それでは，動物と植物では，発生プログラムの原理は根本的に異なるのであろうか．植物の発生でも，胚発生における軸の特異化，発生区画の形成，そして各器官形成に関与するホメオティック遺伝子の利用など，動物の発生原理と共通する機構の存在が示唆される．とくに，近年の分子生物学の発展により，動物と植物で発生に関与する共通の遺伝子機構の存在が明らかとなってきた．

この最終章では，動物と植物の発生原理の共通性と特殊性に焦点を当て，「エピジェネティック制御」，「全能性」，「non-coding RNA」，「プログラム細胞死」，「ホメオティック遺伝子」の各トピックスについて見ていく．

14.1　エピジェネティック制御

動物も植物も，発生の過程で，単一の受精卵から細胞分裂を経て多細胞体へと成長する．3章で見たように，体細胞分裂はきわめて正確なDNAの複製を伴うため，体を構成する細胞はすべて，受精卵のDNAとまったく同一のDNAを保持しているはずである．それにもかかわらず，各組織の細胞が分化しているのは，それぞれに特異な遺伝子だけが働いているからである．遺伝子の発現調節には，**ジェネティック**（genetic）な制御と**エピジェネティック**（epigenetic）な制御がある．ジェネティック制御はいわゆる転写調節因子による発現調節で，2.3節で取りあげた．エピジェネティックとはジェネティックに対する言葉として，個体の生涯一世代に限り起こる遺伝子の発現制御の機構を指す．元来エピジェネティックという言葉は，「後成（epigenesis）説」（1.1.1項参照）に由来し，発生過程のさまざまな機構論という意味合いで使われていた．その後，DNA塩基配列は変化しないが，受精後に異なった遺伝子発現制御を受ける現象が見つかり，現在の意味として使われるようになった．エピジェネティック制御は，**DNAのメチル化**（DNA methylation）やヒストンの化学的修飾[*1]によるクロマチンの構造変化が原因となり，特定の染色体領域にある遺伝子の転写を抑制する機構である．このクロマチンの構造変化は，発生の比較的早いある段階で確立され，細胞分裂を経て細胞から細胞へ引き継がれるため，それ以後の発生過程に影響を与える．正常な発生過程の進行のために，エピジェネティック制御は非常に重要な意味をもつ．

14.1.1　ゲノムインプリンティング

昆虫や，魚類，両生類などでは，雄由来の染色体を受け継がなくても，雌

*1　クロマチンを構成するヒストンタンパク質のアセチル化，リン酸化，メチル化の状態によりさまざまなタンパク質がクロマチンへ引き寄せられ，クロマチン構造の変化（凝縮や弛緩）を誘導する．

14.1 エピジェネティック制御

由来の染色体が倍加する条件をつくれば，未受精卵から正常に発生が進む．また，雄由来の染色体だけでも倍加すれば正常に発生が進むことが知られている．これを単為発生（単為生殖）[*2]とよぶ（5.1.1 項参照）．

一方，哺乳類では単為発生が起こらないことが，さまざまな受精実験からわかっていた（6 章コラム参照）．このことは哺乳類の精子と卵のゲノムが遺伝的に等価でなく，いくつかの遺伝子では精子あるいは卵のどちらに由来するかで選択的に活性化されることを意味する．たとえば，マウスの 7 番染色体にあるインスリン様増殖因子 *Igf-2*（insulin-like growth factor Ⅱ）遺伝子は，精子に由来したときにのみ胚発生の初期で発現する．逆に 17 番染色体の *Igf-2r* は卵に由来したときにのみ発現する．Igf-2r タンパク質は Igf-2 タンパク質に結合し，過剰な Igf-2 タンパク質を分解する働きがある．精子由来の *Igf-2r* が欠失していても正常に発生できるが，卵由来の遺伝子が欠失している場合，胎児の成長が促進され妊娠後期で致死になる．このように，精子や卵がつくられる過程でそれぞれのゲノムが雄型雌型に印づけされることをゲノムインプリンティング（ゲノム刷りこみ，genomic imprinting）とよぶ（図 14.2）．

[*2] ここでは倍数性単為生殖のことをいう．このほかに，ミツバチなどは半数性単為生殖を行い，半数の染色体をもつ未受精卵が単独で発生過程を進行させ，雄の成体を生じる．

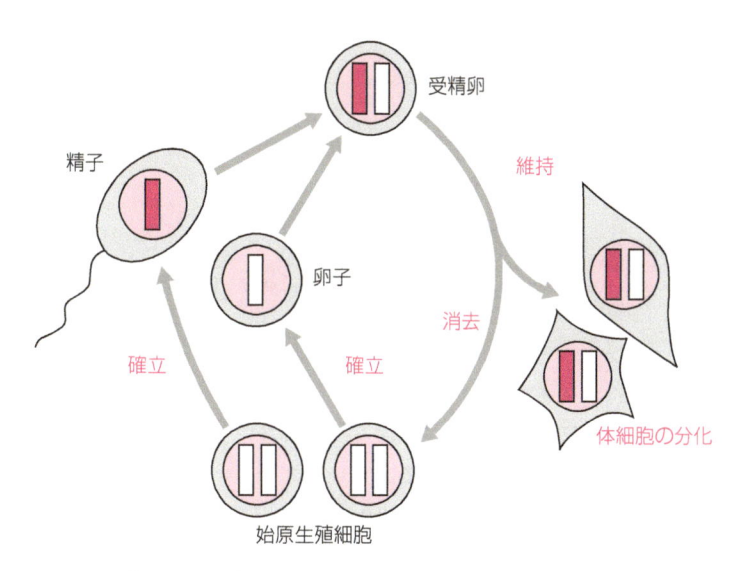

図 14.2 ゲノムインプリンティングのしくみ
精子や卵の形成過程でそれぞれ新規にインプリンティングが確立する．受精卵からの発生過程で維持され発生や体細胞の分化に寄与する．（図は佐々木裕之博士の好意による）

ゲノムインプリンティングは，おもに特定遺伝子領域の DNA メチル化により制御されることが知られている．DNA メチル化には DNA メチル化酵素が働き，シトシン（C）-グアニン（G）配列の C にメチル基を付与して転写を抑制する．また，DNA メチル化酵素には，非メチル化状態に新規にメチ

14章 動物と植物　発生原理の共通性と特殊性

ル化を付与するものと，メチル化 DNA の複製後にメチル化を維持するものの2種類がある（図 14.3）．精子や卵の形成過程では，新規 DNA メチル化酵素よってそれぞれのゲノムが高度にメチル化を受ける．受精後には卵割の進行に伴って急激に脱メチル化されるが，特定の領域で維持 DNA メチル化酵素によりメチル化が維持される．こうして着床前の胚は，低メチル化状態でかつ，精子由来，卵由来で異なったメチル化状態の染色体が形成されることになる．しかし，なぜ精子と卵で異なった領域がメチル化されるのか，ゲノムインプリンティングの領域がどのようにして選択的に維持されるのか，などはまだ不明である．

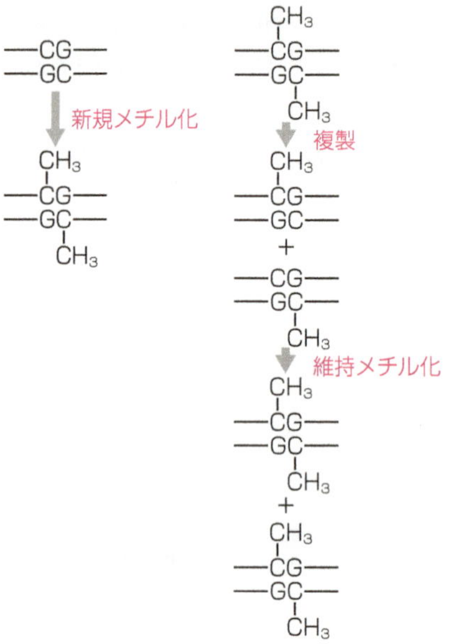

図 14.3　CG 配列の新規メチル化と維持メチル化

では，植物にもゲノムインプリンティングは存在するのだろうか．被子植物では，胚発生時に胚に養分を供給する胚乳において，いくつかのインプリンティング遺伝子が見つかっている．シロイヌナズナのホメオボックス遺伝子のひとつ *FWA* は，胚乳において母由来（胚のう中央細胞の極核由来）の遺伝子が特異的に発現しており，このインプリンティングパターンが乱されると胚乳の形成に異常が起こる．*FWA* の胚乳におけるインプリンティングパターンは，雌性配偶体（胚のう）の中央細胞における DNA グリコシラーゼ[3]遺伝子の一種 *DEMETER* の働きによる遺伝子活性化が原因で生じることが見いだされた．13章で見たように，胚乳は中央細胞の極核と花粉の雄核の受精により生じる組織（3n）で，次世代に伝わらない．哺乳類のゲノムインプリンティングにおいては，胚発生時に起こった性特異的な新たな DNA メチル化による遺伝子不活性化は，配偶子形成時に再プログラミングされ元に

[3] DNA 修復酵素の一種．DNA 上の損傷（異常塩基）を見つけて塩基除去修復を行う．

戻される必要がある．一方，被子植物の胚乳におけるゲノムインプリンティングは，再プログラミングの必要のない「一方通行」のインプリンティング制御機構である．

14.1.2　X染色体の不活性化

哺乳類はXY型の性染色体をもち，雄は1つのX染色体，雌は2つのX染色体が存在する．Y染色体[*4]は多くの遺伝子を含まないが，X染色体は細胞の活性に必須の遺伝子を1000以上含んでいる．そのため，雌ではX染色体のうちの1つを不活性化して，雄雌でX染色体上の遺伝子からの発現量を均一にする機構をもつ．この現象を**X染色体の不活性化**という．不活性化されたX染色体のクロマチンはヘテロクロマチン（異染色質）[*5]とよばれる凝縮された構造となり，雌の細胞核の片隅に追いやられる．猫の毛色に見られるように，哺乳類雌では精子由来X染色体が発現している細胞と卵由来のものが発現している細胞とのモザイクになることが知られている．三毛猫が雌ばかりなのは，このX染色体の不活性化が原因である．X染色体不活性化は発生過程のある段階までにランダムに決まり，その形質は成体まで続

[*4]　雄の精巣決定遺伝子 *SRY* などがある（10.3節参照）．

[*5]　分裂間期においても高度に凝縮しているクロマチンを，一般にヘテロクロマチンとよぶ．ヒストンのメチル化を介した機構により，ヘテロクロマチン構造が維持される．

Column

極核活性化説

京都大学の西山市三らは，倍数性の異なるエンバク属種間の詳細な交雑実験を行った結果，六倍体（母）×二倍体（父）の交雑では種子が実るが，逆の二倍体（母）×六倍体（父）の交雑では胚乳組織の崩壊がおこり種子が実らないことを見いだした．この現象を説明するため，西山らは1978年に「極核活性化説」を提唱した．この説によると，各生物種は遺伝的特性として雌雄配偶子がそれぞれ固有の活性化力をもち，種間交雑で両親の活性化力に差異があると，極核はその差異の大小に応じて異常活性化され，胚乳形成に障害が現れるとする．また，受精卵核は活性化力の差異に耐え，胚が形成されるとする．雄核（精核）と雌核（極核）の相互反応力を活性化力（AV, activating value）と反応力（RV, response value）とに区別し，受精した受精核の活性化の程度を活性化指数（AI, activation index）％で表現する．

受精卵核（2n）の活性指数＝（AV/RV）×100（％）
受精極核（3n）の活性指数＝（AV/2RV）×100（％）

自殖（自家受精）あるいは同種間の交雑では，極核が正常に活性化されると見て，AV＝RVとし，常に受精極核ではAI＝50％となる．異種間交雑ではAV≠RVで，AV＞RVのときはAI＞50％となり，極核は過剰活性化され胚乳は崩壊，消失する．AV＜RVであればAI＜50％となり，極核は活性化不足で発育不全を起こすが発芽力のある小型の種子をつける．先のエンバクの種間交雑では，二倍体種および六倍体種に固有のAV-RV値を与えることにより，六倍体（母）×二倍体（父）では，AI＝17.5％で種子が実り，逆の二倍体（母）×六倍体（父）では，AI＝145％で胚乳の崩壊が起こるとした．当時はこの極核活性化説におけるAV-RVの実体が何であるかまったく理解不能であったが，胚乳におけるゲノムインプリンティングを考えることによって理解できるのかもしれない．今後の研究の進展が待たれる．

くと考えられている.

　X染色体の不活性化を誘導する遺伝子はX染色体上にある*Xist*遺伝子である. 驚くべきことに, この遺伝子の最終産物はタンパク質ではなくRNAである. *Xist* RNAは不活性化を受けるX染色体から特異的に転写され, 染色体全体をおおうように局在する. *Xist* RNAはヒストンメチル化酵素をクロマチンに引き寄せ, さらにメチル化されたヒストンはヘテロクロマチン化を誘導するタンパク質*6を引き寄せることで, X染色体が不活性化されることがわかっている. しかし, どちらのX染色体を不活性化するのかを決める要因は何であるかなど, まだまだ謎は多い.

　哺乳類以外の動物, たとえばショウジョウバエもXY型の性決定様式をとり, 雌個体はX染色体を2つもつ. しかし, X染色体の不活性化は起こらず, 雄ではX染色体の遺伝子の発現量を雌の二倍にすることにより, X染色体上の遺伝子活性を雄雌で等しくする補正機構が存在する. 高等植物のなかにも, アサやオニドコロなどXY性染色体をもつものが存在するが, どのような機構で雄雌個体間の遺伝子量の補正を行っているのか, あるいは植物では補正を行う必要がないのか, 不明である.

14.2　全能性とクローン生物

　ニンジンの根の切片を, 植物ホルモンの一種であるサイトカイニンを含む培地に置いて適当な温度条件下で培養すると, 細胞分裂が起こり, やがてニンジンが再生できる. このように, 植物は驚異的ともいえる再生能力を示し, 分化した細胞のみを含む栄養組織の切片から新しい個体が再生される. ほとんどの植物組織は, 適当な培養条件によって**脱分化**(dedifferentiation)し, カルスとよばれる未分化細胞塊を生じ, 次の2つの異なる経路で完全な植物を形成することができる. ひとつはシュートと根を直接的に発生させる器官形成であり, もうひとつは胚期を含む全発生過程が再現される**不定胚発生**(somatic embryogenesis)である. このように, 植物の分化した細胞は全能性をもっている(3.4.3項参照).

　一方, 高等動物の発生は, 細胞分裂が行われるごとにいくつかの発生経路のうちのひとつを選択することで, その子孫の細胞の運命が徐々に決定されていくように進行する. このようにして決定される細胞の運命は, 不可逆的である. 肢の再生に見られるように, 細胞はある程度脱分化することは可能であっても, 分化した細胞1個から新しい個体をつくることはできない. つまり分化した高等動物細胞は全能性ではない. 全能性の消失は, 前項で見たゲノムインプリンティングなどのエピジェネティック制御によると考えられる. しかし, 分化した動物細胞も**核移植**(nuclear transfer)*7によって全能性を回復しうる.

*6　ヘテロクロマチンタンパク質HP1など.

*7　細胞核を別の除核した細胞質内に移植すること.

14.2 全能性とクローン生物

6.5節で見たように，哺乳類では，受精完了後，1個の受精卵細胞（1細胞期）から卵割を繰り返し行い，8〜16細胞期で桑実胚が形成される．この時期に発生過程の最初の分化が誘導され，将来おもに胎子(fetus)になる細胞群と，胎盤(placenta)[*8]を形成する細胞群とに大きく分かれ始める．では，桑実胚期前の卵割期すべての胚を構成する割球に，1細胞期胚のように全能性はあるのだろうか．この問題は，次のような実験的アプローチによって解明された．ヒツジの2細胞期胚の片側の割球を微細な針でつぶし，残った割球のみからなる胚（部分胚とよばれる）を受容雌(recipient)へ移植(embryo transfer)した．その結果，移植胚から産子が生まれることがわかった．さらに4細胞期あるいは8細胞期胚で作出された部分胚からも産子が得られた．以上の実験結果から，4細胞期から8細胞期胚までの割球には全能性が備わっていることが確認された．また，2〜8細胞期胚を構成する割球をばらばらに分離することにより，一卵性多子を得ることが可能である．この方法は**クローン動物**(cloned animal)の作出に応用されている．この全能性が備わっている発生段階は，動物種によって異なる．マウスでは，2細胞期胚の単一割球から個体形成は達成されるが，4細胞期胚からのものにはそのような能力は備わっていない．それに対して，ヒツジ，ブタ，そしてウサギでは，8細胞期の単一割球が全能性をもつ限界のようである．

胚の全能性の保持は動物種によって異なるが，卵割の特定の時期までに限られる．このような全能性の限界は，胚を構成する個々の割球の能力の限界を指すものである．ところが，核移植技術が開発されたことから，卵割期以降の発生段階の胚や成体の体細胞を構成する細胞の核にも，全能性が新たに備わりうることが明らかにされた．

1996年（論文は1997年）にウィルマット(I. Wilmut)らは，成体のヒツジの乳腺から採取した細胞を10％濃度の血清を添加した培地で増殖させた後，核移植に使用する前の数日間，低濃度の血清培地で培養することによって，細胞周期のG_0期，つまり休止状態に誘導し，その細胞を除核未受精卵母細胞に核移植する実験を行った結果，わずか1頭とはいえ，その核移植卵から産子を得た（図14.4）．この結果は，成体を構成するほとんどの分化した体細胞は非可逆的な分化状態に条件づけられている，という従来の考えを根底からくつがえすものとなった．その後，同様にウシやマウス，さらにブタ，ヤギ，ウサギなどでも体細胞核移植によって産子が報告されている．このような状況から，成体の分化した体細胞の核でも，卵細胞質によって未分化な受精卵の核の状態にまでリセット（初期化，再プログラム，reprogramming）される，つまり全能性を獲得しうるという説が一般的に容認されるようになったのである．しかし，すべての哺乳類の動物で，しかもすべてのタイプの分化細胞の核が核移植によって初期化されるのかについてはまだ明らかではな

[*8] 哺乳類の母体内での胎児発育において，その発育に必要な栄養やガスを母体から胎児に供給したり，胎児の排泄物を母体に送る機能をもつ器官．妊娠に必要となるホルモンを分泌する内分泌器官でもある．

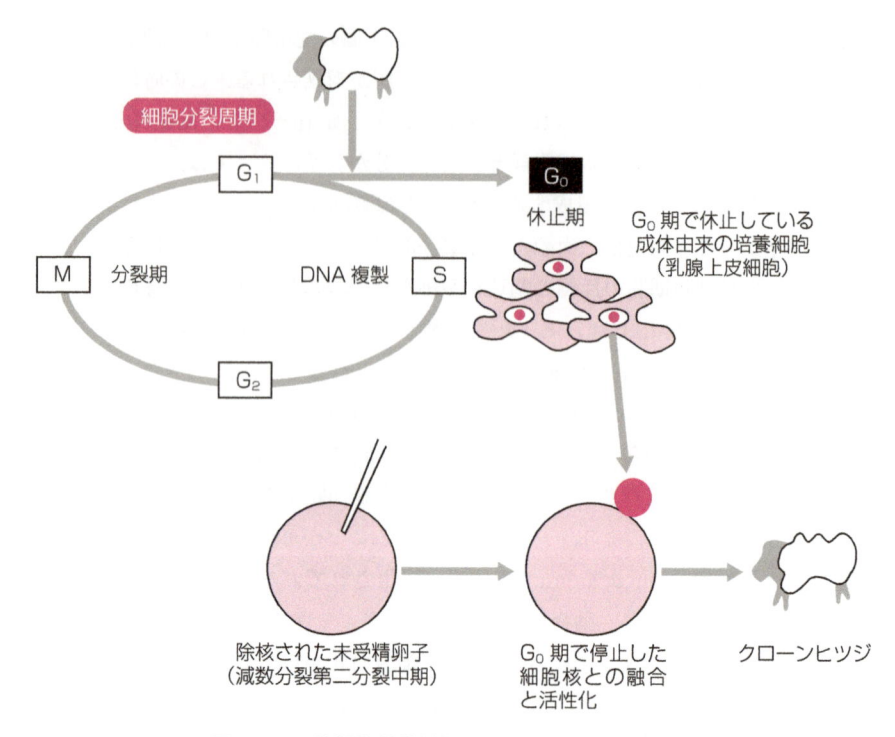

14章　動物と植物　発生原理の共通性と特殊性

図 14.4　体細胞核移植によるクローン動物の作出

い．むしろ，限られた動物の限られた分化細胞核でのみ体細胞核移植によって非常に低い割合で個体が得られているのが現状である．さらに，体細胞核移植によって個体が得られるといっても，出産直後に死に至る割合や，死に至らなくとも個体の成長とともに肥満や免疫不全などの疾病を発症するなど異常な表現型を示す個体の割合が高いことから，はたして分化した体細胞核が卵細胞質によって完全に受精卵の核の状態にまで初期化されるのかという疑問がもたれるのは当然であろう．核の全能性を説明するには，このような疑問を解き明かすような今後の研究を待たなければならない．

14.3　non-coding RNA

タンパク質をコードする遺伝子領域はゲノム全体からすると非常にわずかで，ヒトの場合 1.5% ほどである．他の領域はすべてがらくた（ジャンク）で単なるつなぎの部分としか考えられていなかった．しかし近年，転写産物の解析から，ヒトゲノムの大部分は転写されていることが明らかとなった．つまり，RNA に転写されるヒトゲノムの大部分，約 98% がタンパク質には翻訳されない RNA である．これらには，rRNA や tRNA も含まれ，non-coding RNA と総称される．X 染色体の不活性化に必要な *Xist* RNA もその一例である．non-coding RNA のなかで，21〜25 塩基の microRNA（miRNA）

14.3 non-coding RNA

は自身と相補性のある遺伝子を発現制御する作用をもち，発生や細胞増殖，アポトーシス，タンパク質分解，ストレス応答などに関与することがわかり始めている．

　miRNAについて述べる前に，簡単にRNA干渉（RNA interference, RNAi）について触れる．RNA干渉は，二本鎖RNA断片を細胞に導入した場合に相補的なmRNAが特異的に分解されたり，翻訳抑制を受けたりする現象を指す．導入された二本鎖RNAはDicerとよばれるRNA分解酵素RNaseIIIによって短いRNA（siRNA, small interfering RNA）に分解された後，RISC（RNA-induced silencing complex）とよばれる複合体に取りこまれる．RISCでは取りこんだ二本鎖RNAを一本鎖化して標的配列の認識を行い，相補的なRNAの分解と翻訳抑制をする（図14.5）．

　RNA干渉をひき起こす二本鎖RNAの研究から，ゲノム中に，同様の作用をもつ内因性のものがあることがわかってきた．これをmiRNAとよぶ．ゲノム中に存在するmiRNA遺伝子から転写されたmiRNA前駆体は逆方向繰り返し配列をもち，ヘアピン型二本鎖RNAを形成する．この前駆体がDicerによってプロセッシング[*9]され，成熟型のmiRNAとなる．

　miRNAとして最初に同定されたのは線虫の*lin-4*RNAである．*lin-*

[*9] タンパク質やRNAにおいて，前駆体は切断や化学的修飾を受けて機能的な成熟タンパク質や成熟RNAへ加工される．この過程をプロセッシングと総称する．

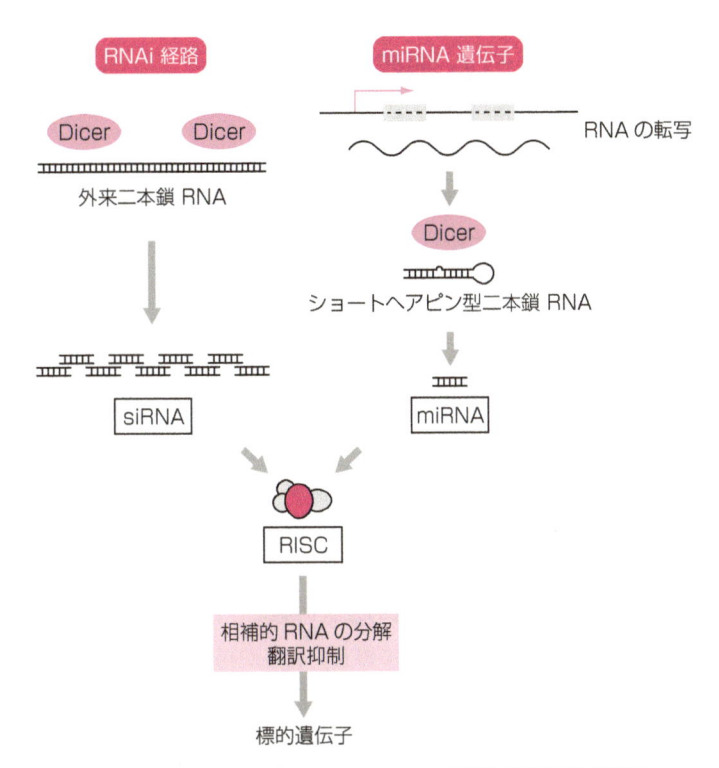

図14.5 RNAi経路とmiRNAによる遺伝子発現抑制経路

4RNAはlin-14遺伝子の3'-非翻訳領域に相補的であり，LIN-14タンパク質の発現制御を介して発生過程のタイミングを調節している．また，ショウジョウバエのmiRNAであるBantamはhid遺伝子の翻訳を抑制し，細胞増殖の促進とアポトーシスの抑制に働く．

では，植物にもmiRNAは存在するのだろうか．シロイヌナズナのmiRNAである*miR-172*は，MADSボックス遺伝子*APETALA2*(13.2.2項参照)を標的遺伝子とし，雄ずいと心皮の原基において翻訳抑制することにより，がく片と花弁のアイデンティティーの制御を行うことが示されている．さらに，シロイヌナズナの*CARPEL FACTORY*(*CAF*)はDicerタンパク質をコードする遺伝子で，この遺伝子の突然変異体は花，胚珠，葉の形態形成などに異常を示す．この*caf*突然変異体ではmiRNAの蓄積が阻害されていることから，miRNAが植物の形態形成に広く重要な役割をもつと考えられている．

また，線虫，ショウジョウバエ，ゼブラフィッシュ，マウスでもDicerの突然変異体が見つかっており，それぞれ，陰門や外皮の異常，複眼形成や卵形成の異常，神経系や心臓形成の異常，リンパ球分化の異常などが報告されている．動植物全般にわたる多くの生物が，miRNAによるRNA干渉を用いて，的確な遺伝子発現の制御を達成しているものと考えられる．

14.4　プログラム細胞死

アポトーシスは遺伝的に厳密に制御されて起こるプログラム細胞死であり，動物の体制の確立にきわめて重要な意味をもつ(4.3節参照)．たとえば，脊椎動物の肢発生では，指と指の間の領域で厳密に制御された発生現象としてアポトーシスが起こり，その結果，指がそれぞれ正しく分離する．

では，植物の発生においても，動物のアポトーシスのようなプログラム細胞死は起こるのであろうか．植物の発生で最初に形成される子葉は，種子形成に伴う胚発生の段階で第1節に生じる葉である(12.2節参照)．発芽後，植物体の生育に伴って子葉は枯死するが，これも一種のプログラム細胞死であると考えられる．また，維管束系を構成する篩部は生きている生細胞であり，葉でつくられた光合成産物の通路として機能するが，根から吸い上げた水の通路となる木部(導管)は死細胞であり，発生の過程で厳密に制御されたプログラム細胞死により形成される(図14.6)．また，植物体の成育に伴って葉，花，果実などが茎から脱落する．これらの器官の基部には離層[10]が形成され，離層細胞のプログラム細胞死によって器官の脱落が起こる．

4章で見たように，動物のアポトーシスにおける特徴は，

① DNAが短い単位(ヌクレオソームに相当)に切断される．

*10　葉，花，果実などの基部に形成される特殊な細胞層．離層細胞はペクチナーゼ，セルラーゼなどの細胞壁分解酵素を生産し，細胞が崩壊する．

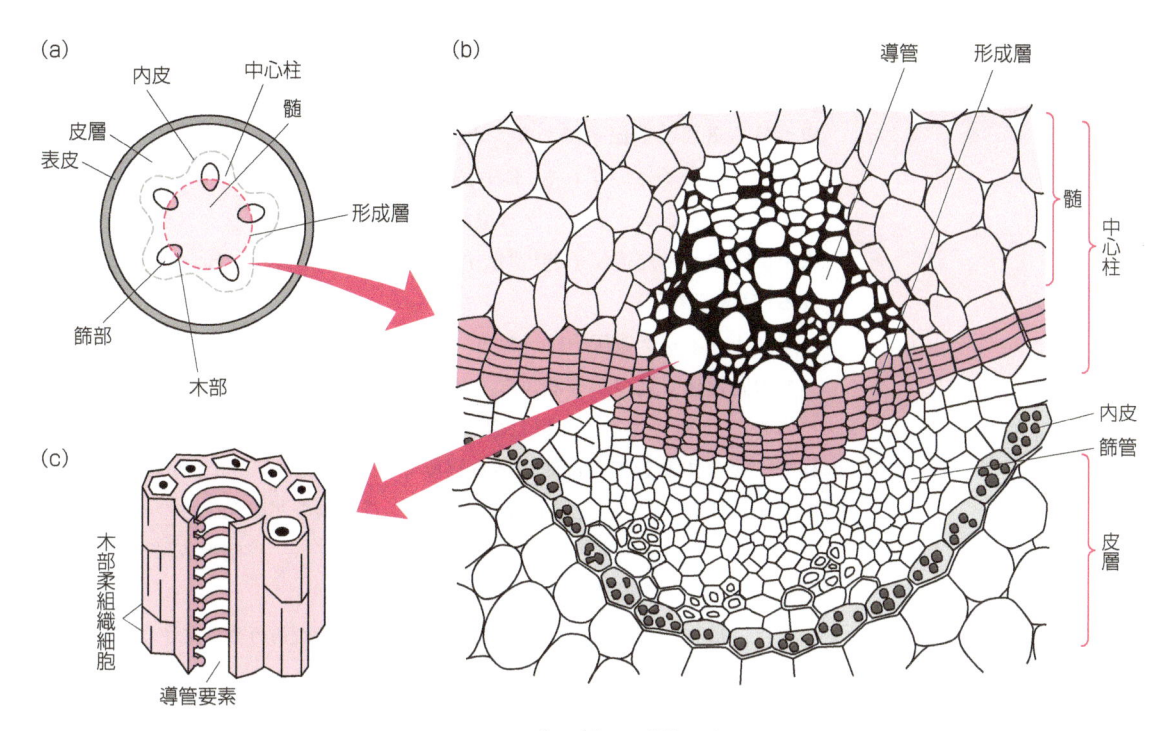

図 14.6　茎の断面と導管要素
(a) 被子植物の典型的な茎の断面模式図（真正中心柱），(b) トウゴマの維管束の断面図，(c) 木部（導管）の模式図

② 核が断片化する．
③ 細胞が凝縮して小型化する．
④ アポトーシス小体が形成される．

　などがある．このなかで，③の「細胞の小型化」は，各細胞の大きさが細胞壁で強く固定されている植物細胞においては起こりにくいと考えられる．②の「核の断片化」は，動物細胞では③と連動していることが多い．植物では，核の萎縮が見られることがあるが，断片化は起こらない．①の「DNA 切断」は，植物の細胞死においても起きると考えられている．動物細胞のアポトーシスにおける DNA の断片化はカスパーゼに依存した DNA 分解酵素によっているのに対し，植物ではカスパーゼは発見されておらず，DNA 消化のメカニズムがどこまで共通しているのか，現時点では明らかではない．④の「アポトーシス小体の形成」は，植物の細胞死には見られない．以上のことから，植物の発生におけるプログラム細胞死は，動物と同じアポトーシスではない可能性もある．

14.5　ホメオティック遺伝子

　生物の体のある部分の構造が，他の部分にあるべき構造へ変化することを

ホメオシスあるいはホメオティック変異とよぶ．1章や7章で見たように，動物のホメオシスに関与する遺伝子は体の各部位のアイデンティティーを決定づける重要な遺伝子であり，ホメオティック遺伝子とよばれる．ホメオティック遺伝子はいずれも，DNA結合領域（ホメオドメイン）をもつ転写因子をコードするホメオボックス遺伝子である．ホメオボックス遺伝子はゲノム上に密に並んだ遺伝子群（遺伝子クラスター）を形成し，*Hox* 複合体とよばれる（7.2.3項参照）．

ホメオティック遺伝子は，線虫，ショウジョウバエから哺乳類にいたるすべての動物種で見つかっている．しかも，これらの遺伝子は，ショウジョウバエの *Hox* 複合体とよく似た複合体のまま存在しており，動物の進化の過程で，複合体としての機能がある程度保持されていることを示唆する（7.2.3項参照）．哺乳類の *Hox* 遺伝子は，後脳，首，胴などの発生のパターン制御にかかわることが明らかとなり，哺乳類においても，体制形成に重要な役割を担うマスター調節遺伝子である．

では，植物にもホメオボックス遺伝子はあるのだろうか．これまでに，いくつかの植物種でホメオボックス遺伝子がクローニングされ，解析が進められた．イネのホメオボックス遺伝子 *OSH1* は，未分化な分裂組織で発現し，分裂組織の維持に関与すると考えられる．また，*OSH15* と名づけられたホメオボックス遺伝子は，茎の細胞の縦方向の分裂や伸長に必須であり，この遺伝子が壊れると茎の伸長が阻害されてイネの背丈が短くなる．このように，植物にもホメオボックス遺伝子が存在し，形態形成に関与することが明らかとなってきた．しかし，動物のようなホメオティック変異に関与する植物のホメオボックス遺伝子は得られておらず，動物の *Hox* 複合体に相当する遺伝子は植物では未同定である．また，シロイヌナズナゲノムには *PHABULOSA*（12.4.2項参照）など100個近くのホメオボックス遺伝子が存在するが，動物のように遺伝子クラスターを形成してはいない．ショウジョウバエのゲノムには，*HOM-C*[*11] 遺伝子以外にも数百のホメオボックス遺伝子が存在する．植物のホメオボックス遺伝子は，この *HOM-C* 遺伝子以外のホメオボックス遺伝子とオーソログの関係にあるのかもしれない．

植物のホメオティック遺伝子として，13.2節で見たように，花器官のアイデンティティー決定に関与する MADS ボックス遺伝子が存在し，多くの植物で解析されている（図14.7）．MADS ボックス遺伝子も転写因子をコードし，下流の多数の遺伝子発現を制御することにより各花器官形成を行うマスター調節遺伝子である．MADS ボックス遺伝子は，植物以外では，酵母のミニ染色体の維持に関与する *MCM1* やヒトの血清応答因子をコードする *SRF* など少数が知られているのみで，植物において高度に遺伝子重複が起こり機能分化したと考えられる．進化の過程で，動物はホメオティック遺伝

＊11　ショウジョウバエにおける *HOX* 複合体のひとつ．*Antennapedia* 遺伝子と *bithorax* 遺伝子（1.1.2項，7.2.3項参照）を中心とする遺伝子クラスター．

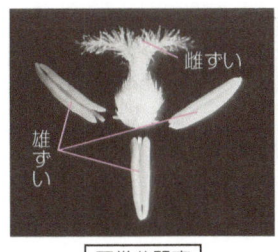

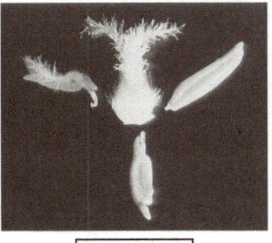

14.5 ホメオティック遺伝子

| 正常花器官 | パターン1 | パターン2 | パターン3 |

図14.7 MADSボックス遺伝子の発現パターンの変化によりさまざまな
レベルで雄ずいが雌ずい化したコムギの花器官
口絵カラー写真も参照．

子としてホメオボックス遺伝子を，植物はホメオティック遺伝子として
MADSボックス遺伝子をそれぞれ獲得したのだろう．動物においても植物
においてもホメオティック遺伝子の下流遺伝子ネットワーク[*12]を明らかに
することが，発生生物学における今後の重要な課題である．

[*12] 転写因子であるホメオティック遺伝子は特定の時期に特定の部位で働き，多数の遺伝子の発現をコントロールしていると考えられる．そのターゲット遺伝子群のネットワークのこと．

参考図書

■全般・1章（発生生物学全般など）
1) J. スラック 著，大隈典子 訳，『エッセンシャル発生生物学』第2版，羊土社（2007）
2) R. M. トゥイマン 著，八杉貞雄ほか 訳，『発生生物学キーノート』，シュプリンガー・フェアラーク東京（2002）
3) F. H. ウィルトほか 著，赤坂甲治ほか 訳，『ウィルト発生生物学』，東京化学同人（2006）
4) 木下圭・浅島誠 著，『新しい発生生物学』，講談社ブルーバックス（2003）
5) 浅島誠 著，『高校生に贈る生物学4 発生のしくみが見えてきた』，岩波書店（1998）
6) 栃内新・左巻健男 編著，『新しい高校生物の教科書』，講談社ブルーバックス（2006）
7) 佐藤矩行ほか 著，『シリーズ進化学4 発生と進化』，岩波書店（2004）
8) W. J. ゲーリング 著，浅島誠ほか 訳，『ホメオボックス・ストーリー――形づくりの遺伝子と発生・進化』，東京大学出版会（2002）
9) S. F. Gilbert, "Developmental Biology" 8th Edit., Sinauer Associates（2006）
10) L. Wolpert, "Principles of Development" 3rd Edit., Oxford University Press（2007）

■2〜5章（遺伝，細胞など）
1) B. Albertsほか 著，中村桂子・松原謙一 監訳，『Essential細胞生物学』原書第2版，南江堂（2005）
2) B. Albertsほか 著，中村桂子・松原謙一 監訳，『細胞の分子生物学』第4版，ニュートンプレス（2004）
3) J. D. ワトソンほか 著，松橋通生ほか 監訳，『ワトソン・組換えDNAの分子生物学』第2版，丸善（1993）
4) D. L. ハートルほか 著，布山喜章ほか 監訳，『エッセンシャル遺伝学』，培風館（2005）
5) 三上哲夫 編著，『植物遺伝学入門』，朝倉書店（2004）
6) 辻本賀英 著，『細胞死・アポトーシス集中マスター』，羊土社（2006）

■6〜8章（動物の初期発生など）
1) 武田洋幸 著，『動物のからだづくり－形態発生の分子メカニズム』，朝倉書店（2001）
2) 八杉貞雄 著，『発生と誘導現象』，東京大学出版会（1992）
3) 西駕秀俊・八杉貞雄 著，『たった一つの卵から－発生現象の不思議』，東京化学同人（2001）
4) B. K. Hall, "Evolutionary Developmental Biology" 2nd Edit., Chapman & Hall（1998）
5) S. F. Gilbert・A. M. Raunio, "Embryology：Constructing the Organism", Sinauer Associates（1997）
6) A. M. Arias・A. Stewart, "Molecular Principles of Animal Development", Oxford University Press（2002）

■9〜10章（動物の器官形成など）
1) 阿形清和・小泉修 編，『神経系の多様性：その起源と進化』，培風館（2007）
2) 倉谷滋・大隅典子 著，『神経堤細胞－脊椎動物のボディプランを支えるもの』，東京大学出版会（1997）

3) 森崇英・山村研一 編, 『岩波講座 現代医学の基礎5 生殖と発生』, 岩波書店(1999)

■11章（動物の配偶子形成など）
1) 武田洋幸・相賀裕美子 著, 『発生遺伝学－脊椎動物のからだと器官のなりたち』, 東京大学出版会(2007)
2) 長濱嘉孝・井口泰泉 著, 『内分泌と生命現象』, 培風館(2007)
3) B. Robaire, "The Male Germ Cell: Spermatogonium to Fertilization", New York Academy of Sciences(1991)

■12～13章（植物の発生・成長・配偶子形成など）
1) L. テイツ・E. ザイガー 著, 西谷和彦ほか 監訳, 『植物生理学』第3版, 培風館(2004)
2) 原 襄 著, 『植物形態学』, 朝倉書店(1994)
3) 岡田清孝ほか 編, 『植物の形づくり―遺伝子から見た分子メカニズム』, 共立出版(2003)
4) 渡邊昭ほか 監修, 『植物の形を決める分子機構―遺伝子から器官形成へ』, 秀潤社(1994)
5) 岡田清孝ほか監修, 新版『植物の形を決める分子機構』, 秀潤社(2000)
6) S. S. ボジワニほか 著, 足立泰二・丸橋亘 訳, 『植物の発生学―植物バイオの基礎』, 講談社(1995)
7) W. ラウ著, 中村信一・戸部博 訳, 『植物形態の事典』, 朝倉書店(1999)
8) 和田正三ほか 監修, 『植物の光センシング―光情報の受容とシグナル伝達』, 秀潤社(2001)
9) S.H. Howell, "Molecular Genetics of Plant Development", Cambridge University Press(1998)
10) D.E. Fosket, "Plant Growth and Development: A Molecular Approach", Academic Press(1994)

■14章（動植物の発生原理など）
1) 佐々木裕之 著, 『エピジェネティクス入門 三毛猫の模様はどう決まるのか』, 岩波科学ライブラリー(2005)
2) 西山市三 著, 『植物細胞遺伝工学』, 内田老鶴圃(1994)
3) 小倉 謙 著, 『改著 植物解剖および形態学』, 養賢堂(1979)
4) 小倉 謙 著, 『植物形態学』, 養賢堂(1944)

索引

数字・欧文

2n	16
5'側	15
ABC モデル	153
AER	111
Antennapedia 複合体	79
AP1	149
BICOID	19
bithorax 複合体	79
BMP	92
BMP-1	92
C_3 植物	143
C_4 植物	143
cDNA	22
Cerberus	88, 105
Chordin	92
CZ	139
DAX1	118
DDBJ	24
Derriere	88
DNA	13
DNA-DNA ハイブリダイゼーション	22
DNA グリコシラーゼ	162
DNA 損傷	44
DNA のメチル化	160
DNA マーカー	25
Dorsal	81
Dpp	42, 81
Dsh	88
En(Engrailed)	79
En-1	113
EST	24
ES 細胞	11, 33, 35
eyeless	99
Fas リガンド	44
FGF	87, 111
FLC	149
flh	104
floating head	104
Follistatin	92
FT	149
Goosecoid	89
GSK-3	88, 89
Hedgehog	102
HGF	109
Hh	102
HMG ドメイン	107
HMG ボックス	118
HOM-C	170
Hox 複合体	170
in vitro	9
in vivo	9
iPS 細胞	35
LFY	149
Lmx1	113
MADS ボックス	21, 98, 154
MIS	116
mRNA	17
Nodal	87, 88
Noggin	92
Notch	102
nuage	124
PCR	24
PZ	139
RAM	135
RNA	13
rRNA	18
SAM	135, 147
Sevenless	102
SF1	118
shh	105
Shh	112
Siamois	88
SOC1	149
sonic hedgehog	105
SOX9	119
SRY	118
TATA ボックス	19
TDF	118
TGF-β	87
Ti プラスミド	25
tRNA	18
T リンパ球	40
VegT	89
Vg1	88, 89
Wg(Wingless)	79, 99
whorl	152
Wnt4	119
Wnt7a	113
Xnot	104
X 染色体の不活性化	163
Y 染色体	163
ZPA	112

あ

アイデンティティー	75, 152
アクシデンタル・セル・デス	40
アクチビン	87
アクチンフィラメント	28
アグロバクテリウム	25, 36
アニーリング	24
アニマルキャップ	85
アポトーシス	39, 40, 43, 114
アポミクシス	52
アルカリフォスファターゼ	121
アンチセンス合成ヌクレオチド	88, 89
アンテナペディア	7
維管束	141
維管束鞘	143
維管束植物	135
一次性索	127
位置情報(位置価)	5, 75
一次卵胞	128
一次卵母細胞	127
一年生植物	50
遺伝子	13
遺伝子座	57
遺伝子ネットワーク	148
遺伝子ライブラリー	22
遺伝地図	57
遺伝的相互作用	102
遺伝的モザイク	41
移動期	54
囲卵腔	71, 129
ウォルフ管	115
栄養成長	147
栄養繁殖	48
腋芽	136
エストロジェン	119
エピジェネティック	150, 160

索引

エピブラスト		71
塩基対形成		24
沿軸中胚葉		104
エンハンサー		19, 107
エンハンサートラップ		102
黄体形成ホルモン		129
オーガナイザー		3
オーキシン		13, 36, 138, 146
オーソログ		150
オルガネラ		16, 158

か

外因性アポトーシス	39
開口分泌	132
外胚葉	59
外胚葉性頂堤	111
蓋板	104
花芽運命決定遺伝子	149
花芽分裂組織	151
花器官形成	98
核移植	164
核小体	54
がく片	152
隔膜形成体	30
花序	147, 151
花序分裂組織	147
下垂体	87
カスパーゼ	44, 169
花成	147
花成促進遺伝子	148
花成抑制遺伝子	149
割球	60
カドヘリン	88
花粉	154
花弁	152
下流遺伝子ネットワーク	171
顆粒層細胞	87, 129
カルス	34, 164
感覚網膜	106
環形動物	79
幹細胞	33
肝細胞増殖因子	109
間質	125
間充織細胞	66
完全変態	50
桿体細胞	101
眼杯	39, 106
眼胞	39, 106
間葉	109
癌抑制遺伝子	32
キアズマ	56
器官形成	48, 97
気孔	142
擬体節	78
基板	104, 105
逆転写反応	22
ギャップ遺伝子群	77
ギャップ結合	38, 71
旧口動物	59
鏡像対称	79
極核	155
極顆粒	122
極細胞	121
極細胞質	122
極性	75
極性化活性域	112
極体	60
筋節	109
区画	78
茎	33, 135
クチクラ層	33
組換え	56
組換え頻度	57
クラウンゴール	25, 36
グリア細胞	32
クリスタリン	106
グルテニン	32
クローニング	21
クローン	35, 48
クローン動物	165
クロマチン構造の変化 (凝縮)	150, 160
クロマチン繊維	15
形質転換	10
形質転換成長因子	87
形成層	144
形成体	3
茎頂分裂組織	135
血液精巣関門	125
結節	91
決定	33
ゲノム	16
ゲノム DNA ライブラリー	9
ゲノムインプリンティング	74, 161
ゲノム刷り込み	161
ケラチン	32
原基	141
原基分布図	3
原口	61
原口背唇部	4
原始外胚葉	71
原条	71
減数分裂	47
減数母細胞	54
原腸	61
原腸蓋	94
原腸形成	59, 62, 64, 68, 72
原腸胚	3, 61
原腸胚形成	48
後期	30
光合成	29
後口動物	59
交叉	56
向軸側	142
恒常性維持	40
後腎	115
構成的制御経路	148
後脳	104
勾配	5, 61
向背軸	141
コード	15
骨形成タンパク質	92
根端分裂組織	135
コンパクション	70

さ

サイクリン依存性キナーゼ	32
細糸期	54
サイトカイニン	13, 36, 146, 164
サイトカイン	38
細胞	27
細胞間シグナル伝達	38, 78
細胞間質	28
細胞競争	41
細胞系譜図	50
細胞骨格	28
細胞質雄性不稔	29
細胞周期	31, 60
細胞性胞胚	61, 74

索引

左右軸	59
酸化的リン酸化	29
ジェネティック	160
肢芽	109
紫外線照射	86
自家受精	52
自家不和合性	52
子宮	70, 130
子宮内膜	71
始原生殖細胞	121
自殖性植物	52
雌性前核	73, 133
雌性配偶子	52
実験発生学	1
シナプトネマ構造体	56
篩部	33, 143
肢フィールド	110
四分子	54
ジベレリン	13, 145, 146
ジベレリン応答経路	146, 148
終期	30
収縮環	29
シュート	135
修復性	3
周辺帯	139
収斂	61
種子胚	158
種子繁殖	48
受精	52, 130
受精能獲得	131
シュペーマンオーガナイザー	86
春化	147
春化経路	148
子葉	136, 168
子葉鞘	137
上皮組織	37
小胞子	155
植物極	60
植物ホルモン	146
助細胞	155
触角	99
自律的	43
ジンクフィンガー	143
ジンクフィンガー構造	76
神経冠	114
神経管	39, 103
神経冠細胞	105
神経胚	103
神経板	103
神経誘導	83
進行帯	112
人工多能性細胞	35
新口動物	59
腎臓形成	98
伸長	61
心皮	152
深部細胞	64
水晶体	39, 106
垂層分裂	145
錐体細胞	101
スクリーニング	22
生活環	47
精管	116
精原幹細胞	125
精原細胞	125
精細管	116
精細胞	54, 155
性索	115, 127
精子	54, 125
精子完成	125
精子形成	121
精子細胞	125
静止中心	145
精子発生	125
生殖細胞	48, 121
生殖細胞系列	150
生殖細胞質	123
生殖シュート	151
生殖成長	147
精巣	116, 125
精巣決定因子	118
精巣上体	131
成虫原基	62, 97
成長因子	13, 38
性的二型	50
精のう腺	116
精母細胞	125
脊索	5
脊索前板	90
脊髄	104
脊椎動物	80
赤道面	30
セグメント・ポラリティー遺伝子群	77
世代交代期間	8
接合子	53, 130
接合糸期	54
節足動物	79
接着分子	38
接着帯	70
セルトリ細胞	116, 125
セルロース	29
繊維芽細胞成長因子	87, 110
全割	60
前期	30
前口動物	59
前後軸	59
染色体	15
染色体地図	6, 25, 57
染色体歩行	9
染色分体	54
先体反応	131
線虫の前腸形成	98
前脳	104, 105
全能性	33
桑実胚	67, 69
双子葉植物	137
相同染色体	54
側芽	136
側板中胚葉	110
側方抑制	102
ソニックヘッジホッグ	112

た

第一極体	129
第一分裂	54
対合	54
体細胞	48, 121
体細胞核移植技術	11
体細胞分裂	30
太糸期	54
体制	13
体節	77, 114
体内時計	148
第二極体	130
第二分裂	54
耐熱性DNAポリメラーゼ	24
胎盤	165
大胞子	155

索引

対立遺伝子	56	透明帯反応	132	胚柄	137
多核性胞胚	61, 74	特異的阻害因子	88	排卵	130
他家受精	52	突然変異	20	発生遺伝学	6
托葉	141	突然変異原	20	盤割	60
他殖性植物	52	ドミナントネガティブ型FGF受容体	87	反足細胞	155
多精子進入	132	トランスジェニックマウス	10	反応能	39
脱分化	34, 164	トランスファーRNA	18	光受容体	148
多年生植物	50	トランスポゾン	25	被子植物	52
多能性	33			微絨毛	70
単為生殖	48	**な**		ヒストンの化学的修飾	160
単為発生	70, 161	内因性アポトーシス	43	皮層	143
短日植物	150	内鞘	145	日長反応性経路	148
単子葉植物	137	内胚葉	59	尾部オーガナイザー	94
単数体ゲノム	47	内皮	143	被覆層	64
チトクロームC	44	内部細胞塊	71	表割	60
着床	71	二価染色体	54	表現型	20
中央細胞	155	二次卵母細胞	129	表層回転	66
中央帯	139	二年生植物	50	表層粒反応	132
中間径フィラメント	28	ニュークープセンター	86	フィードバック制御	98
中間中胚葉	111	ニューロン	32	孵化	71
中期	30	根	33, 135	複眼	98
中期胞胚転移	64	ネクローシス	39	複糸期	54
中腎	115	嚢胚	61	不定根	144
中心体	29, 126	葉	33, 135	不定胚発生	164
中心柱	143			プライマー	24
中枢神経系	103	**は**		プローブ	22
中脳	104	灰色新月環	66, 86	プログラム細胞死	39, 168
中胚葉	59	胚環	65	プロセッシング	167
中胚葉誘導	83	胚性幹細胞	11, 33, 35	プロモーター	17
チューブリン	28	配偶子	47	フロリゲン	149
頂芽	136	配偶子形成	52	分子カスケード	87
頂芽優性	146	配偶体	50	分子生物学	8
長日植物	147	胚形成	48	分節化	77
重複受精	158	背軸側	142	分泌拡散性	81
低温(春化)要求性	150	胚珠	136, 154	分裂組織	34, 135
底板	104	胚盾	65	ペアルール遺伝子群	77
ディベロプメンタル・アポトーシス	40	背唇部	68	平均体	94
テストステロン	116	バイソラックス	7	ヘテロクロマチン	163
デフォルトモデル	93	胚体外域細胞群因子	125	ヘテロクロマチン化を誘導するタンパク質	164
転写	17	胚乳	138	ヘテロ接合体	57
動原体	54	胚のう	154	ヘテロ二本鎖領域	56
頭尾軸	59	胚盤胞	69	ヘンゼン結節	91
頭部オーガナイザー	94	胚盤胞腔	71	哺育細胞	75
胴部オーガナイザー	94	背腹軸	59	膨圧	29
動物極	60	ハイブリダイゼーション	9, 11, 22	胞子	50
透明帯	70, 128				

索引

胞子体	51
紡錘体	29
胞胚	60
ポジショナル・クローニング	25
母性 mRNA	73
母性効果遺伝子	73
補正的増殖	43
母性突然変異体	122
ホメオーシス	6, 79
ホメオスタシス	40
ホメオティック遺伝子	8, 9, 19, 79
ホメオドメイン	75
ホメオボックス	9
ホリデイモデル	56
ホルモン	13, 38
翻訳	18

ま

マクロファージ	40
マスター調節遺伝子	73, 98
密着結合	38, 70
未分化生殖腺	115
ミュラー管	40, 115
ミュラー管抑制物質	116
無限花序	151
無性生殖	47
メッセンジャーRNA	17
芽ばえ	138
木部	33, 142
モルフォゲン	38, 75

や

薬	152
野生型	20
有限花序	151
雄原細胞	155
融合	133
雄ずい	152
有性生殖	47
雄性前核	73, 133
雄性配偶子	52
誘導	5, 11, 39, 83
誘導因子	38
葉間期	141
葉序	141
葉身	141

葉肉	142
葉柄	141
羊膜ヒダ	115
翼板	104

ら

ライディッヒ細胞	116, 125
卵黄遮断	132
卵黄多核層	64, 84
卵核胞	128
卵割	2, 59, 60
卵管	69, 130
卵丘	129
卵丘細胞	129
卵形成	121
卵原細胞	127
卵細胞	155
卵成熟	130
卵巣	116
卵胞腔	129
卵胞膜	129
卵膜	63
リガンド	102, 112
リグニン	29
離層	168
リチウム処理	92
リボソーム RNA	18
レセプタープロテインキナーゼ	140
レトロウィルス	10, 25
レトロトランスポゾン	25
連鎖	56
連鎖地図	57
連鎖分析	25
ロドプシン	102
濾胞刺激ホルモン	87

わ

矮性突然変異体	146

生物名

アカパンカビ	7
アフリカツメガエル	66, 84, 88, 95, 103
アリマキ	48
イチョウ	157
イネ	11, 16, 24, 137, 142, 146, 150, 170
イモリ	3, 94

ウサギ	165
ウシ	165
ウニ	2
エンバク	163
オオムギ	151
オマールエビ	95
オワンクラゲ	11
カエル	2, 49, 123
キンギョソウ	143, 152
コケ	51
コムギ	23, 32, 171, 145, 147, 151
サツマイモ	144
シダ	51, 157
ジャガイモ	143
ショウジョウバエ	6, 21, 41, 50, 61, 74, 95, 97, 105, 121, 168, 170
シロイヌナズナ	11, 21, 24, 137, 143, 148, 162, 168, 170
ゼブラフィッシュ	49, 63, 84, 88, 93, 124, 168
線虫	5, 42, 50, 170
ダイコン	147
大腸菌	7
ダリア	144
トウモロコシ	52, 139, 143
トマト	141
ナタネ	29
ニワトリ	107
ニンジン	164
ヒツジ	35, 165
ヒト	11, 16, 29, 32, 107, 109, 117, 166
フグ	11
ホウレンソウ	147
ホヤ	5
マウス	9, 34, 49, 69, 80, 87, 107, 109, 118, 124, 165, 168
マスクメロン	29
ミツバチ	48, 161
ミミズ	79
ムカデ	79
ヤギ	165
ヤスデ	79
ラン	136

索引

人名

ウィルマット	165
キュヴィエ	95
クリック	8
ゲーテ	157
サルストン	42
サン＝チレール	95
シュペーマン	3, 83, 86, 93
チューリング	75
ドリーシュ	2
ナース	129
西山市三	163
ニュークープ	86
ハートウェル	129
ハント	129
フォークト	3
ブレンナー	5, 42
ベーツソン	6
ホリデイ	56
ボローグ	145
ホロビッツ	42
増井禎夫	129
マンゴルド, H	3, 94
マンゴルド, O	94
メンデル	1
モルガン	6
山中伸弥	35
ルイス	7, 80
ルー	2
ワトソン	8

編著者略歴

村井　耕二（むらい　こうじ）

1961年　大阪府生まれ
1986年　京都大学大学院農学研究科修士課程修了
現　在　福井県立大学生物資源学部教授
専　門　植物発生遺伝学／植物遺伝育種学
博士（農学）

基礎生物学テキストシリーズ5　**発生生物学**

第1版　第1刷　2008年4月1日	編　著　者　村井　耕二
第8刷　2025年2月20日	発　行　者　曽根　良介
	発　行　所　㈱化学同人

検印廃止

〒600-8074　京都市下京区仏光寺通柳馬場西入ル
編集部　TEL 075-352-3711　FAX 075-352-0371
企画販売部　TEL 075-352-3373　FAX 075-351-8301
振　替　01010-7-5702
e-mail　webmaster@kagakudojin.co.jp
URL　https://www.kagakudojin.co.jp
印刷・製本　　㈱ウイル・コーポレーション

JCOPY　〈(社)出版者著作権管理機構委託出版物〉
本書の無断複写は著作権法上での例外を除き禁じられています．複写される場合は，そのつど事前に，(社)出版者著作権管理機構（電話 03-3513-6969，FAX 03-3513-6979，e-mail: info@jcopy.or.jp）の許諾を得てください．

本書のコピー，スキャン，デジタル化などの無断複製は著作権法上での例外を除き禁じられています．本書を代行業者などの第三者に依頼してスキャンやデジタル化することは，たとえ個人や家庭内の利用でも著作権法違反です．

Printed in Japan　©Koji Murai et al. 2008　無断転載・複製を禁ず　　ISBN978-4-7598-1105-6
乱丁・落丁本は送料小社負担にてお取りかえいたします．